KB199192

중국 전기차가 온다

자전거 왕국은 어떻게 전기차 강국이 되었나

중국 전기차가 온다

마오웨이 지음

강정규·김광수·김민정·배인선
이도성·이벌찬·이윤정·정성조·정은지 옮김

글항아리

차 례

전 언

2009년 10월 20일, 중국인민해방군 번호판을 단 대형트럭 한 대가 디이자동차—汽, FAW 생산라인을 나서며 1000만 번째 자동차의 탄생을 알렸다. 중국 자동차가 처음으로 연간 1000만 대 생산을 넘어선 역사적 순간이다. 축하 행사에서 한 기자가 내게 물었다. "이번 행사에는 어떤 특별한 의의가 있습니까?" 나는 올해 우리가 미국을 제치고 세계 자동차 생산·판매 1위 대국이 됐다는 것이 의의라고 말했다. 기자는 이어서 물었다. "중국은 이미 자동차 대국입니다. 그러나 자동차 강국은 아니죠. 부장님은 자동차 강국의 상징이 무엇이라고 보십니까?" 나는 개인적인 업무 경험에 근거해 현장에서 즉흥적으로 이렇게 답했다. "내가 보기엔 세 가지 상징이 있어요. 하나는 생산·판매 규모가 세계 수위에 있는 자동차 대기업이 있어야 한다는 것이고, 둘째는 자기만의 독점적 기술이 자동차 제품에 널리 이용돼 글로벌 자동차 산업 발전을 이끌어야 한다는 것입니다. 셋째는 제품이 국내 시장만을 노릴 것이 아니라 대량 수출도 가능해서 국제 자동차 시장에서 한 자리를 차지해야 한다는 점입니

중국 전기차가 온다

다.”

눈 깜짝할 새 10여 년이 지났다. 지금 돌아봐도 나는 여전히 이 세 가지(국제 경쟁력 있는 기업과 지명도 있는 브랜드 보유, 세계를 선도하는 핵심 기술 보유, 국내외 두 가지 시장의 충분한 개척)가 자동차 강국의 상징적 지표라고 생각한다.

자동차는 산업 문명의 산물이다. 1886년 탄생해 오늘까지 100여 년이 흐르는 동안 자동차는 사람들의 생산 방식과 생활 방식을 바꿨다. 1940년대 유명한 경영학자인 피터 드러커는 자동차 산업은 “산업 중의 산업”이라고 불렀다. 미국 매사추세츠공과대학의 제임스 P. 워맥과 대니얼 T. 존스, 대니얼 루스 교수는 1985년부터 5년의 시간을 들여 자동차 산업의 100년 발전 과정을 회고하고, 린 생산방식°의 유래와 요소, 확산 상황을 상세히 검토했다. 그들은 연구 성과를 『세상을 바꾼 기계』°°라는 책으로 펴냈다. 이 책은 자동차가 인류 사회 진보에 미친 중대한 영향을 매우 정확하게 압축했다.

자동차는 산업망이 길고, 관련된 사회적 측면이 넓으며, 글로벌화의 정도도 높다. 그래서 산업화 대국은 자동차 산업 대국일 때가 많고, 산업화를 이룩한 강국은 자동차 강국인 경우가 많다. 글로벌화의 영향 아래 다수의 선진국은 비교우위를 상실한 여러 산업을 포기하거나 이전시켰지만 그럼에도 자동차 산업은 몇 안 되는 예외다. 미국 제네럴모터

° 인력이나 설비 등 생산능력을 필요한 만큼만 유지하면서 낭비를 없애 효율을 극대화하는 생산시스템을 의미함. 미국 MIT에서 도요타의 생산방식으로 대표되는 일본식 생산시스템을 가리키는 명칭으로 도입함.

°° James P. Womack, Daniel T. Jones, Daniel Roos. *The Machine That Changed the World*, New York: Rawson Associates, 1990. 한국어판은 『생산방식의 혁명』(현영석 옮김, 기아경제연구소).

스GM의 2대 최고경영자 찰스 E. 윌슨은 이런 명언을 남겼다. "오랫동안 나는 미국에 이로운 일이 분명 GM에도 이롭고, 그 반대도 마찬가지라고 생각해왔다." 이 말은 진정 곱씹어볼 만하다. 어떤 국가의 자동차 업계가 글로벌 시장에서 처해 있는 지위는 그 국가의 산업화 수준을 가늠하는 핵심 지표라는 것은 두말 할 나위가 없다.

역시 1980년대, 미국 미래학자 앨빈 토플러의 『제3의 물결』이 세계를 풍미했다. 이 책은 과학기술의 발전이 일으킨 사회 각 방면의 변화와 추세를 상세히 설명한다. 토플러는 인류가 지금까지 농업혁명과 산업혁명이라는 두 차례 물결의 문명적 세례를 받았고, 두 번째 물결 속에서 산업 문명은 사회생활의 곳곳에 스며들었다고 봤다. 그런데 아주 새로운 한 물결이 인류 사회의 각 영역에 충격을 주고 있다. 이것이 바로 정보혁명의 물결이다.

토플러의 전망성 풍부한 예측은 중국에 들어와 중국인들이 새로운 추격과 추월의 길을 찾도록 일깨워줬다. 정보화 물결과 중국 개혁개방의 기본 국책은 역사적인 교차를 이뤘다. "제3의 물결이 밀려올 때는 선진국이든 개발도상국이든 모두 똑같은 출발선 위에 선다. 제3의 물결을 잘 포착하는 자가 미래 경쟁의 고지를 점령한다." 이런 생각은 중국이 개혁·개방이라는 동풍에 올라타고 산업화와 정보화 프로세스를 가속할 자신감과 용기를 크게 불러일으켰다. 오늘날까지 인터넷과 빅데이터, 인공지능AI, 클라우드 컴퓨팅 등 기술의 응용은 각 산업 어디서든 볼 수 있다. 정보화 기술 역시 경제·정치·사회·문화 곳곳에 막대한 영향을 미쳤고, 그 영향은 계속 진행 중이다.

중국 자동차 산업은 신중국° 건국 후 '일궁이백—窮二白'°°의 기초

위에 만들어진 것이다. 몇 세대의 간난신고와 분투를 거쳐 중국은 명실상부한 자동차 대국이 됐다. 중국 자동차 대시장의 기초 위에서 중국 자동차 산업이 '큰 것大'에서 '강한 것强'으로 바꿀 새로운 계기를 더 빨리 찾을 수 있을 것인가? 자동차 대국에서 자동차 강국으로의 역사적 도약을 어떻게 실현할 것인가? 이는 중국 자동차 업계 종사자 앞에 펼쳐진 절박하고도 중요한 문제다.

정보화라는 큰 물결의 충격과 영향 아래 글로벌 자동차 산업은 100년 만의 대변혁을 겪고 있다. 우리 역시 100년에 한 번 올 '차선을 바꿔 추월하기換道賽車'의 역사적 기회를 맞은 상황이다.

중국공산당 제18차 당대회 이래로 시진핑 총서기는 여러 차례 중국 자동차 산업의 발전 문제에 대해 중요한 지시를 내놨다. 그는 2014년 상하이자동차SAIC를 시찰하면서 명확히 지적했다. "신에너지차 발전은 중국이 자동차 대국에서 자동차 강국으로 나아가기 위해 반드시 지나야 하는 길이다." 이는 중국 자동차 산업 구조 조정에 방향을 가리켜줬고, 중국의 신에너지차 발전은 이로부터 고속 차선에 들어섰다.

우리는 사업 실천 과정에서 차별화된 발전에서 기회를 찾고, 차선을 바꿔 추월해야만 뒤처져있던 중국 자동차 산업이 앞서나갈 수 있다는 점을 충분히 체득했다. 전기화와 스마트화는 100년 만에 찾아온 자동차 산업 대변혁의 방향이고, 이들은 각각 차선을 바꾼 경주의 '전반전'과 '후반전'이다. 스마트화라는 후반전은 전기화라는 전반전을 기초

○ 1949년 건국된 현재의 중화인민공화국
○○ 1956년 마오쩌둥이 '10대관계론'에서 중국의 상황을 두고 공업과 농업이 발달되지 않았고窮 문화와 과학·기술 수준이 낮아 백지 같다白고 평가한 데서 유래한 말

이자 전제로 삼는다. 우리는 강대한 경쟁 상대와 같은 경기장에서 겨루면서 조금도 나태해질 수 없다. 경기 중 첫 1분부터 전력으로 달려 전반전의 주도권을 쟁취해야 한다.

사회 각계의 노력과 끊임없는 탐색, 시행착오, 종합을 거쳐 우리는 신에너지차 발전이라는 중국의 길을 걸어왔고, 마침내 신에너지차 경주에서 추월을 해내 자동차 산업의 전환과 발전을 이룩했다. 미국을 넘어 세계 최대의 신에너지차 시장이 된 2015년부터 중국은 신에너지차 영역에서 줄곧 양호한 발전세를 유지하고 있다. 최근에는 매년 생산·판매량과 누적 보유량에서 모두 세계 절반가량을 차지했고, 2021년과 2022년에는 생산·판매량이 세계 추세를 거스르고 폭발적으로 성장하기도 했다. 신에너지차 발전이 자동차 강국 건설을 위해 반드시 걸어야 할 길이자 올바른 길이라는 점은 이미 모든 산업의 컨센서스가 됐다.

1953년 7월 15일 디이第一자동차FAW 제조공장이 착공된 그날부터 계산하면 2023년 중국 자동차 산업은 장장 70년의 비바람을 뚫고 걸어왔다. 나는 이 역정의 중·후반 40년 산증인으로 중국 자동차 산업의 천지개벽 변화를 목도했다. 나는 이 시대를 살았고, 이 산업 건설에 뛰어들 기회를 얻어 영광과 긍지를 깊이 느낀다. 사실 나는 줄곧 스스로를 '자동차인'으로 간주해왔다. 내 학문적 탐구와 직업적 생애, 개인적 흥미는 자동차와 떼어놓을 수 없다.

2020년 나는 공업정보화부 부장직에서 물러나 중국인민정치협상회의 전국위원회全國政協◦로 옮긴 뒤 바쁜 업계 관리 업무에서 벗어났고,

---

◦ 중국공산당을 비롯해 중국 내 여러 정파와 단체 대표가 참여하는 최고 국정자문기구로 약칭은 '정협'이다.

더 풍족한 조사·연구, 교류, 사고, 글쓰기 시간이 생겼다. 그래서 스스로 여러 해 동안 자동차 산업 발전에 관해 보고 들은 바, 생각하고 느낀 바를 기록해 책으로 정리해보기로 했다. 이는 한편으로 중국 자동차 산업 발전을 독려하고 호소하기 위함이고, 다른 한편으론 발전성과를 이야기하는 동시에 부족한 점과 문제를 객관적으로 평가하기 위해서다. 각종 현상과 관점을 통해 산업 발전의 기초 논리를 검토하면서 규칙을 가진 어떤 인식의 종합을 시도해보는 것이다. 그 목적은 중국 자동차 산업이 더 안정적이고, 더 건강하며, 더 활력 있게 발전하고 조기에 중국 자동차 강국의 꿈을 쟁취하게 하는 데 있다.

3년여의 글쓰기와 퇴고 끝에 이 책 『중국 전기차가 온다』를 마침내 독자 앞에 내놓게 되었다.

이 책은 총 아홉 개 장으로 이뤄져 있고, 주제 인터뷰를 중간중간에 삽입했다. 책이 중점을 두고 답하려는 문제는 다음과 같다. 자동차 산업이 맞은 100년 만의 대변화는 대체 무엇을 의미하는가? 중국 신에너지차 산업 발전을 이끈 주요 요인은 무엇인가? 중국 자동차 산업 관리 부문과 신·구 자동차 산업은 이 대변화 가운데 어떤 노력을 하고 어떤 어려움을 극복했는가? 어떤 경험과 교훈을 정리해볼 만한가? 미래에 특히 주목해야 할 문제에는 어떤 것이 있는가?

여기에서 나아가 다음과 같은 주제를 토론한다. 중국은 14억여 명의 인구를 가진 대국인데 왜 혁명에 나서는 매개체를 우선 신에너지차로 정했는가? 신에너지차는 다른 선택지에 비해 어떤 장점이 있는가? 세계적인 시야에서 중국이 한 이 선택은 어떤 영향을 만들었는가? 국내 외국 자동차 기업의 발전 과정과 경험, 교훈은 우리에게 어떤 생각을 가져다줬는가? 중국 신에너지차는 어떻게 발전해 세계를 이끌 수 있었는가? 이 진전의 의의를 어떻게 평가해야 하는가? 중국 신에너지차 산업의 미래 발전에 최대 난관과 장애물은 무엇인가? 이런 검토가 독자에게 깨달음을 줄 수 있기를 희망한다.

이 책은 내 경험과 사고를 기초로 중국 신에너지차 20여 년 발전 과정과 맥락의 정리를 시도했고, 관련된 산업 정책의 도입 과정과 이행 결과를 소개했다. 또 자동차 기업 경쟁력 제고의 경험과 교훈을 정리했으며 중국 자동차 강국 건설의 기본적 경로를 탐색하면서 글로벌 자동차 산업의 미래 발전 추세를 검토했다.

물론 신에너지차 기술은 여전히 발전 과정에 있고 완벽한 정도에 이르기에는 아직 한참 멀었다. 우리의 자동차 산업 정책 역시 시대와 더불어 발전하면서 부단히 개선돼야 한다. 자동차 산업의 스마트화 경쟁이 이제 막 시작됐다. 바꿔 말하면 신에너지차 발전의 여러 요소가 더 가혹한 조건을 만들어냈고, 각국의 신에너지차 기업 사이에는 전면적인 경쟁이 한층 뜨거워졌다. 중국 자동차 업계 동료들은 전보다 더 복잡한 국면을 마주하고 있다. 앞으로의 발전에서 종전의 선도적 지위를 유지하려면 우위를 발휘하고 단점을 보완해야 하고, 조금의 나태함도 용납해선 안 된다.

다만 나는 역사적 인내심과 전략적 결단력을 유지해 통일된 인식과 행동을 만들고 각 방면의 자원을 잘 이용한다면, 우리가 백척간두에서 진일보해 세계 자동차 산업 발전 선도라는 위대한 목표를 실현할 수 있으리라 믿는다.

서문

1886년 세상에 첫 자동차가 등장했을 때부터 인류는 동력을 다스려 생산력을 키우고 발전 공간을 확장하는 길을 향해 끝없이 나아갔다. 자동차는 백여 년의 눈부신 발전 과정을 거치면서 현대 공업 문명에서 더욱 공고한 초석의 의미와 전략적 지위를 갖추게 됐다. 그러나 자동차는 인간의 삶을 획기적으로 편리하게 만든 동시에 전통 에너지, 생태 환경, 도시 교통의 지속 가능성 등 여러 문제를 파생시켰다. 그러나 혁신의 시대가 도래하면서 화석에너지의 굴레를 벗고, 대기오염의 난제를 타파하며, 자동차 동력의 '2차 해방'을 실현하기 위한 신에너지차 발전이 역사 흐름 속에 최우선 과제가 됐다.

어떤 일이든 경험해보지 않고는 그 어려움을 헤아리기 어렵기 마련이다. 중국 자동차 산업이 '무'에서 '유'를 창조하고, 중국이 빠르게 '자전거 왕국'에서 '자동차 대국'으로 변모한 것은 자력으로 얻은 결실이고 개혁·개방의 성과다.

신新시대에 들어선 가운데, 시진핑 총서기°는 2014년 5월 상하이

자동차 시찰 당시 신에너지차 발전을 언급했다. 그는 신에너지차 발전은 중국이 자동차 대국에서 자동차 강국으로 발돋움하기 위해 반드시 거쳐야 할 길이며, 연구개발 강도를 높이고, 시장을 열심히 연구하며, 정책을 잘 활용·적용하여 각종 수요에 대응하는 제품을 개발해 강력한 성장 포인트가 되어야 한다고 했다. 이는 중국 자동차산업 혁신의 자신감을 견고히 하고, 방향을 명확히 제시하며, 근본적인 지침을 제공한 것이다.

21세기 초입으로 거슬러 올라가면, 세계 신에너지차 산업이 무르익은 시대의 흐름에 맞춰 중국 당중앙과 국무원(행정부)은 시기와 형세를 판단해 과감한 결정을 내리고, 변혁의 기회를 포착해 중대한 과학기술 프로젝트를 전개하고, 시범 적용을 개시하고 산업 계획을 실시하며, 신에너지차의 산업화·시장화를 추진했다. 또 중국 자동차 공학 기술자와 기업가들을 이끌고 포위망을 뚫는 용기와 10년 동안 칼을 간다는 끈기로 개방·혁신 속에서 세계 각국과 경쟁하여 산 넘고 물 건너 험난한 관문을 돌파했다.

20여 년이 지나 중국은 세계 신에너지차 최대 생산국, 소비국, 수출국이 되었으며 2015년부터 8년 연속 생산·판매량, 보유량 세계 1위를 기록하고 있다. 2022년에는 신에너지차의 시장 점유율이 25.6퍼센트에 달하고 있다. 신에너지차 발전은 신형거국체제°°의 제도적 우위를 뚜렷이 보여주고 있고, 수천 수백만 과학기술 인력의 창조적 지혜를 응축하고 있으며, 각 분야 선두 기업의 의지와 자동차 산업의 자체적 혁신 능력의 전면 향상을 상징한다.

o 중국 국가주석은 중국공산당의 수장인 총서기이기도 하다.
oo 과학기술 분야에서 국가가 주도해 자원을 총동원하는 지원 체제.

높은 곳에 올라야 제대로 볼 수 있다. 중국 자동차 산업의 변혁 과정과 경쟁 태세를 통찰해보면 이 책의 제목 '레인을 바꿔 경주하다(원제)'는 적절하다. 100년 동안 갈고 닦은 기간산업은 과학기술 혁명의 물결 속에서 핵분열을 가속화하고 끊임없이 융합하여 진화했다. 에너지, 동력, IT, 소재 혁명의 강력한 동력에 힘입은 경제·과학기술의 새 레인에는 이미 경쟁이 치열하다. 전통 대기업은 변화에 힘쓰고 혁신을 시도하며, 새로운 플랫폼을 앞다퉈 구축하는 과정에서 환골탈태·열반중생의 경지에 도달하고자 한다. 신세력 또한 우후죽순 생겨나 선두주자의 입장에서 규칙을 정의하고, 흐름을 이끌며, 세계 자동차 무대에서 전례 없는 활기찬 혁신의 장을 쓰고 있다.

시진핑 총서기는 2020년 7월 디이자동차그룹 시찰 당시 신에너지차의 발전, 스마트 커넥티드 기술의 적용, 고급 브랜드 구축과 지방정부의 자동차산업 전환·업그레이드 지원에 대해 높이 평가하며 중국 자동차산업의 고품질 발전에 대해 새로운 요구 사항을 제시했다. 또 미래는 이미 도래했고, 전동화, 스마트화, 저탄소화의 새로운 레인은 신에너지차 혁신·창조의 거대한 공간을 제공할 것이라고 말했다. 그러면서 중국 시장은 경쟁이 가장 효율적이고 가장 충분한 시장으로서, 세계 신에너지차 산업 발전을 위해 광활한 경쟁·협력 무대를 마련했고 중국 자체 브랜드의 해외 진출도 중요한 기회를 맞이할 것이라고 강조했다. 백가쟁명의 세계 신에너지차 산업의 흐름 속에서 중국의 역량이 각광받고 있어 기대를 걸 만하다고도 말했다.

이 책의 저자인 먀오웨이 선생은 풍부한 자동차 업계 경력을 쌓았고, 자동차를 잘 알고, 자동차 분야에서 일했으며, 자동차 산업을 관리했다. 자동차 대기업의 일선 과제 실천을 총괄하는 조타수 역할을 맡았고, 공업정보화부 장관으로서 신에너지차 발전에 심혈을 기울이기도 했다. 이 책은 의심할 여지없이 역사와 현재, 미래를 관통하고 있으며, 중국의 신에너지차 산업의 초기 탐색 작업과 발전 과정 등을 담은 '전반전' 기록과 복기뿐 아니라 중국 자동차 산업이 '후반전'의 지속적인 분투 속에서 어떻게 강해질 것인지에 대한 깊은 생각과 통찰을 담고 있다. 나와 먀오웨이 선생은 여러 해 동안 알고 지냈다. 과학기술 프로젝트 입안, 시범 적용, 산업 계획, 시장 보급과 산업화 등 각 단계에서 우리는 같은 곳을 바라보며 호소했고, 적극적으로 모든 과정에 참여했다. 중국 신에너지차 산업 발전 과정에서 어깨동무하고 싸웠고, 주어진 길 위에서 함께 걸었다. 먀오웨이 선생이 내게 남긴 깊은 인상은 항상 인내심을 갖고 경청하며, 지도자와 전문가, 동종 업계, 언론의 의견을 진지하게 받아들이며, 실사구시하고 조급하지 않으며, 문제를 해결할 수 있는 제안과 방법을 제시하며, 실행 과정에서 부단히 개선한다는 것이다. 이 책에서 그는 신에너지차 산업 발전의 역사와 미래를 한눈에 내려다보면서 낱낱이 파헤치고 생동감 있게 이야기를 풀어내는데 그 식견이 참으로 빛난다.

　새 레인에서 성공하려면 근본적으로 견고한 산업 혁신의 기반과 동주공제同舟共濟(같은 배를 타고 강을 건넌다)의 협동·혁신 생태계가 뒷받침되어야 한다. 이는 역사의 경험이 우리에게 남긴 중요한 교훈이다. 중국은 신형거국체제의 혁신적인 제도 우위를 더욱 발휘하고, 유능한 손으로 '중국식 현대화'❶에 내포된 초대규모의 잠재력을 방출하고, '혁신 투자는 곧 미래에 대한 투자'라는 확고한 신념으로 과학기술 연구개발, 산업 혁신, 정책 지원 등 모든 사슬에 대한 투자를 지속적으로 확대하며 미래지향적으로 차세대 동력배터리°°, 자동차 맞춤형 반도체 칩, 신형 새시, 스마트운영체제 등 첨단기술을 한 발 앞서 발전시키고, 단점을 보완하고 장점을 확대해 '반도체와 운영체제 결핍'의 수동적 국면을 반전시키고, 산업을 초월한 융합을 추진하여 산업망·공급망을 더욱 굳건하게 만들어야 한다. 전동화, 스마트화, 저탄소화의 기본 논리를 정확히 파악하여 혁신 주체가 되는 기업에 활력을 불어넣고, 모든 업계에서 산업 전환과 업그레이드에 대한 전략적 공감대를 형성하고, 시스템 혁신으로 국제 경쟁에서 지위를 높이고, 개방·협동을 통해 함께 번영하는 생태계를 만들며 세계를 향하고 미래를 향해야 한다. 또 신에너지차 분야에서 레인을 바꿔 추월하고, 시대 흐름의 선두에 서며, 높은 수준의 과학기술 자립·자강으로 중국식 현대화에 강력한 동력을 불어넣어야 한다.

완강 중국과학기술협회 주석
2023년 5월 15일

○ 중국 특유의 방식으로 선진국 수준의 발전 단계 도달.
○○ 전기차, 전기철도 등에 사용되는 배터리.

1장

자동차 산업,
대변혁을 마주하다

1886년 세계 최초의 자동차가 탄생한 이후 자동차는 140년 가까이 줄곧 주요 교통 수단으로 자리매김했다. 200여 년의 시간 동안 자동차는 기술적 측면에서 큰 진보를 이뤘다. 뿐만 아니라 자동차 산업의 생산 방식이 글로벌 산업화를 이끌기도 했다.

    21세기 들어 나타난 인터넷 기술의 보편화와 새로운 산업혁명의 거센 물결 속에서 지금 세계는 100년만의 대 변혁을 겪고 있다. 점점 더 속도를 더해가는 변혁 속에서 자동차 산업에도 전동화와 스마트화로 대표되는 대대적인 변화가 나타나고 있다. 이로 인해 한 세기를 넘는 시간 동안 자동차 디자인·생산부터 판매·서비스까지 포괄하는 전체 산업 사슬은 물론, 사용자의 경험에 이르기까지 거대한 충격파가 일어났다. 변혁 속에서 출구를 찾고 있는 글로벌 자동차 산업은 엄중한 도전에 직면해 있지만, 동시에 잡기 힘든 기회를 얻은 것이기도 하다.

1_____ 바퀴 위의 혁명

새로운 과학기술과 산업 혁명의 물결 속에서 제조업 각 분야마다 변혁을 마주하고 있다. 자동차 산업도 예외는 아니다. 먼저 구동시스템에서 변화가 나타나기 시작했다. 자동차 엔진이 내연기관에서 전동기관으로 바뀐 것이다. 하드웨어가 결정짓던 자동차의 기능은 소프트웨어로 판가름나게 됐다. 또 수직계열화 시스템이었던 공급사슬도 마치 그물망처럼 각 분야가 서로 융합된 시스템으로 변모했다.

새로운 산업혁명의 파고

21세기 전후로 세계는 3차 산업혁명을 겪었다. 독일에서는 이를 '인더스트리4.0'이라 명명했다. 그간의 산업혁명과 '인더스트리N.0'은 무슨 관계일까?

그림 1-1은 인더스트리1.0에서 4.0까지의 발전을 나타낸 것이다. 독일에서 일컫는 이른바 '인더스트리1.0' '인더스트리2.0'은 명칭 그 자체를 제외하고는 1·2차 산업혁명과 별 차이가 없다. 1차 산업혁명은 보일러 및 증기기관의 발명과 사용으로 대표되고, 인더스트리1.0도 기계화를 가리킨다. 2차 산업혁명의 상징은 전기와 내연기관의 사용이며 인더스트리2.0 역시 전기화를 뜻한다. 그러나 독일은 인터넷의 발명과 각 산업에서의 응용으로 대표되는 3차 산업혁명을 두 단계로 세분화하고 있다. 인더스트리3.0은 정보화를, 4.0은 인터넷화와 스마트화를 가리킨다. 사실 이 두 단계는 여전히 현재진행형으로 발전을 거듭하는 중이다.

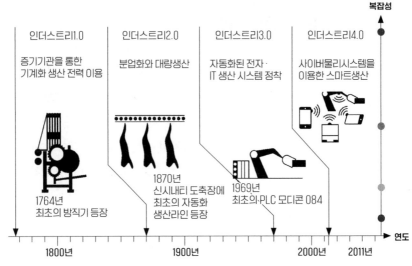

복잡성

| 인더스트리1.0 | 인더스트리2.0 | 인더스트리3.0 | 인더스트리4.0 |

인더스트리1.0
증기기관을 통한
기계화 생산 전력 이용

인더스트리2.0
분업화와 대량생산

인더스트리3.0
자동화된 전자·
IT 생산 시스템 정착

인더스트리4.0
사이버물리시스템을
이용한 스마트생산

1764년
최초의 방직기 등장

1870년
신시내티 도축장에
최초의 자동화
생산라인 등장

1969년
최초의 PLC 모디콘 084

연도

1800년   1900년   2000년 2011년

그림 1-1 인더스트리1.0~4.0(출처 : 독일인공지능연구소DFKI, 2011)

단, 후반기의 발전과 응용에서 파생되는 효과는 분명 전반기의 그것을 훌쩍 뛰어넘을 것이다. 이 인더스트리 3.0과 4.0을 한데 묶은 게 곧 3차 산업혁명이며 그 상징이 스마트 생산이다. 여기에는 상품은 물론 생산 과정 등도 포함되는데, 간단히 말하자면 기계가 수행하기에 더 적합한 작업에서 기계가 인간을 대신하는 것이라 할 수 있다.

3차 산업혁명을 이끈 가장 큰 동력은 바로 컴퓨터와 인터넷 기술의 발전, 다양한 분야에서 활용되는 통신기술이다. 2진수 연산은 10진수 연산보다 훨씬 쉽기 때문에, 컴퓨터 발명과 함께 각 분야에서 디지털 기술이 활용되기 시작했다. 인터넷의 등장은 생산 및 생활 방식 모두에 거대한 변화를 불러일으켰다. 데이터는 자본, 토지, 노동력 같은 생산요소로 자리매김했는데, 그러면서도 양적 한계가 없었다. 무선통신기술의

중국 전기차가 온다

발전은 인터넷의 보급을 이끌었을 뿐만 아니라 빅데이터, 클라우드 컴퓨팅, 인공지능, 블록체인, 가상현실 등 데이터산업 발전의 동력이 됐다.

3차 산업혁명의 상징은 디지털 경제의 발전이다. 디지털 산업화는 마치 무에서 유를 창조하듯 앞서 언급한 수많은 신산업을 태동시켰고, 산업의 디지털화는 전통 산업의 효율을 극대화하는 동시에 비용을 절감시켰다. 오늘날 제조업은 디지털화, 인터넷화, 스마트화 방향을 따라 발전한다.

자동차 산업도 이 세 차례의 산업혁명을 겪어냈다. 그때마다 대변혁의 물결은 자동차 산업에 크나큰 영향을 끼쳤고, 산업혁명의 결실은 자동차라는 상품을 통해 구현됐다. 1차 산업혁명은 자동차 기계적 성능의 기반을 다졌고, 증기기관의 발전에 토대를 둔 열역학이론은 내연기관 연구개발의 길잡이가 됐다. 2차 산업혁명이 일어났을 때는 내연기관과 전기 기술의 결합이 이뤄졌다. 카를 벤츠가 자동차를 발명하고, 헨리 포드가 전력 가동 생산라인에서 빠른 속도로 자동차를 대량 생산할 수 있었던 배경이다. 전 세계가 함께 마주했던 3차 산업혁명이 자동차 산업에 미친 영향은 앞선 두 차례 혁명을 아득히 뛰어넘을 정도로 어마어마했다. 동력시스템의 전동화가 보편화되면서 자동차 스마트화는 필연적인 흐름이 됐고, 전통 자동차 기업들은 대대적 변화를 감행해야 하는 처지가 됐다. 그렇게 자동차 산업은 전례 없던 시기에 들어섰다.

모든 것을 바꿔라

지금 자동차의 모습은 약 140년 전의 클래식 카와 크게 다르다. 특히 헤

드라이트, 와이퍼, 점화코일, 점화플러그 등 필수 전기 장치를 장착하는 데서부터 라디오, 전자잠금장치, 에어컨 등 전자상품의 활용까지, 다시 엔진 전자식 연료분사 제어시스템, 브레이크 잠김 방지 시스템, 액티브 서스펜션 등 전자 제어 부품 탑재에 이르기까지 완성차에 점점 더 많은 전자전기제품이 활용되면서 자동차는 전자제어 기능을 갖추게 됐다. 새로운 기능은 모두 전자제어장치Electronic Control Unit, ECU로 구현된다. 통계에 따르면, 차량 한 대에 사용되는 ECU는 수십 가지에서 많게는 100가지가 넘는다.

전통적 분산제어방식은 일련의 문제를 수반했다. 당장 완성차의 와이어 하니스만 해도 해결하기 힘든 문제였다. 자동차가 분산 제어에서 중앙집중 제어로 변화할 수밖에 없었던 배경이다. 기능이 흡사한 여러 개의 ECU를 빠른 연산능력과 대용량 데이터 처리 능력을 갖춘 제어기로 집중시킨 것이 바로 통합제어장치DCU다. 통합제어장치는 여러 ECU의 기능을 갖추고 있는데, 매 ECU가 통합제어장치 내부의 한 개 혹은 여러 개의 프로그램에 대응한다. 컨트롤 액추에이터의 기본 구동 역시 통합제어장치가 관리한다. 완성차의 통합제어장치는 논의 단계를 넘어 파워트레인, 차체, 섀시, 운전보조시스템 등에서 이미 구현돼 출시됐다. 일전에 리수푸 지리자동차 회장이 자동차는 '바퀴 네 개 달린 소파'일 뿐이라고 말했는데, 이 말을 빌리자면 지금의 자동차는 '바퀴 네 개 달린 컴퓨터'라고 할 수 있다. 그것도 언제 어디서나 인터넷에 연결할 수 있는 컴퓨터다. 대형 스마트 이동 기기가 된 자동차는 지금 차체부터 기술에 이르기까지 근본적인 변화를 겪고 있다.

완성차의 스마트화는 신에너지 차량 미래 발전의 필연적 흐름이 될 것이다. 앞서 언급한 스마트화 신기술은 전통적인 자동차보다 신에너지 차량에 훨씬 용이하게 적용할 수 있다. 심지어 일부는 신에너지 차량에서만 구현할 수 있다. 이런 신에너지 차는 기존의 내연기관 차량 플랫폼에서 구동 시스템만 갈아끼워 전기를 이용하게끔 한다고 생산해낼 수 있는 것이 아니다. 그것은 완전히 새로운 설계와 개발로 만들어낸 신에너지 차량 플랫폼에 기반한 상품이다.

자동차라는 상품 그 자체에만 입각해 보자면, 나는 다음의 세 가지 큰 변화가 이미 나타났거나 가시화하는 중이라고 본다. 첫째는 구동 시스템의 변화다. 지난 100여 년 동안 자동차에 사용됐던 내연기관 시스템은 전동식으로 바뀔 것이다. 둘째는 전기전자 아키텍처의 변화로, 분산제어에서 중앙집중 제어 방식으로 변화할 것이다. 결국 완성차의 컴퓨팅 중앙집중 제어를 실현하고 이에 발맞춰 소프트웨어 역시 분산된 임베디드 소프트웨어 대신 풀 스택 소프트웨어가 자리잡을 것이다. 하드웨어가 아닌 소프트웨어가 자동차의 중심°이 되는 것이 발전의 대세다. 세 번째 변화는 산업 분업화로 나타난다. 내부적으로 자체적인 완결성을 지니던 산업 시스템에서 산업의 경계를 뛰어넘는 개방과 협력 시스템으로의 변화다. 완성차와 부품 사이의 수직계열화 공급 사슬이 무너지고 전문화, 분업화된 시스템으로 재편돼 서로 그물망처럼 이어진 산업사슬과 공급사슬로 탈바꿈하는 흐름이 가속화되고 있다. 이는 자동차 산업 기술의 발전이 뿌리부터 변화하고 있으며 자동차 가치, 산업 경쟁력의 원천, 참여자 역할 방면에서 모두 급진적인 변화가 일어날 것

---

o 소프트웨어 중심 자동차SDV, Software Defined Vehicle를 의미한다.

임을 의미한다. 자동차 산업이 100년 만의 역사적 전환점에 선 셈이다.

자 동 차 산 업 의 ' 네 가 지 흐 름 '

이 같은 자동차 산업 대변혁의 시작을 이끈 것은 바로 광범위한 사회 전반의 생산과 소비생활에 깊숙이 파고든 디지털 혁명이다. 이렇게나 많은 IT 기업과 인터넷 기업이 경계를 무너뜨리고 자동차 산업에 진출한 이유도 디지털화가 자동차 산업에 가져올 잠재적이고 거대한 가치에 주목했기 때문이다.

이더넷 개발자 중 한 명이자 쓰리콤3Com 창립자인 로버트 멧커프는 '멧커프의 법칙'을 만들어냈다. 네트워크의 가치는 해당 네트워크 내부 노드 개수의 제곱과 같으며, 또한 네트워크 사용자 수의 제곱과 비례한다는 법칙이다. 이를 적용해본다면, 자동차를 인터넷에 연결했을 때 컴퓨터 네트워크 및 스마트폰 네트워크와 비등한 수준의 놀랄만한 잠재적 가치를 지닌 대규모 네트워크가 형성될 것임을 추론할 수 있다.

자동차 산업의 미래 가치는 데이터 양이 좌우하게 될 것이다. 만물을 서로 연결하는 사물인터넷을 자동차와 연동시키면 일종의 데이터 저장소가 만들어진다. 커넥티드화가 지금 자동차 대 변혁의 흐름 가운데 하나로 자리잡은 이유다. 전동화와 스마트화 역시 그러하다. 과거 자동차 업계는 파워트레인, 모델링, 섀시 시스템을 연구개발하는 데 힘을 쏟았지만 지금은 전동 파워트레인, 스마트 캐빈, 자율 주행을 연구하고 있다. 주요 연구 대상 세 가지가 새롭게 대체된 것이다. 이 같은 전동화와 스마트화의 거센 물결은 거스를 수 없는 흐름이다.

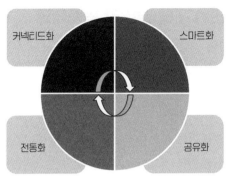

그림 1-2 자동차 대변혁의 네 가지 흐름

앞으로 무인자동차로 대표되는 자율주행 기능이 보급된다면 공유화가 자동차 이용의 혁명을 불러오고 '모빌리티가 곧 서비스'라는 말이 실현될 것이다. 이것이 대변혁의 네 번째 흐름이다.

앞으로의 자동차는 나홀로 동떨어져 있던 정보 사일로 상태를 벗어나 인터넷과 연결된 기기가 될 것이다. 스마트화된 자동차는 마침내 탑승자를 운전이라는 단조로운 행위, 운전의 여러 리스크로부터 해방시켜줄 것이다. 대기오염과 온난화를 유발하고 석유를 고갈시키던 동력원은 녹색 에너지로 바뀌고, 우리 사회는 배기가스로 인한 대기 오염과 온난화에 대한 우려를 떨쳐낼 수 있다. 자동차 산업은 마침내 모빌리티 서비스의 본질로 회귀하고, 공유화가 더 큰 가치를 창출할 것이다. 또한 이 네 가지 흐름은 별개가 아니라 서로 융합하면서 자동차의 가치를 근본적으로 변화시킨다.

2_____ '초읽기'에 들어간 동력혁명

글로벌 자동차 발전 초기에는 자동차 구동 시스템으로 증기기관과 모터, 가스발생기 등이 모두 사용됐다. 그러나 이후 이러한 구동 시스템을 사용하는 과정에서 저마다 극복하기 어려운 단점이 있다는 것이 드러났다. 예를 들면 모터는 축전지를 전원으로 사용하는데, 축전지의 에너지 밀도가 낮기 때문에 배터리의 부피와 질량은 크지만 차량의 주행거리는 짧아지는 까다로운 문제가 발생했다(오늘날에도 비슷한 문제가 자주 언급된다). 반면, 내연기관 기술 및 관련 제품은 장족의 발전을 거두면서 내연기관을 구동시스템으로 선택하는 쪽으로 발전 흐름이 빠르게 바뀌었다. 이에 따라 내연기관 차량이 시장을 평정하면서 절대적인 우위를 점했다. 내연기관은 단단한 반석처럼 100여 년을 군림했고, 최근에 들어서야 조금씩 흔들림이 감지되기 시작했다.

자동차 보급과 에너지 고갈

휘발유와 디젤을 주요 연료로 하는 자동차가 전 세계에 광범위하게 보급되면서 석유가 대량 소비되는 에너지 문제가 나타났다.

헨리 포드가 컨베이어 벨트 조립라인을 통한 대량생산 방식을 정립한 이후 자동차 가격은 대폭 떨어졌고 모델 T는 시장에서 큰 성공을 거뒀다. 포드의 혁신으로 미국은 '바퀴 위의 나라'가 됐다. 디트로이트에 자동차 제조 공장들이 우후죽순 생겨나기 시작했고, 자동차 산업은 미국 최대의 산업 가운데 하나로 자리잡았다. 그리고 이 같은 변화는

20세기 미국의 빠른 산업 발전을 보여주는 상징이 됐다. 디트로이트가 갖춘 두터운 제조 기반 덕에 미국은 제2차 세계대전에서 승리를 거둘 수 있었고, 전후에도 계속해서 글로벌 경제 패권을 잡을 수 있었다. 미국의 자동차 연 생산량은 1965년 1000만 대를 넘어섰고, 그해 자동차 보유량은 9100만 대에 이르렀다. 1970년대에 들어서는 자동차 보유량이 처음으로 1억대를 돌파했다. 이 시기 유럽, 일본, 수많은 신흥 경제국에서도 빠른 속도로 자동차 산업이 발달했다. 중국도 개혁개방 이후 경제가 빠르게 성장해 국민 생활수준이 높아졌고, 21세기에 들어서는 승용차가 일반 가정에도 보급되기 시작했다.

전 세계 자동차 보유량이 증가하면서 석유에 대한 수요도 계속해서 늘어났다. 그러면서 석유 대량 소비에 의존한 '바퀴 위의 세계'는 그 지속성을 담보할 수 없게 됐다.

미국은 석유 생산 대국으로 1920년에 일찌감치 전 세계 생산량의 3분의 2를 차지했다. 그러나 자동차가 급속히 보급됨에 따라 1950년대 후반부터 급증하는 자국 수요를 만족시키기 위해 석유를 일부 수입해야 하는 상황에 놓였다.

제2차 세계대전 이후, 중동에서 석유 채취를 시작하면서 글로벌 공급량이 넉넉해졌고 가격도 장기간 비교적 낮은 수준에서 맴돌았다. 통계에 따르면 1950년부터 1973년 사이 원유 가격은 평균적으로 배럴당(1배럴은 약 159리터) 1.8달러 정도였다. 이는 같은 기간 석탄 가격의 절반 정도에 불과했고 심지어 원유가 물보다 싼 지역도 많았다. 1973년 1월, OPEC은 원유 가격을 배럴당 2.95 달러로 올리는 방안을 강력 추진했다. 하필 그해에 이집트와 시리아가 이스라엘을 공격했고 미국은 이스라엘을 위해 무기를 지원했는데, 이것이 OPEC 아랍 국가 대표단의 반발을 샀다. 이들 국가는 캐나다, 미국, 영국, 일본, 네덜란드 5개국을 대상으로 석유 운송을 중단했고 원유 생산량도 점차 줄여나갔다. 미국 등 석유 운송이 중단된 국가들은 비非 OPEC 국가의 원유를 수입해 중동에서 수입하던 원유의 감소분을 보충할 수는 있었지만 중동 지역 원유 생산 감소는 전 세계 원유 가격이 대폭 오르는 결과를 낳았다. 고작 두 달 만에 석유 가격이 배럴당 12달러에 근접한 수준까지 올랐고, 이로 인해 1973년부터 1974년까지 1차 석유 파동이 촉발됐다. 원유 가격의 폭등으로 인해 미국과 그 동맹국들의 국제 수지 적자가 확대됐고 이것이 경제에 커다란 충격파를 몰고 오면서 이 시기 미국 실질 GDP의 동기 대비 성장률은 5.60퍼센트에서 -0.50퍼센트로 대폭 하락했다.

1979년 이란에서 혁명이 일어나 팔레비 정권이 전복됐다. 이란은 잠시 원유 생산을 중단했고, 다른 OPEC 회원국이 생산량을 늘리기 위해 노력했지만 원유 가격의 상승을 막을 방도는 없었다. 설상가상으로 1년 후 이란-이라크 전쟁이 일어나며 원유 생산량은 더욱 감소했고, 국제 유가는 배럴당 30달러 선을 넘어섰다. 이것이 바로 지금도 자주 회자되는 2차 석유 파동이다.

미국은 전 세계에서 가장 큰 자동차 시장이면서 동시에 세계 최대 석유 생산국이자 수입국이기도 하다. 두 차례 석유 파동 전만 해도 미국 국내 휘발유 가격은 세계에서 가장 낮은 수준이었는데, 석유 운송 중단 전후로 고작 1년이 조금 지나는 동안 40퍼센트 넘게 폭등했다. 1973년 5월 갤런당(약 3.785리터) 38.5센트에서 1974년 6월 갤런당 55.1센트로 오른 것이다. 미국 전역의 주유소에는 기름을 넣으려는 차들의 대기 행렬

이 길게 늘어섰고 일부 주에서는 번호를 기준으로 홀짝을 나눠 기름을 넣도록 하는 규정을 만들기도 했다. 석유 소비량을 줄이기 위해 미국은 '긴급 고속도로 에너지 보존법Emergency Highway Energy Conservation Act'도 발표했다. 이에 따라 1974년 미 전역의 도로에서 차량 속도는 시속 55마일 (88.5킬로미터) 이하로 제한됐다.

과거에는 휘발유 가격이 저렴했기 때문에 미국 차주들은 대부분 차체와 배기량이 크고 파워가 강한 차량을 선호했다. 중국에서 개혁개방 초기 미국 차를 일부 수입했을 때는 당시 차량의 생김새 때문에 커다랗고 각진 상자에 비유하곤 했는데, 미국차를 몰던 중국 운전자들은 기름 소모량이 어마어마하다며 '기름 잡아먹는 호랑이油老虎'라는 별명을 붙이기도 했다. 이런 미국 자동차와 선명한 대비를 이뤘던 것이 바로 일본차다. 일본은 1차 에너지의 거의 전부를 수입에 의존하고 있어서 휘발유 시장 가격이 미국보다 훨씬 높았기 때문에 일본차는 차체와 배기량이 작고 기름을 아끼는 걸로 정평이 나 있었다. 두 차례 석유 파동을 겪은 후 미국의 일반 소비자들도 기름을 덜 먹는 차를 선호하게 됐고, 일본 차량이 이 기회를 틈타 대거 미국 시장에 진출했다. 수년 간 발전을 거듭한 끝에 일본 브랜드 차량은 현재 미국 소비 시장에서 거의 40퍼센트의 점유율을 보이고 있다. 반면 미국 브랜드의 자국 시장 점유율은 30퍼센트에도 채 미치지 못하는 상황이다.

2009년, 전 세계 자동차 보유량이 처음으로 10억 대를 넘어섰다. 2021년 말에는 중국의 자동차 보유량만 따져도 3억 대를 넘어서게 됐다. 거대한 수요 때문에 글로벌 원유 가격은 크게 널을 뛰면서 장기적으로 상승곡선을 그렸다. 2008년 7월, WTI 원유° 가격이 배럴당 145달러

그림 1-3 2000년 1월 ~ 2022년 1월 국제 원유(WTI 원유) 가격 흐름

를 넘어서는 역사적 기록을 세웠다가, 이후 글로벌 금융 위기 영향으로 그해 연말 40달러 이하로 대폭 하락하기도 했다. 상승과 하락을 거듭하며 지금까지 원유 가격은 전반적으로 배럴당 80달러를 넘는 수준에서 유지되고 있다.(그림 1-3)

오늘날에는 전 세계적으로 매년 대략 50억 톤(약 350억 배럴)의 원유가 소비되고 있다. 정제유 중에서는 휘발유와 디젤의 합이 전체의 과반을 차지한다. 사실 석유 공급량의 변화는 글로벌 경제의 흐름, 지정학적 충돌, 전쟁 발발과 떼려야 뗄 수 없다.

전 세계 자동차 보유량은 여전히 증가세를 보이고 있고, 석유에 대한 수요도 마찬가지다. 그러나 원유 공급량은 수요의 증가를 따라가

○ 미국 서부 텍사스 원유

지 못한다. 관련 통계에 따르면, 2018년 글로벌 석유 비축량은 약 1조 6510억 배럴(약 2300억 톤)로 집계됐는데, 매년 50억 톤을 소비한다고 가정하면 46년을 더 쓸 수 있는 양이다. 인류는 계속해서 새로운 유전을 찾아내기 위한 탐사를 이어가고 있다. 원유의 비축량 대비 채취량 역시 과학기술 발전에 힘입어 계속 증가할 것이다. 따라서 석유의 사용 연한도 실제로는 46년을 넘길 것이다. 그러나 수천 년에 달하는 인류 문명사를 놓고 생각해보면 100년이라는 시간은 찰나에 불과하다. 시간을 좀 연장한다고 하더라도 인류는 결국 석유가 고갈되는 상황을 마주하게 될 것이다. 보다 더 근본적인 에너지 자원 문제 해결을 고민해야 한다.

배기가스의 경고

자동차 산업의 발전, 자동차의 보급과 함께 배기가스 배출에 따른 대기 오염 문제도 생겨났다. 1943년 로스앤젤레스에서 광화학 반응으로 황갈색 스모그가 생겨났다. 자동차 사회에 경종을 울린 최초의 사건이었다.

미국 서부 해안에 위치한 로스앤젤레스는 삼면이 산으로 둘러싸였고 나머지 한 면은 바다에 접하고 있어서 기후가 온난하고 풍경이 아름다운 곳이다. 그러나 이런 지리적 환경에서는 대기가 잘 순환하지 않는다. 주민들은 매년 여름과 가을에 걸쳐 기온이 높고 습도가 낮은 맑은 날의 정오 전후 도시 상공에 희뿌옇고 엷은 푸른빛 스모그가 나타난다는 사실을 깨달았다. 로스앤젤레스는 뿌옇고 흐린 도시가 됐고 가시거리는 극도로 짧아졌다. 주민들은 눈이 충혈됐고 인후통과 호흡곤란, 두통과 어지럼증을 호소했다. 소위 광화학스모그 오염 때문이었다.

그해 이후로는 상황이 더 악화돼 심지어 도시에서 100킬로미터 이상 떨어진 해발 고도 2000미터 산지에서도 소나무 숲이 고사하는 현상이 나타났다. 이후 로스앤젤레스에서는 두 차례의 광화학 스모그 오염 사건이 더 발생했다. 1955년에는 호흡 계통이 약해지며 숨진 65세 이상 노인이 400명을 넘어섰고, 1970년에는 결막염을 앓는 시민이 75퍼센트를 넘겼다.

과학자들은 연구에 박차를 가한 끝에 자동차 배기가스와 폐기가스로 인해 스모그가 발생한 것으로 결론지었다. 특히 그중에서도 배기가스의 올레핀계 탄화수소와 이산화탄소가 원흉으로 지목됐다. 완전히 연소되지 않은 올레핀과 질소산화물이 대기 중으로 배출돼 강력한 자외선을 쬐면서 태양에너지를 흡수했고, 이로 인해 불안정한 상태로 변하며 독성을 지닌 광화학 스모그가 생성됐다는 것이다. 당시 로스앤젤레스 차량 보유대수는 250만 대로, 매일 약 1100톤의 휘발유가 소비됐다. 또, 탄화수소 1000여 톤과 질소산화물 300여 톤, 일산화탄소 700여 톤이 배출됐다. 원유 정제 공장, 주유소 등 시설에서 배출되는 폐기가스 역시 스모그 유발 책임에서 자유롭지 못했다.

이때부터 미국은 차량 배기가스 문제에 앞장서 관심을 기울이기 시작했고, 이 문제는 점차 전 세계가 주목하는 중요한 의제가 되어갔다.

전동화

차량 배기량을 더욱 엄격하게 제한하는 한편, 배기가스를 아예 배출하지 않는 차량을 만들 수 있는지에 대한 연구도 함께 진행됐다. 전기

중국 전기차가 온다

를 에너지원으로 하고 모터를 구동시스템으로 삼아 움직이는 자동차라는 솔루션이 다시 업계의 이목을 끌었다. 사실 모터가 구동 시스템으로 처음 사용된 것은 1830년대로 내연기관보다도 오히려 반세기나 앞섰다. 1828년 헝가리 발명가 아니오스 예들리크가 직류전지를 발명했다. 1834년 미국인 토머스 대븐포트는 직류전지로 구동되는 세계 최초의 전기차를 만들었고 3년 후 미국 관련 업계 최초로 특허를 받았다. 그러나 가공과 비용의 한계로 인해 자동차에 적합한 동력원이 되지는 못했다. 1832년부터 1838년 사이 스코틀랜드 발명가 로버트 데이비슨은 충전이 불가능한 일회용 전지를 탑재한 전동 마차를 발명해냈다.

현대적 의미의 세계 최초 자동차는 1886년에 공개된 벤츠 자동차다. 이 차량은 내연기관을 구동시스템으로 활용했고 휘발성이 강한 휘발유가 비로소 쓰임새를 찾을 수 있었다. 이후 아주 오랜 시간 유럽 여러 나라에서는 구동시스템으로 모터를 쓰느냐 내연기관을 쓰느냐를 놓고 치열한 논쟁이 오갔다. 전기차의 제로백°은 내연기관 차량보다 짧고, 상당수의 사람들은 전기차를 내연기관 차량의 강력한 맞수로 인식했다. 1900년 파리 엑스포에서 포르셰가 휠 허브 모터로 움직이는 사륜 전기차를 선보였다. 그러나 내연기관이냐 모터냐 하는 문제에는 도통 답을 내리지 못했다.

모두가 알고 있는 발명왕, 에디슨 역시 전기차를 연구한 적이 있었다. 그는 충전할 수 있는 배터리를 개발했지만, 아니나 다를까 배터리의 용량 부족, 짧은 주행거리라는 문제에 봉착했다. 게다가 배터리의 에너

° 정지 상태에서 시속 100킬로미터까지 도달하는 시간

지 밀도가 낮아 에디슨은 주행거리를 늘리기 위해 차량에 더 많은 배터리를 장착시킬 수밖에 없었고, 그러면서 차체는 훨씬 더 무거워졌다. 오히려 당시 에디슨 곁에서 줄곧 내연기관을 연구하던 헨리 포드가 개발한 모델 T가 출시되자마자 시장을 휩쓸며 성공을 거뒀다. 자동차의 대량생산은 생산 비용을 대폭 낮췄고 모터보다 내연기관이 지닌 장점이 훨씬 두드러졌다. 원유 정제 기술의 발전 역시 휘발유 생산량이 대폭 증가하도록 뒷받침했고, 자연히 가격은 더 저렴해졌다. 그러면서 내연기관이 자동차의 주 동력원이 됐고, 전기차는 점점 시장에서 자취를 감췄다.

1970년대 초, 중동에서 촉발된 석유파동은 순식간에 전 세계에 그림자를 드리웠다. 각국 정부와 연구기관은 새로운 에너지와 새로운 활용처를 찾기 시작했고, 그러면서 다시금 전기차에 시선을 돌렸다. 그러나 1980년대까지 에너지 위기와 석유 공급 부족 문제가 돌파구를 찾으며 전기차의 상업화는 또 다시 동력을 잃었다. 물론 축전지 기술의 진전이 지지부진했다는 내재적인 문제도 존재했다. 전기차가 다시 발목을 잡힌 것이다.

1990년대에 들어서면서부터 에너지 고갈과 환경 문제라는 이중고 속에 전기차 연구개발은 다시금 도약기에 접어들었다. 자동차 대기업들은 잇따라 전기차를 내놓기 시작했다. 나는 1994년쯤 GM이 자사가 개발한 전기차 임팩트Impact를 베이징으로 운반해 현장 공개했던 장면을 아직도 생생히 기억하고 있다. 이 모델의 친환경성을 보여주기 위해 주최 측은 현장을 찾은 모든 관람객에게 몸에 걸치는 친환경 겉옷과 GM의 로고가 새겨진 친환경 야구모자를 나눠줬다. 주변을 둘러보니 그날 날씨가 약간 서늘해서 그런지 대다수 사람이 친환경 겉옷을 걸친 게 눈

중국 전기차가 온다

그림 1-4 콘셉트카 임팩트(GM차이나그룹)

에 들어왔다. 하지만 친환경 야구모자를 쓴 사람은 거의 없었다.

임팩트는 콘셉트카다.(그림 1-4) 근 30여 년이 흐르는 동안 개발에 성공한 최초의 전기차이기도 했다. 1990년 로스앤젤레스 자동차 박람회에서 임팩트가 공개되자마자 곧바로 반향이 일었다. 총 무게는 1.3톤에 불과했고, 특히 배터리 무게가 고작 382킬로그램이었다. 완성차의 경량화를 훌륭하게 이뤄낸 모델이었던 것이다. 임팩트는 0에서 시속 96킬로미터까지 속도를 올리는 데 불과 7.9초밖에 걸리지 않았고 고속도로 최고 속도는 시속 88킬로미터로 배터리 완충 상태에서는 200킬로미터를 주행할 수 있었다. GM은 임팩트의 핵심 기술을 응용해 상용 승용차 EV1을 개발했고 이후에는 주행거리 연장형 하이브리드 전기차 Volt를 개발해 순수하게 전기로만 차를 구동했던 이전과는 다른 새로운 장을 열었다.

둥펑자동차를 이끌었던 황정샤가 2002년 『참고소식』°에 실린 글 한 편을 스크랩해 보여준 적이 있다. GM이 전기차를 기반으로 완전히 평평한 섀시를 쓴 '스케이트보드 플랫폼' 적용에 나섰다는 내용이었는 데 이 소식은 내게 깊은 인상을 남겼다. 이런 혁신이 오늘날까지 이어져 오면서 당시에는 생각에만 그쳤던 것들이 산업화를 가능케 하는 조건 을 갖추게 된 것이다.

그러나 유감스럽게도 GM의 결과물은 잠시 세상에 선보인 뒤 곧 바로 자취를 감췄고 시장에 자리잡지 못했다.

21세기에 들어선 이후 동력배터리 기술은 새로운 진전을 거뒀다. 특히 에너지 밀도가 높은 리튬배터리가 등장하면서 전기차의 발전을 실 현할 수 있게 됐다. 2006년 테슬라와 영국의 로터스가 공동 제조, 출시 한 전기 스포츠카 로드스터Roadster는 제로백이 고작 3.7초에 불과했다. 그해 비야디BYD도 순수하게 전기로 구동되는 전기차 F3e를 내놨다. 그 이후로 자동차 대기업들이 각양각색의 신에너지 차량을 선보이면서 모 터가 내연기관을 대체하는 흐름이 자리를 잡았다.

위에서 설명한 것처럼 모터는 내연기관보다 훨씬 앞서 구동시스템 으로 활용된 바 있다. 모터는 구조가 단순하고 운행은 안정적이며, 속도 조절도 쉬운 편이었다. 그런데도 시장의 홀대를 받았던 주된 원인은 동 력배터리의 제약에 있었다. 같은 주행거리라는 조건에서 볼 때 지금도 자동차 연료탱크가 배터리 시스템보다 부피가 훨씬 작다. 연료탱크에 기 름을 가득 채운 후의 질량 역시 마찬가지다. 그럼에도 GM이 전기차를

° 중국 관영매체 신화사가 발행하는 간행물

개발했을 때와 비교하면 동력배터리는 큰 도약을 이뤄냈고, 실제 사용 가능한 수준에 도달했다. 잠재력과 발전 여지도 크다. 이를 종합하면 구동시스템의 변화는 자동차 산업이 맞닥뜨린 100년만의 변혁 가운데 첫 손가락에 꼽힌다고 할 수 있을 것이다. 이 같은 변화는 중국뿐만 아니라 다른 나라에서도 모두 나타나고 있다. 조금 앞서거나 늦어지고 있다는 시기적 차이만 있을 뿐이다.

석유 수급 해결의 열쇠

중국의 자원 상황을 보면, 석탄은 많지만 석유는 적고 천연가스는 나지 않는다. 1인당 평균 석유 자원 수준은 세계 평균의 6분의 1에 지나지 않아 석유 부족 문제가 특히 심각하다. 1949년 중화인민공화국 성립 때 중국의 원유 연 생산량은 고작 12만 톤에 불과했다. 1950년부터 중국

그림 1-5 다칭 유전 역사 전시관에 진열된 가스 구동 버스 모형

은 소련에서 원유를 수입해 국내 공급량을 확보했다. 그로부터 오랜 시간이 흐르고, 휘발유와 디젤을 아껴 꼭 필요한 곳에 사용하기 위해 일부 도시에서는 오직 가스만을 연료로 쓰는 버스가 운행됐다.(그림 1-5) 이런 버스는 초기부터 가스발생기를 썼는데, 버스 차체 뒤에 트레일러를 연결해 거기에 가스발생기를 싣고 다녔다. 석탄에서 발생한 가스를 버스의 연료로 쓴 것이다. 나중에는 공장에서 가스 생성 작업을 끝내 여기서 얻어낸 가스를 버스 차고지에서 공급했다. 이런 버스는 차체 위에 커다란 주머니가 달려 있어서 출발 전에 가스를 가득 채우고 한 바퀴 돌고 온 다음에 주머니가 쪼그라들어 있으면 다시 가스를 채워야 했다.

1959년 왕진시王進喜°가 베이징에 와서 신중국 건립 10주년 기념식에 참석했다. 그곳에서 그는 베이징 버스 위에 달린 커다란 가스주머니를 보고 큰 자극을 받았다. 헤이룽장 싸얼투 유전(훗날의 다칭유전) 개발 행사에 참석한 그는 '수명 20년이 깎인다 해도 죽을 각오로 유전을 개발하리라' '석유 빈곤국이란 꼬리표를 떼어내 태평양에 던져버리리라' 결심했다.

다칭유전의 성공적인 발견과 개발, 왕진시를 대표로 한 석유 개척자들이 분발한 덕에 석유 부족으로 오로지 수입에만 의존했던 중국의 상황은 완전히 뒤바뀌었다. 차량 위에 더 이상 가스주머니를 싣고 다닐 필요가 없어진 것이다. 왕진시가 석유 시추 대원들을 이끌고 인력으로 시추기를 잡아끌어 옮기던 장면은 그 시대 중국인들 모두의 머릿속에 각인됐다.(그림 1-6)

○ 낡은 장비 등 악조건 속에서도 마침내 유전 개발에 성공해 '철인'의 칭호를 얻은 인물. '신중국 최초의 유전탐사 노동자'로도 불린다.

그림1-6 다칭의 '철인' 왕진시가 석유 시추 대원들을 이끌고 시추기를 잡아끌던 모습. 60여 톤에 달하는 시추 설비를 인력으로 옮겼다.

다칭유전은 중국 산업 전선의 모범 학습사례가 됐다. 필사적인 혁명 정신을 몸소 보여준 석유산업 대표 '철인' 왕진시의 모습은 다칭 정신의 핵심적인 표상이 됐다. 1959년부터 2023년 3월 26일까지 60여 년이 흐르는 동안 다칭유전에서 생산된 원유는 도합 25억 톤을 넘어 중국의 같은 기간 원유 총 생산량의 3분의 1 이상을 차지했다. 이 가운데 1976년부터 2002년까지 27년간 다칭유전에서는 계속해서 매년 5000만 톤 이상이 안정적으로 생산됐다. 전 세계 유전 개발 역사의 기적을 썼음은 물론, 오랜 기간 중국의 석유 공급에서 큰 기여를 해냈다.

그러나 시간이 흘러 차량 보유량이 빠르게 늘어남에 따라 중국은 1993년부터 석유 순수출국에서 순수입국으로 변하기 시작했다. 2020년에는 전해보다 7.3퍼센트 증가한 5억 4000만 톤의 원유를 수입했다. 세계 석유 소비량의 13퍼센트에 달하는 양이었다. 원유의 대외 의존도

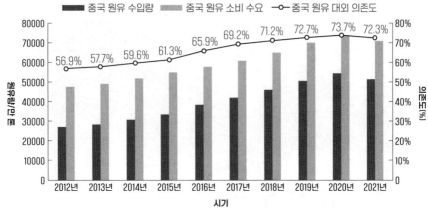

그림 1-7 중국 원유 수입 현황

도 73퍼센트를 넘었다. 최근의 현황(그림 1-7)에서도 원유 대외 의존도가 70퍼센트를 넘는다. 높은 대외 의존도는 중국 에너지 혁명이 맞닥뜨린 주요 도전 과제가 됐다. 2021년, 신에너지 차량의 증가와 코로나19의 영향으로 중국 원유 수입량은 동기 대비 다소 줄어든 5억1000만 톤으로 집계됐다. 2022년에도 소폭 감소세를 이어가 동기대비 0.89퍼센트 감소했다.

수입산 석유는 가공을 거친 후 일부는 차량용으로 공급되고 일부는 오일프레스 속으로 들어가며, 또 일부는 플라스틱, 화학섬유, 합성고무 등 석유 화학제품으로 변신한다.

대량의 석유를 수입하는 지금의 상황은 중국 에너지 안보에 잠재적 리스크를 가져온다. 세계에서 가장 큰 에너지 소비국이기에 국제 석유 시장의 파동은 중국 경제에 상당한 수준의 충격파를 몰고 올 수 있다. 특히 중국의 지리적 위치와 내부의 에너지 상황까지 겹치면 이러한 충격파와 악영향은 더 커질 수 있다.

오늘날 전 세계적으로 지정학적 요인에 기반한 정치적 충돌이 끊이지 않고 있다. 제2차 세계대전 이후 형성된 국제 무역의 규범 역시 재정비되고 있다. 앞으로도 세계 어디에서 거대한 불안정성이 나타날지 모른다. 중국의 석유 수입원과 해상 운송의 안보 역시 심각한 도전에 직면하고 있다.

자동차 동력이 내연기관에서 모터로 변화하는 것은 이런 석유 공급과 수요의 불균형 문제를 해결하는 근본적 해결법이다. 동시에 국가 에너지 안보에도 긍정적으로 작용한다.

엄격하게 더 엄격하게

대기오염 문제를 인식한 이후로 각국 정부는 잇따라 행동에 나섰다. 자동차 배기가스 규제 관련 법규를 만들었고, 단계적으로 배출 규제를 강화해나갔다.

크게 봤을 때 글로벌 차량 배기가스 배출 기준은 미국과 유럽, 일본의 세 가지 시스템으로 나뉜다.

1966년 미국 캘리포니아주는 세계 최초로 자동차 배기가스 배출 규제 법규를 내놨다. 그 이후로도 캘리포니아는 다른 미 연방 주들보다 배출 기준을 더 엄격하게 유지하고 있다. 미국은 1970년에 환경보호국을 설치하고 최초의 연방 자동차 배기가스 기준을 내놨다. 그러면서 미국 전역에서 일산화탄소 배출을 규제하기 시작했다. 1973년에는 질소산화물 배출도 규제하기 시작했고 1976년에는 규제 범위가 탄화수소까지 확대됐다.

1990년, 캘리포니아주는 제로 배출 계획을 내놨다. 1998년부터 캘리포니아에서 판매되는 차량의 최소 2퍼센트는 제로 배출 차량이어야 한다는 내용이었다. 그해부터 미국은 배출 기준 Tier0 시행에 들어갔고 이후 4~5년마다 한 차례씩 기준을 강화해나갔다. 지금까지도 미국은 세계에서 배출 규제 기준이 가장 다양하고 엄격한 국가다.

유엔 유럽경제위원회는 1974년부터 유럽 종합 법규 ECE-15 시행에 들어가 유럽 각국의 자동차 배기가스 배출량 규제 수치를 통일했다. 유로1이 1992년부터 적용되기 시작했고 이후 매년 4~5년 주기로 한 차례씩 강화됐다. 2014년 유로6이 시행에 들어갔다. 유로6은 두 단계로 나뉘어 있는데 1단계는 2014년부터, 2단계는 2017년부터 시행됐다. 이와 비슷하다고 볼 수 있는 미국의 Tier3도 2017년부터 시행에 들어갔는데 시행 과정에서 기업들에 유예기간을 부여했다.

유럽과 미국의 배출 기준을 비교해보면 측정 방법에서 큰 차이가 있다. 유럽은 ASM Acceleration Simulation Mode 측정 방식을 따르는데, 승용차는 15개 모드, 상용차는 9개 모드로 나눠 측정한다. 측정은 규정된 모드에서 안정적으로 운행될 때 정해진 부하 조건 하에 이뤄지기 때문에 측정 방법은 비교적 손쉽지만, 실제 사용 현장과 동떨어져 있다는 단점이 있다. 검사 방법에 익숙해지면 소프트웨어를 컨트롤해 실제 사용 모드에서는 기준을 크게 초과하더라도 매 측정 포인트에서의 배출량 모두 기준치에 도달하도록 만들 수 있는 것이다. 독일 폴크스바겐 그룹의 배기가스 배출량 조작 사건도 이런 허점에 기인했다. 반면 미국이 사용하는 배출가스 중량분석기vMAS는 차대동력계 등 정확도가 높은 측정 설비를 활용하기 때문에 운행 시뮬레이션 과정에서 차량이 1킬로미터 주행할 때마다 얼마나 많은 오염물질을 배출하는지 정확하게 측정할 수 있다.

각국의 이러한 행보는 자동차로 이동 편의를 누림과 동시에 배기가스로 인한 대기 환경오염은 줄여나가는 데 목적이 있다. 특히 중국에서는 더욱 특별한 의미가 있다. 중국 산업 발전의 여정 속에서 환경오염, 특히 대기오염 문제는 날로 심각해졌고 수많은 도시에서 스모그가 나타났다. 베이징시가 스모그 생성 원인을 분석했는데, 최종적으로 발표한 보고서 결론은 충격 그 자체였다. 자동차 배기가스 배출이 베이징 전체 대기오염 물질 배출량 가운데 약 30퍼센트를 차지했다. 이는 차량 배기가스 배출 통제가 스모그 저감과 대기 환경 보호의 핵심이라는 의미이기도 하다.

개혁개방 이후 중국 자동차 업계가 유럽 기술이 적용된 제품들을 더 많이 들여왔기 때문에 자동차 배기가스 배출 기준을 포함한 자동차 관련 기술의 국가 기준 역시 대다수가 유럽을 참고한 것이었다. 2000년, 중국 전역에서 국가 배출 기준인 '자동차 오염물질 배출 제한 및 측정 방법(GB 14761-1999)'이 휘발유 차량을 대상으로 첫 시행에 들어갔다. 2001년 4월에는 국가환경보호총국이 '차량용 압축점화엔진 오염물질 배출 제한 및 측정 방법(GB17691-2001)'을 발표했고 그해 7월 1일부터 디젤차량을 대상으로 적용됐다. 이것이 바로 흔히 말하는 '국國1'º로, 중국이 자동차 배기가스 배출에 대해 강제성을 띤 규제를 전면적으로 실시

º 중국의 자동차 배기가스 오염물질 배출 기준. 국6이 가장 최신 버전이며, 2025년에 국7이 시행될 것이라는 관측도 나온다.

했다는 데 의미가 있다. 이후 2004년 7월 1일, 2007년 7월 1일, 2011년 7월 1일, 2017년 7월 1일에 차례대로 국2부터 국5까지 중국 전역을 대상으로 적용됐다.

국6 이후로 중국은 그간 계속해서 사용하던 유럽연비측정방식 New Europian Driving Cycle, NEDC 모드를 유엔 자동차 기준 세계조화포럼World Forum for Harmonization of Vehicle Regulations 참가국이 합의한 WLTCWorldwide Harmonized Light Vehicles Test Cycle모드로 변경했다. 그러면서 측정 조건을 실제 사용 환경과 더 흡사하게 만들었다. WLTC 측정 시스템은 애초에 2021년 1월 1일부터 전국적으로 적용될 예정이었지만 코로나19의 영향으로 2023년 7월 1일로 적용 시점이 미뤄졌다.

그림 1-8은 중국 자동차 배기가스 배출 기준의 변화 과정을 보여준다. 국1~국5 주요 물질의 배출 제한 기준은 표1-1과 같다.

그림 1-8 국1~국6 중국 차량 배기가스 배출기준 적용 과정

표1-1 국1~국6 주요 배기가스 배출 수치 규제

기준	배출 제한 수치 / (g·km⁻¹)							PN/ (개·km⁻¹)
	CO	THC	NMHC	NO_x	$THC+NO_x$	N_2O	PM	
국1	2.72	—	—	—	0.970	—	0.1400	—
국2	2.20	—	—	—	0.500	—	0.0800	—
국3	2.30	0.200	—	0.150	0.350	—	0.0500	—
국4	1.00	0.100	—	0.080	0.180	—	0.0250	—
국5	1.00	0.100	0.068	0.060	0.160	—	0.0045	6.0×10^{11}
국6a	0.70	0.100	0.068	0.060	0.160	0.020	0.0045	6.0×10^{11}
국6b	0.50	0.050	0.035	0.035	0.085	0.020	0.0030	6.0×10^{11}

주 : 이 표는 최대 총 질량이 2.5톤을 넘지 않는 경차의 오염 물질 배출 제한 수치를 비교한 것으로, PM의 경우 국1과 국2에서는 직접 분사식 압축점화 엔진이 아닌 경우의 제한치를, 국3~국5에서는 압축점화 엔진 제한치를 표기했다. 또 그 밖의 물질의 경우 국1~국5에서는 불꽃 점화 엔진 수치를 인용했으며 국6에서는 이를 따로 구분하지 않았다. CO는 일산화탄소, THC는 총탄화수소, NMHC는 비메탄탄화수소, NO_x는 질소산화물, PM은 미세매연입자, PN은 입자 수량을 뜻한다.

유럽이 1992년 정식으로 유로1 배출 기준을 적용하기 시작한 이후로 2014년 유로6 적용까지 20여 년이 걸렸다. 중국의 경우 2001년 7월 1일 국1 배출기준 적용에 들어간 이후 2020년 7월 1일 국6a 시행까지 20년이 걸렸다. 유럽과 비교해보면 9년이 늦은 셈이다.

국4 적용 전 중국의 배출 제한 기준은 각 단계별로 봤을 때 유럽의 기준과 대체적으로 비슷했다. 차이는 국3부터 생겨났는데, 중국은 신차의 삼원 촉매 컨버터에 수입과 수출시 모두 산소센서를 장착하도록 해 차량 자체 배기가스 측정 시스템과 결합 운용할 수 있도록 했다. 이 같은 조치의 목적은 제때 배기가스를 측정하는 데 있다. 배출 기준을 맞추지 못할 시에는 시스템에서 자동 경고가 뜨고 기본 모드로 전환해 엔진의 정상적인 작동을 제한함으로써 전문 정비소에서 검사와 수리를 받

도록 하는 것이다.

현행 중국의 국6 배출규제는 2020년 7월 1일부터 적용되는 국6a와 2023년 7월 1일부터 적용되는 국6b의 두 단계로 나뉘어 실시되고 있다. 국6a의 배출 기준은 유로6과 흡사한데, 미국의 Tier3와 비교하면 느슨한 편이다. 국6b의 배출 제한 수치는 기본적으로 Tier3의 2020년 평균과 비슷하고 유로6보다는 엄격하다. 측정 방법의 차이를 감안하면 국6b 기준이 현재 세계에서 가장 엄격한 배출 기준 가운데 하나라고 할수 있겠다.

국6은 국5에 비해 일산화탄소CO, 총탄화수소THC, 질소산화물NOx, 미세매연입자PM의 배출 규제 모두 한층 더 엄격해졌다. 국6a와 국1의 배출 기준치를 비교해보면 지난 20년간 자동차 배기가스 오염물질 배출이 계속해서 엄격해져왔다는 것이 분명히 드러난다.

유로1은 촉매장비와 무연가솔린 사용의 시작을 알렸다. 유로2는 주요 4종 물질의 배출 기준을 현실적으로 수용 가능한 범위까지 낮췄다. 유로3은 엔진에서 배출되는 탄화수소와 질소산화물을 대상으로 개별적인 측정 기준을 제시했다. 유로4는 디젤 엔진에서 배출되는 미세매연입자와 질소산화물을 줄이도록 의무화했다. 동시에 99퍼센트의 미세매연입자를 포집할 수 있는 디젤 미립자 필터Diesel Particulate Filter, DPF를 도입하도록 했다. 유로5는 2013년 1월 1일부터 생산된 디젤차량을 대상으로 반드시 DPF를 사용하도록 의무화했는데 그러면서 직접분사식 가솔린엔진GDI에 대해서도 미세매연입자 배출을 제한했다. 유로6은 디젤 엔진에서 나오는 질소산화물을 67퍼센트 저감하는 목표를 제시하는 동시에 휘발유 엔진의 미세매연입자 배출량도 함께 규제했다. 그러면서 모든 자동차 생산 업체가 보다 엄격해진 디젤차량 배출 규제에 발맞출 수 있도록 다음의 두 가지를 사용하도록 했다. 하나는 질소산화물을 물 분자로 바꿔주는 액상촉매제이고 다른 하나는 질소산화물을 저감시키는 배기가스 재순환 장치다.

표1-2을 통해 유로1부터 유로6까지의 배출 규제 기준을 비교했다. 표1-3은 유로6과 국6의 주요 규제를 비교한 표다.

표1-2 유로1~유로6 배출 규제 기준 비교 단위: g/km

배출기준	시행 시작 시기	휘발유 차량			디젤 차량			
		CO	HC	NOₓ	CO	HC	NOₓ	PM
유로1	1992년 7월	2.72	0.97		2.72	0.97		0.14
유로2	1996년 1월	2.20	0.50		1.00	0.70		0.08
유로3	2000년 1월	2.30	0.20	0.15	0.64	0.56	0.50	0.05
유로4	2005년 1월	1.00	0.10	0.08	0.50	0.30	0.25	0.025
유로5	2009년 9월, 2011년 9월	1.00	0.10	0.06	0.50	0.23	0.18	0.005
유로6	2014년 9월	1.00	0.10	0.06	0.50	0.17	0.08	0.005

(표에서 CO, HC, NOₓ, PM을 CO, HC, NO_x, PM으로 표기)

주: 휘발유 차량의 경우 유로5A와 유로5B가 각기 2009년 9월과 2011년 9월부터 적용되기 시작했다. 디젤 차량의 경우, 유로5가 2009년 9월부터 시행에 들어가기 시작했다. 유로6은 2014년 정식 시행됐지만 신형 버스와 중형트럭 대상으로는 이에 앞선 2013년 1월부터 적용됐다.

표1-3 유로6과 국6의 주요 물질 배출 규제 기준 비교 단위 : mg / km

배출 기준	CO		THC		NMHC		NOₓ		N₂O		THC+NOₓ		PM	
	불꽃 점화	압축 점화	불꽃 점화	압축 점화	불꽃 점화	압축 점화	불꽃 점화	압축 점화	불꽃 점화	압축 점화	불꽃 점화	압축 점화	불꽃 점화	압축 점화
유로6	1000	500	100	—	68	—	60	80	—	—	—	170	4.5	
국6a	700		100		68		60		20		160		4.5	
국6b	500		50		35		35		20		85		3.0	

주: 유로6 배출 규제는 M종류 차량에 적용된 수치를, 국6의 경우에는 제1 유형 차량의 수치를 인용했다.

자동차 배기가스 배출 규제가 날로 엄격해지며 전자식 연료 분사 제어장치가 기존의 휘발유 엔진 기화기 및 디젤 엔진 연료 분사 펌프를 대체했다. 전자식 연료 분사 제어장치는 연료 사용량을 정밀하게 제어할 수 있는데다 차량 폐쇄루프를 위한 기반이 되기도 했다. 규제가 엄격해지며 초희박연소기술, 엔진직접분사기술, 미세매연입자 포집기술 등이 대거 활용되기 시작해 자동차 보급에 따른 대기오염 문제를 완화하는 데 기여했다.

앞에서 몇 가지 주요 배출 물질을 언급했지만, 이것이 자동차 배기가스의 전부는 아니다. 일반적으로는 엔진 연소 과정에서 직접적으로 발생하는 배출 물질에 대해 규제가 이뤄진다. 휘발유차든 디젤차든 이같은 엔진 직접 연소가 아닌 연료의 불완전 연소로 인해서도 오염물질이 배출되는데 여기에는 올레핀계 물질과 포름알데히드 등의 유해 물질이 포함돼 있다. 이들 물질에 대해서는 중국을 포함한 세계 어디에서도 아직까지 규제안이 나오지 않은 상황이다.

탄소 배출, 생명주기를 보자!

자동차는 탄소 배출량이 상당히 많은 산업 제품 가운데 하나다. 보유량이 많은데다 심지어 점점 증가하고 있는 만큼, 자동차야말로 탄소 저감 목표 실현을 위해 노력을 기울일 때 반드시 열과 성을 다해 연구해야 하는 영역이다.

자동차는 생산과 사용 과정 모두에서 이산화탄소를 배출한다. 국제적으로도 자동차 전 생명 주기의 배출 상황을 아울러 계산하는 것이 일반적이다.

생산 과정을 보면, 자동차 산업은 탄소 다배출 산업에 속하지는 않지만 탄소 저감에 있어서는 잠재력이 상당하다. 예를 들어, 생산 과정에서 종종 증기를 이용하는데, 과거에는 보통 석탄 보일러에서 얻어낸 증기를 이용했다. 석탄을 연소할 때는 대량의 이산화탄소가 발생하는데, 공업용 보일러의 경우 일반적으로 1톤의 석탄을 연소시킬 때마다 2.6톤의 이산화탄소가 발생한다. 이에 반해 화력 발전 보일러를 사용할 경우에는 석탄 1톤당 이산화탄소 배출량이 2.36톤에 그치는데, 결국 화력 발전소 열병합 발전 설비에서 만들어진 증기를 이용한다면 약 0.24톤의 이산화탄소를 저감할 수 있는 셈이다. 또, 생산시설 꼭대기에 태양광 발전 배터리를 설치하면 친환경 분산 에너지 발전을 활용할 수 있다. 이 경우 외부 전력 공급을 전부 대체할 수는 없을지언정 일부는 대체 가능한 만큼, 효과적으로 탄소 배출을 줄일 수 있다. 조금 더 나아간다면 공장 내부에서 물류를 옮길 때 전기차와 전기 지게차를 최대한 활용해도 탄소 저감을 달성할 수 있다. 결국 작은 부분부터 하나씩, 상황에 맞게 행동에 옮긴다면 많은 영역에서 탄소 저감을 실행할 수 있는 것이다.

2009년, 유럽과 미국, 일본 등이 잇따라 승용차 이산화탄소 배출 규제 목표를 내놨다. 유럽이 가장 엄격했는데 2015년 유럽에서 판매되는 승용차의 이산화탄소 배출량을 1킬로미터당 130그램 이하로 유지하도록 했고, 2020년에는 1킬로미터당 95그램 이하로, 다시 2025년에는 1킬로미터 당 81그램 이하가 되도록 제한했다. 1킬로미터당 95그램을 기준으로 100킬로미터당 연료 소모량을 계산해보면 휘발유 엔진이 약 4.2리터, 디젤 엔진은 약 3.8리터 정도다. 1킬로미터당 81그램을 기준으로 했을 때 100킬로미터당 연료 소모량은 휘발유엔진과 디젤엔진 각기 약 3.6리터, 3.2리터 정도다. 이를 충족시키지 못하는 회사에는 벌금이 부과될 것이다.

2017년, 중국은 정식으로 '더블 포인트' 제도를 내놨다. 기존 내연기관 승용차의 연료 소모량과 신에너지 승용차 수 모두에 포인트를 적립해 비교하는 방법이다. 해외 이산화탄소 배출 규제 목표 및 실시 방안과는 다르지만 중국의 특성에 맞춰 연료 소비량을 줄일 수 있는 효과적인 수단이었다.

전기차는 분명 배기가스를 배출하지 않는다. 불완전 연소에 따른 배출 물질도, 이산화탄소도 나오지 않는다. 그럼에도 전기차의 친환경성에 물음표가 달리는 이유는 뭘까? 의심의 눈초리를 보내는 사람들은 다음 두 가지 근거를 내세운다. 첫째는 중국의 전력은 주로 석탄으로 만든 전기에서 나오고, 이 전력 생산 과정에서 여전히 이산화탄소가 배출된다는 것이다. 둘째는 동력배터리 생산 과정에서 내연기관 시스템 생산때보다 더 많은 이산화탄소가 나온다는 것이다. 유정에서 석유를 끌어올릴 때부터 자동차 바퀴가 내달릴 때까지, 내연기관 차량과 전기차 중 어느 쪽의 배출량이 더 많은지에 대해서는 아직도 명확한 답이 존재하지 않는다.

사실 중국의 경우 최근 몇 년간 전력산업계가 친환경 에너지 발전에 힘쓰며 점차 그 성과가 가시화됐다. 전기차 에너지원의 친환경성을 놓고 의문을 제기하는 목소리도 점차 잦아들고 있다. 칭화대학 자오푸취안趙福全 교수팀의 연구에 따르면, 전체 전력의 70퍼센트가 석탄 전기인 중국의 상황을 감안해 계산해도 순수 전기차가 내연기관차보다

30퍼센트나 탄소를 줄인다. 계속 노력해 수력, 풍력, 태양광 발전을 통한 친환경 에너지 비중을 높여나간다면, 전체 생명주기를 아울러 전기차가 배기가스 배출에 있어 분명 내연기관 차량보다 훨씬 더 좋은 성적을 거둘 것이다. 앞으로는 신에너지차 수가 계속 증가함에 따라 전기차와 전력망 사이 에너지 저장 성능이 개선되며 신에너지 차량이 하나의 에너지 저장 기기가 될 것이다. 차주는 자동차에 저장한 에너지를 전력망으로 보내 일정 정도의 수익을 얻고, 국가전력망공사State Grid도 과거 양수 발전소 건설에서 파생됐던 일련의 문제들을 줄여나갈 수 있을 것이다.

신에너지차의 발전 속도를 높이는 것은 신에너지 전환을 추진하고 녹색 저탄소 발전을 실현하기 위한 중요한 전략이다.

3_____ 도약을 이끄는 소프트웨어

오늘날 자동차 산업의 두 번째 변혁은 차량 제어 방식에서 나타난다. 구체적으로 보면, 자동차의 전자전기 아키텍처가 분산식 제어에서 중앙집중식 제어로 변화하고 있다. 과거에는 차를 탈 때 사용하는 모든 자동화 기능이 ECU에 의해 구현됐다. 전자전기 아키텍처가 분산식에서 중앙집중식 통합제어로 변화한 후 최종적으로는 중앙집중식 컴퓨팅 기능을 갖추게 되는 큰 흐름이 나타났다. 지금 신에너지 차량의 신차 모델 일부가 이미 도메인 컨트롤러를 사용하는데, 그다음 단계로 차량 전체의 중앙 컴퓨팅 중앙집중제어가 실현될 것이다.

또, 중앙집중제어와 함께 소프트웨어 역시 분산식 임베디드 소프트웨어에서 중앙집중식 풀 스택 소프트웨어로 변화한다. 여기서의 핵심은 자동차의 운영체제가 중앙집중 제어를 구현했다는 전제하에 '더블 디커플링'을 이룬다는 것이다. 그중 하나는 하드웨어와 소프트웨어의 디커플링이다. 운영체제OS에서 보드 드라이버 패키지를 통해 기종이 다른 여러 컴퓨팅을 구동시키면 하드웨어는 컴퓨터에서 사용되는 외장 부품처럼 즉시 작동한다. 모든 하드웨어가 운영체제 소프트웨어를 통해 구동되는 것이다. 가장 최신 성과는 하이퍼바이저인데, 하이퍼바이저로 각 컴퓨팅 리소스를 함께 활용함으로써 한정된 리소스를 최대한 이용한다. 또 다른 디커플링은 기본 소프트웨어와 응용 소프트웨어 사이의 디커플링이다. 개별적으로 코드를 추가하지 않아도 각종 응용 소프트웨어가 '미들웨어'를 통해 움직이며, 기본 소프트웨어인 운영체제와 연결하기만 하면 사용자가 응용 소프트웨어를 활용할 수 있다.

자동차 기능 소프트웨어가 응용 소프트웨어로 분류됨에도 불구하고 애플리케이션과는 다르다는 부분도 설명하고 싶다. 기능 소프트웨어는 차량의 기능을 결정짓는데, 설치와 업그레이드 모두 자동차 회사가 담당한다. 사용자는 한번 기능 소프트웨어를 선택하면 마음대로 삭제하고 재설치할 수 없다. 허점 보완, 업그레이드 역시 자동차 기업 손에서 완성된다. 자율주행 소프트웨어의 경우 중대한 문제가 발생하면 교통사고로 이어질 수 있는데, 이때 책임을 지는 것 역시 해당 소프트웨어를 제공한 자동차 기업이다. 기능 소프트웨어는 시스템 소프트웨어와 결합해야만 작동할 수 있는데, 자동차 기업은 반드시 운영체제 커널과 미들웨어 사이 결합을 고려해 전체적인 그림을 그려야 한다. 일각에서는 자율주행 소프트웨어의 솔루션 전부가 솔루션 기업으로부터 나온다고 오해하기도 한다. 하지만 실제로는 L2 이하의 보조 기능을 사용할 경우에는 그럴 수 있다 하더라도, L3 이상이 될 경우에는 오히려 어려움만 가중될 뿐이다. 높은 비용은 차치하고서라도 앞으로 발생할 문제들을 모두 자동차 기업이 책임져야 한다는 점을 고려하면 자동차 기업들은 턴키솔루션을 제공하기보다는 기능 소프트웨어 관련 모든 작업을 제3자에게 넘길 것이다.

초기 신에너지 차량은 일반적으로 내연기관 자동차 기반에 구동시스템만 바꿔달았는데 이때 대다수는 기존의 분산 제어시스템에도 손을 대지 않았다. 완성차의 배터리 관리시스템, 모터 제어시스템, 조향시스템, 제동시스템, 계기판 등 여러 시스템을 각기 제어하도록 한 것이다. 시스템과 시스템은 단순히 연결되어 있었을 뿐 서로 결합시켜 제어하지는 못했다.

완성차 플랫폼의 관점에서 보자면, 신에너지차량의 구동 시스템과 기존 엔진 구동시스템은 완전히 다르다. 연료를 이용하는 차량 플랫폼에서 구동 시스템만 바꿔 끼운다고 해서 완전히 새로운 플랫폼이 되는 것이 아니다. 그저 임시방편에 그칠 뿐, 내연기관을 전기 배터리로 바꿈으로써 모든 문제를 일거에 해결할 수 있는 것은 아니었다는 얘기다. 이후에 탄생한 완전히 새로운 신에너지차량 완성차 플랫폼은 처음부터 통합제어장치를 사용했다. 이를 통해 앞에서 설명한 여러 문제를 해결할 수 있었고, 사용자의 서로 다른 수요를 만족시켜 맞춤형 차량을 생산할 수 있는 기반도 마련할 수 있었다.

'소프트웨어 중심 자동차'는 점점 현실이 되어가고 있다. 보조 운전 기능을 갖춘 자동차는 소프트웨어와 하드웨어의 결합을 통해 주행, 방향 전환, 정차 등 차량의 여러 기능을 제어할 수 있다. 오늘날 자동차를 가리켜 컴퓨터, 로봇, 모바일 스마트 단말기로 부른다 해도 지나치지 않다.

4_____ 재편되는 공급사슬

경제학에서 '공급사슬'과 '산업사슬'의 두 개념은 떼려야 뗄 수 없다. 전자는 산업 사슬에 위치한 기업간, 기업 내부의 각 부문간 공급 관계로 인해 만들어진 사슬임을 강조한다. 사슬 형태로 이어진 업스트림과 다운스트림 관계이면서 네트워크 형태의 공급망 관계이기도 하다. 후자의 경우 상품을 생산하거나 서비스를 제공하는 기업들이 분업과 거래를 통해 서로 관계를 맺으며 형성되는 상호 시스템으로 이해할 수 있다. 이 둘을 비교할 때, 공급 사슬에서는 기업 내부 혹은 기업 사이의 상품 공급 관리 측면이 더욱 부각되곤 한다.

최초의 자동차 기업은 몸집을 키워 모든 것을 내부에서 해결하는 공급사슬 시스템을 채택했다. 이 시스템은 훗날 전문적인 분업으로 형성된 공급사슬 시스템으로 대체됐다. 전통적인 자동차 산업의 공급 사슬은 그림 1-9처럼 완성차 기업을 최상층에 놓고 층마다 명확한 분업이 이뤄지는 피라미드 형태의 안정적 시스템이었다. 일반적으로 자동차의 차체, 엔진과 관련된 제품의 이미지와 핵심 성능은 모두 완성차 기업에

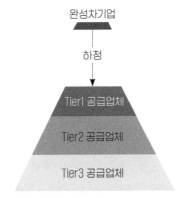

그림 1-9 전통 자동차 산업의 피라미드형 시스템

달려 있었다. 그 외 다른 조립 프로세스와 부품 등은 기본적으로 Tier1 공급상에 하청을 줬고, Tier1 업체는 비슷한 방식으로 Tier2 업체에 또 다시 하청을 줬다. 이런 식으로 하청이 꼬리를 물고 이어졌다. 함께 사용되는 칩, 임베디드 소프트웨어 등은 종종 Tier2 심지어는 Tier3 업체가 고르기도 했다.

최근에는 기술이 진보하며 조립 프로세스에도 변화가 나타났다. 예를 들면, 엔진이 여전히 완성차 업체의 몫으로 남아 있음에도 엔진의 연료 분사 제어시스템 등은 대부분 시스템 공급업체가 제공한다. 역량이 뛰어난 공급업체는 보통 이와 동시에 여러 완성차 업체에 부대 장비를 공급하는데 하나의 시스템이 여러 차량 모델에 공급된다. 단일한 차량 모델이라 해도 부품은 여러 곳의 공급상으로부터 공급받는다. 자동차 부품 기업들은 에너지 절감, 배출가스 저감, 안전과 관련된 신기술, 새로운 가공법 등 각기 세분화된 영역에서 개발비를 계속 투자했다. 역량이 되는 기업들은 심지어 글로벌 자동차 부품 기준을 확립하기까지 했고, 계열화된 제품을 내놓으며 완성차 업체들과 안정적인 협력 관계를 구축했다.

　신에너지 차량의 발전은 기존의 공급 사슬 시스템을 바꿔놓았다. 먼저 구동 시스템이 내부가 아닌 외부의 협력 속에서 완성된다. 완성차 기업은 일반적으로 공급업체로부터 배터리, 모터를 구매한다. 경계를 뛰어넘는 융합은 자동차 공급 사슬 시스템이 재편되는 계기를 마련했고, 자율주행차량의 연구개발이 또 한 번 이 같은 시스템 재편의 속도를 높이고 범위를 넓혔다. 그러면서 신생 제조업체들이 무더기로 생겨났다. 이들 기업은 기존 자동차 업체들이 다년간 형성해온 경영 모델에 발목 잡히지 않고, 홀가분하게 시장에 진출해 완전히 새로운 시스템 속에서 자리 잡기 시작했다. 반면 기존의 완성차 업체들은 여전히 '언젠가 저들 신생 기업의 공급업체로 전락하지는 않을까?' 하는 우려를 떨쳐내지 못하는 상황이다.

　새로운 부품 공급시스템은 기존의 피라미드형 구조를 완전히 뒤바꿔놓았다. 경계를 뛰어넘는 융합으로 네트워크 형태의 구조를 형성했고 새로운 형태의 네트워크 생태계에 기반한 공급 사슬 분업 시스템을 확립했다.(그림 1-10 참고) 배터리 기업, 모터 기업의 경우 과거에는 모두 자동차 업계에 공급하는 것이 없었지만 지금은 일약 신에너지 차량의 핵심 기술 보유자로 성장했다. 이 같은 흐름은 분명 완성차 업계의 문을 열어젖힐 것이고 경계를 뛰어넘는 협력을 이끌 것이다. 배터리 관리시스템, 모터 감속 제어시스템 등 전자정보 제품들은 하드웨어와 소프트웨어의 일체화에 기반한 복잡한 시스템이므로 완성차 기업과 배터리 혹은 모터 기업, 전자정보산업 기업들이 함께 협력해야 한다. 여기에 입각해 본다면, 배터리, 모터, 운영체제 등도 완성차와 어깨를 나란히 하는 중요 포지션을 차지하기 때문에 완성차 플랫폼을 설계할 때 완성차 기업이 선두에 서되 반드시 세 분야의 연구개발 인력들이 함께 힘을 합쳐야만 완성차 구동 시스템을 개발해낼 수 있을 것이다. 자율주행 차량 시대에 접어들어 소프트웨어의 역할은 훨씬 커졌다. 그러나 바로 이 소프트웨어가 기존 자동차 기업들의 약점인 만큼, 반드시 보완이 필요하다. 완성차 기업은 특히 소프트웨어 인재의 부족이라는 단점을 보완해야 하는데, 그중에서도 아키텍처를 담당하는 인재가 중요하다. 따라서 팀을 꾸려 이 부분에서의 미흡함을 채워넣어야 할 필요가 있다. 연구개발 과정에서는 하드웨어-소프트웨어의 일체화에서 둘 사이의 분리 및 소프트웨어의 빠른 세대교체에 발맞추는 방향으로 나아갈 필요가 있다. 자동차 기업이 외부의 도움을 받는 것은 불가피하지만 그렇다고 해서 모든 부분을 시스템 공급상에 기대서는 안 된다.

과거의 완성차 기업은 직접 반도체 공급 문제까지 신경 쓰지는 않았다. 그러나 최근 2년간 자동차 산업은 반도체 공급 부족에 시달렸고,

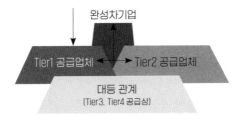

그림 1-10 네트워크형 공급사슬의 분업 시스템

완성차 기업 대표들은 태도를 바꿔 반도체 공급 문제 해결 방안을 찾기 위해 애를 쓸 수밖에 없었다. 집적회로 업계의 입장에서 보자면, 자동차 반도체 요구조건이 소비자용 및 산업용 반도체보다 까다롭다. 반면 자동차 업계에서 사용하는 반도체의 수량은 글로벌 반도체 생산량의 12퍼센트 정도에 불과하다. 이처럼 요구조건은 까다롭고 종류는 다양한데다 발주량은 적기 때문에 집적회로 업계에서는 이를 소비자용 전자제품 같은 중점적인 공급 보장 대상으로 삼지 않았다. 자동차용 반도체 공급 부족이 가격 인상을 불러일으키며 일부 반도체 기업들의 주시 대상이 되긴 했지만 주목은 그저 주목일 뿐 그것을 공급하는 것은 또 별개의 일이었다. 자동차용 반도체는 자체적인 기준과 인증 시스템이 있다. 만약 수직계열화된 종합반도체회사IDM의 형태를 취하지 않는다면 설계, 제조, 패키징, 테스트라는 일련의 과정을 거쳐야 하는데 여기에 짧게는 2~3년에서 길게는 4~5년의 시간을 들여야만 자동차 기업 공급업체가 되는 기회를 얻을 수 있다. 자율주행 단계에 이르러서는 AI 반도체가 추가됐는데, 그간 통용됐던 그래픽처리장치GPU와 프로그래머블 반도체FPGA에서 전용 AI 반도체로 글로벌 반도체 산업의 재편을 촉진하면서 기존 차량용 반도체 생산 기업들이 엔비디아·퀄컴·인텔 등 차량용 반도체 신흥 기업들과의 치열한 경쟁에 휘말리게 됐다. 여기에 더해 소프트웨어 중심 차량의 발전에 따라 운영체제 업체들이 완성차 업체들과 협력하기 시작하면서 오픈소스 차량 운영체제도 등장했다. 변화는 여기서 그치지 않았다. 완성차 컴퓨팅 플랫폼과 산업 생태계가 형성됐으며 더 나아가 오늘날 자동차 공급사슬이 아우르는 폭도 한층 더 넓어졌다.

결국 자율주행 차량의 발전은 센서, 의사결정, 제어까지 공급업체들의 범위를 확장시킬 것이다. 센서 감지에 있어서는 카메라, 밀리미터파 레이더, 라이다의 발전을, 의사결정에 있어서는 AI 반도체의 발전을 이끌 것이다. 또 제어시스템에 있어서는 전자식 조향steer by wire, 전자식 제동brake by wire 등 새로운 부품에 대한 수요가 생겨날 것이다. L5 단계에 이르러서는 스티어링 휠, 가속페달, 브레이크 페달의 쓰임이 사라지면서 섀시를 구성하는 각종 요소들의 기술적 발전을 촉진할 것이다

업계에서 주목해야 하는 것은 자동차 산업의 공급사슬 재편이 새로운 산업 생태계를 만들어낼 것이며, 이를 이끄는 핵심적인 동력은 자율주행 기능의 안전성과 안정성 확보에 있다는 사실이다. 완성차 기업이 이런 핵심 영역에서 힘을 발휘하지 못한다면 필히 발전의 주도권을 잃고 말 것이다.

2 장

폭풍우 속에서
오래 버티는 힘

중국은 자동차 대국에서 강국으로 나아가는 과정에서 '경주 레인'을 바꿔 신에너지차를 육성할 수 있는 역사적인 기회를 잡았다. 이를 위해 산업 발전 방식을 전환하고, 산업 구조를 조정하는 비바람의 여정에 들어섰다. 20여 년 동안 지속적인 노력을 기울여 탐색하고 실험했으며, 시행착오와 보급의 과정을 거쳤고, 초기 기술 연구개발에서 시범 구역 테스트에 이르렀다. 중장기 산업 발전 계획 수립, 초일류의 산업 시스템 구축까지 중국의 신에너지차 산업 발전은 '중국 특색'을 갖추었고, 세계가 주목하는 성과를 거뒀다.

1＿＿＿＿ 앞서나간 기술 연구개발

중국 신에너지차 산업은 21세기 초에 태동했다. 2001년에는 신에너지차 연구 사업이 국가 10차 5개년 계획°(10·5 규획)의 '국가 첨단기술 연구개발 계획(863 계획)'에 포함됐다.

'863 계획'과 첸쉐썬의 예언

중국은 개발도상국으로서 인구가 많고, 기초가 약하며, 바탕이 취약했다. 그렇기에 글로벌 신기술 혁명의 흐름을 맞이했을 때, 반드시 과학기술 분야에서 한 발 앞서 나가며 중국의 국방과 경제, 사회 발전을 지탱해야 했다. 1986년 3월, 이러한 인식에 기반하여 광학자 왕다헝, 핵물리학자 왕간창, 공간자동제어학자 양자츠, 무선전기전자학자 천팡윈 등 4명의 과학자가 '세계의 전략적 첨단기술 발전 추종에 관한 건의' 보고서를 중앙정부에 보냈다.

며칠 후 그들의 보고서를 읽은 덩샤오핑이 관련 지시를 내렸다. 이때부터 국가가 재정을 투입해 첨단기술 개발을 지원하는 메커니즘이 구축됐다. 덩샤오핑이 지시를 내린 날짜가 1986년 3월이었기에 이후 이 계획은 '863 계획'으로 불리게 됐다.

1992년 첸쉐썬°°은 당시 국무원 부총리였던 저우자화에게 편지(그림 2-1)를 보내 내연기관 자동차가 환경에 미치는 영향을 충분히 고려할 것을 제안하고, 국가가 직접 신에너지차에 대한 연구와 제조를 추진할 것을 건의했다. 편지에 언급된 미래 정세에 대한 예측은 오늘날 탄복을 금치 못하게 한다. "중국 자동차 공업은 반드시 가솔린, 디젤 단계를 건너

---

o 중국은 1953년의 '1차 5개년 계획'을 시작으로 5년마다 경제 발전 방향과 목표를 정하고 있다.
oo 중국에서 첸쉐썬은 별도의 설명이 필요 없는 국보급 원로 과학자다. 중국 원자폭탄, 수소폭탄, 인공위성의 핵심 연구를 담당했다.

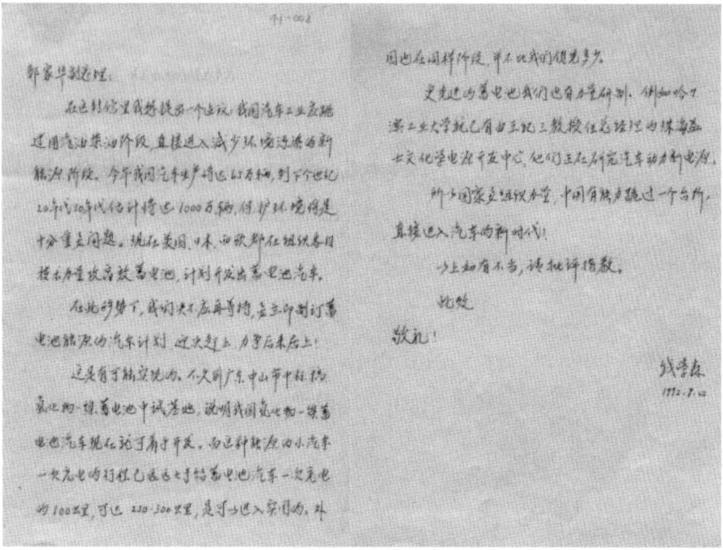

邹家华副总理：

在这封信里我想提出一个建议：我国汽车工业应跳过用汽油柴油阶段，直接进入减少环境污染的新能源阶段。今年我国汽车生产将近100万辆，到下个世纪20年代30年代估计将达1000万辆，保护环境将是十分重要问题。现在美国、日本、西欧都在组织各自技术力量攻高效蓄电池，计划开发出蓄电池汽车。

在此形势下，我们决不应再等待，应立即制订蓄电池能源的汽车计划，迎头赶上，力争后来居上！

这是有可能实现的。不久前广东中山市中标镍氢化物-镍蓄电池中试基地，说明我国氢化物-镍蓄电池汽车现在就可着手开发。而这种能源的小汽车一次充电的行程已远远大于铅蓄电池汽车一次充电的100公里，可达220-300公里，是可以进入实用的。外国也在同样阶段，并不比我们领先多少。

更先进的蓄电池我们也有力量研制。例如哈尔滨工业大学就已有由王纪三教授任总设计的北京海淀士大化学电源开发中心，他们正在研究汽车动力新电源。

所以国家应组织力量，中国有能力跳过一个台阶，直接进入汽车的新时代！

以上如有不当，请批评指教。

此致

敬礼！

钱学森

1992.8.22

그림 2-1 첸쉐썬이 1992년 8월 22일 당시 국무원 부총리였던 저우자화에게 보낸 편지 초고. 이 편지에서는 신에너지차 발전 문제를 다뤘다.(『과학과 충성: 첸쉐썬의 인생 답안』)

뛰고, 환경오염을 줄이는 신에너지 단계에 곧장 진입해야 한다." "(신에너지차는) 1920, 1930년대까지 1000만 대에 이를 것으로 예상되며, 환경보호는 매우 중요한 문제로 떠오를 것이다." "중국은 (산업 발전의) 한 단계를 건너뛰고 자동차의 새로운 시대로 곧장 진입할 능력이 있다." 첸쉐썬 선생은 과학계의 거두답게 중국 신에너지차의 발전에 대해 남들보다 앞서 이해했고 멀리 내다보았으며 일찌감치 중국 자동차 산업의 발전 경로가 해외 노선과 다를 것이라고 전략적으로 예견했다.

과기부는 '8차 5개년 계획(8·5 규획)' '9차 5개년 계획(9·5 규획)' 기간에 전기차 발전과 기술 한계 돌파 문제를 집중적으로 연구했다.

2001년 시작된 10차 5개년 계획(10·5 규획)은 전기차를 863 계획에 포함
시켰는데, 이는 '3종 3횡'으로 불리는 기술 연구개발의 큰 그림이 처음
으로 확정된 것을 의미했다. 이른바 '3종'은 순수 전기차·하이브리드차·
연료전지차를 가리키며, '3횡'은 배터리와 그 관리시스템, 전기 모터와
그 제어시스템, 다양한 에너지 동력으로 구성된 제어시스템을 말한다.
이는 당시 세계에서 상용화 가능성을 지닌 기술 노선들을 총망라한 것
이었고, 오늘날 다시 봐도 미래지향적인 종합 계획이다. 중국 신에너지
차의 기술 혁신과 산업발전의 틀을 마련했다고도 평가할 수 있다.

실험실에서 시장으로

10차 5개년 계획(10·5 규획) 기간에 중국은 8억 8000만 위안의 자금을
투입하여 디이자동차, 둥펑자동차, 창안자동차, 치루이자동차 등의 회사
가 하이브리드차를 연구개발하고, 상하이자동차와 퉁지대학이 손잡고
연료전지 모터 시스템을 개발하도록 지원하였으며, 칭화대학, 베이징이
공대학, 푸톈자동차와 베이징버스그룹이 합작하여 연료전지 버스와 순
수 전기버스를 개발하도록 지원하였다.
    11차 5개년 계획(11·5 규획) 기간 동안 전기차의 연구개발은 계속해
서 국가 과학기술 계획에 포함됐고, 자금 투입의 양과 프로젝트의 규모
는 더욱 커지고 참여 기업은 나날이 늘어났다. 덕분에 산학연, 응용 등
다방면의 협력 체계가 형성됐다. 국가 과학기술 계획은 11억6000만 위
안의 지원 기금을 투입하여 기술 개발, 공공 인프라, 시범 보급 등과 관
련된 200개 이상의 프로젝트를 마련하고 75억 위안 규모의 지방정부와

기업 투자를 이끌어냈다. 이 기간에 수많은 연구자들이 이와 관련된 과학기술 연구개발 프로젝트에 참여해 혁신 성과를 대거 거뒀다. 디이자동차, 둥펑자동차, 상하이자동차 등은 대학들과 적극 손잡고 난관 공략에 나섰다. 신에너지차가 실험실에서 시장으로 나아가기 시작한 시기가 이때였다.

10·5 규획 기간에는 구동 시스템 기술의 돌파구 마련이 연구개발의 중심이었고, 11·5 규획 시기에는 자동차 회사 3곳이 완성차 모델을 하나씩 책임지고 만드는 방식으로 기술의 완성차 적용 가능성을 검증했다. 디이자동차는 하이브리드차, 둥펑자동차는 순수 전기차와 하이브리드 버스, 상하이자동차는 연료전지 차량의 연구개발을 각각 담당했다. 연구 프로젝트는 실제 사용이 가능한 완성차 모델이 나온 직후 검수를 맡도록 했다.

당시 둥펑자동차가 맡았던 국가 프로젝트 중 하나는 순수 전기 동력으로 구동하는 해치백° 승용차 설계였던 것으로 기억한다. 차량의 차체는 이탈리아의 한 디자인 회사에 개발을 의뢰했고, 배터리·모터는 당시 국내 최고 제품으로 조달했다. 국가 과학 연구 계획을 수행하는 동시에 둥펑자동차는 내부적으로 하이브리드 버스 연구개발과 산업화 프로젝트에도 시동을 걸었다. 2003년, 둥펑자동차가 개발한 하이브리드 버스 5대가 정식 출시됐다. 이들 버스는 우한시에서 전통 내연기관 버스와 혼합 배차해 운행됐다. 1년 동안 누적 운행 거리는 15만 킬로미터, 수송 승객은 25만 명에 달했다. 무엇보다 기존 버스보다 연료를 32퍼센트 절

---

o 세단보다 다소 작은 자동차 유형

감한 것으로 나타났다.

국가 과학기술 혁신 프로젝트를 따내기 위해 나는[o] 2000년 말 당시 과기부 부부장(차관)이었던 쉬관화에게 둥펑자동차 전기차 개발에 대한 전반적인 계획을 보고했다. 당시 둥펑자동차는 3년 동안 누적된 적자를 전환하기 위해 사력을 다하고 있었는데, 이를 위해 국가 과학기술 혁신 프로젝트를 맡아 정부 자금을 받아야 했다. 나 또한 둥펑자동차가 직면한 문제를 어떤 새로운 시스템과 메커니즘을 도입해 해결할 수 있을지 고민하던 중이었다. 나는 쉬 부부장에게 전기차를 전문적으로 연구하는 회사를 설립해 국가 과학기술 프로젝트를 맡기고 싶다고 말했다. 그러면서 이 회사는 연구개발 성과를 산업화해야 하고, 심사 지표는 신차 시장 판매 수량과 수익이고, 과학기술부가 투자한 돈은 모두 전기차 연구개발에 쓰이고, 연구개발 인력 비용 등은 경영을 통해 자체적으로 조달해야 한다고 제시했다. 회사는 수익을 얻으면 국가로부터 투자받은 돈을 과기부에 돌려줄 수 있어 새로운 프로젝트에 자금을 계속해서 수혈할 수 있다고 설명했다. 쉬 부부장은 이 구상이 실현될 수 있다면 과기부가 전폭적으로 지원하겠다고 밝혔다.

과기부를 다녀온 뒤 집단 연구를 거쳐 둥펑자동차 산하에 전기차 회사를 새로 만들기로 했다. 둥펑자동차가 1000만 위안을 출자하고 후베이성첨단기술발전촉진센터, 화중과기대학산업그룹, 우한경제개발구투자회사 등 7개 주주 회사가 1470만 위안을 출자해 둥펑전기차주식회사(이하 둥펑전기차)를 공동 설립했다. 경영진을 뽑기 위해 둥펑자동차 내

---

[o] 당시 저자는 둥펑자동차의 임원이었다.

부에서 공모를 진행했는데, 젊은 층이 대규모로 지원했고 필기시험과 면접을 거쳐 두각을 나타낸 5명을 추렸다. 이들은 프레젠테이션과 최종 면접의 절차를 밟았고, 특히 최종 면접은 둥펑자동차 사내 방송국을 통해 회사에 생중계됐다. 그들은 프레젠테이션과 면접 답변에서 '어떻게 국가 과학기술 혁신 프로젝트의 전기차 분야 난관을 잘 극복할 것인지' '어떻게 회사의 연구개발과 산업화를 추진할 것인지' '어떻게 회사의 경영 관리를 잘 할 것인지' 등에 대해 명확히 밝혀야 했다. 평가는 사내 방송사가 조직한 온라인 직원 투표와 주주들로 이뤄진 평가단(오프라인)의 심사를 통해 점수를 매기는 방식으로 진행됐다. 그 결과, 황자오친이 둥펑전기차의 초대 사장으로 최종 확정됐다.

둥펑전기차가 개발한 첫 제품은 '뎬펑처'라고도 불리는 전동 카트였다. 이 제품은 중국 전역 13개 성(자치구, 직할시)에 판매돼 많은 관광지와 아파트 단지, 상가에서 쓰이는 교통수단이 됐다. 그때 황자오친은 내게 이 차량의 판매가가 샤리승용차º보다 높고, 연간 수백 대를 팔 수 있어 수익성이 괜찮다고 말했다. 이들 젊은이는 처음부터 회사의 생존과 발전을 고려하고, 과학 연구비에 기대 세월을 허송하지 않고 고군분투했기에 시작이 매우 좋았다. 그들은 국가 전기차 개발 실험실을 세우고 3억 위안을 투자하여 국가급 전기차 공학 센터를 건설하여 과거 첨단기술 기업이 창업 초기에 주로 주주의 돈을 '태우는' 전통 방식을 완전히 바꾸었다. 이 회사는 설립 2년 만에 국가, 후베이성, 우한시에서 지원하는 지원금 총 1억 위안을 받았다. 회사는 설립연도부터 흑자를 실현했

º 1990년대 중국 국민차급 소형 승용차

그림 2-2 둥펑전기차가 베이징 올림픽에 공급한 하이브리드 전기버스(둥펑전기차 제공)

고, 이듬해에는 100만 위안의 이익을 냈다.

2008년, 둥펑전기차는 베이징 올림픽에 그림 2-2와 같이 15대의 하이브리드 전기버스를 공급했다. 2009년에는 둥펑자동차의 '하이브리드 시티버스의 에너지 절약 및 배출 저감 핵심 기술' 성과가 국가 과학 기술 진보상 2등을 수상했다. 같은 해 둥펑전기차는 우한버스그룹과 하이브리드 버스 400대 판매 계약을 체결했다.

2006년, 디이자동차는 국가 전기차 프로젝트에서 하이브리드 동력 플랫폼과 버스 완성차의 연구개발 및 산업화 임무를 맡아 10미터, 11미터, 12미터 길이의 하이브리드 버스를 잇달아 개발했다. 이들 버스에는 트윈 모터와 전용 자동변속기 기술이 적용됐다. 디이자동차는 베이징 올림픽 기간에 하이브리드 버스 12대와 번팅 하이브리드 승용차 5대를 제공했다.

상하이자동차는 하이브리드 승용차를 돌파구로 삼았다. 신에너지 사업부를 설립해 신에너지차 연구와 산업화의 전체적인 계획을 마련하고, 다롄신위안회사와 손잡고 상하이신위안동력주식회사를 공동 설립해 연료전지 시스템의 연구개발과 산업화에 전념했다. 또 20억 위안을 투자하여 상하이제녕자동차기술회사를 설립하여 하이브리드차와 전기차 동력시스템, 제어시스템의 통합개발에 집중했다. 미국 A123시스템회사와 공동으로 상하이제신동력배터리시스템회사도 설립해 전기차의 동력배터리 생산에도 나섰다. 2008년, 국가 전기차 과학기술 프로젝트를 등에 업은 상하이자동차의 연료전지 승용차 시험용 모델은 베이징 올림픽에 투입됐다. 2010년에는 룽웨이 750 하이브리드 승용차가 시장에 출시됐다.

베이징 올림픽은 강보에 싸여 있던 중국 신에너지차의 전시 무대이자 테스트장이 됐다. 중국에서 처음으로 개최되는 올림픽이었고, 첫 유치 실패 이후 겨우 얻은 기회라 의미가 남달랐다. 중국 국민들은 힘을 모아 사상 최고의 올림픽을 치르고야 말겠다는 의지가 컸다. 당시 친환경 목표를 달성하기 위하여 베이징 올림픽 조직위원회는 일부 신에너지차를 올림픽 전용차로 채택하기로 결정했다. 이는 자동차 업계에서 신에너지차가 처음으로 공개 무대에 올라 각국 선수들의 테스트를 받고, 세계를 상대로 신기술의 성숙도를 보여주며, 자동차 분야에서 중국의 발전 현황을 선보일 수 있는 값진 홍보의 기회였다. 실제로 약 590여 대의 신에너지차가 올림픽에 투입되었고, 사회 전체의 광범위한 관심을 받았으며, 자동차 기업들로 하여금 희망을 갖게 하여 신에너지차 개발의 자신감이 커지는 계기가 됐다.

10차 5개년 계획과 11차 5개년 계획의 전기차 과학기술 중대 프

그림 2-3 2008년 베이징 올림픽 기간에 투입된 중국의 신에너지 버스

로젝트는 단계적으로 성공을 거뒀다. 11차 5개년 계획 기간에만 친환경 및 신에너지차 분야에서 총 2011건의 특허(발명 특허 1015건 포함)를 출원했고 국가 표준 30건, 산업 표준 32건을 발표하며 신에너지차 분야에서 중국의 '표준 체계'를 형성하기 시작했다.

2008년 베이징 올림픽 기간에 신에너지차의 운행 거리는 누적 370여만 킬로미터를 달성했고, 승객 440여만 명을 수송했다. 당시에는 올림픽 역사상 최대 규모의 신에너지차 시범 운행이었다. 신에너지차의 긍정적 이미지 형성의 세를 몰아 2010년 상하이에서 개최된 세계박람회 기간에 또다시 빛을 발할 기회를 마련했다. 당시 행사에 투입된 신에너지차는 누적 1억 2500만 명이 넘는 승객을 수송했고, 2900여만 킬로미터를 안전하게 운행했다. 신에너지차는 이러한 주요 행사에 대거 등장해 높은 사회적 평가를 받았고, 기술력과 산업화의 가능성을 검증받았다.

2　　　각자의 장점이 뚜렷한 시범 구역

베이징 올림픽에서 성공을 거둔 이후 보급 확대를 위해 중국의 신에너
지차는 범위를 확장해 시범 운행을 진행하기로 했다. 더 많은 경험을 얻
고 문제를 찾아내 제품의 완성도를 높이고, 충전소 등 인프라에 대한 이
상적인 투자 및 운영 모델을 찾기 위해서였다.

명확해진 국가 전략 방향

GM이 개발한 순수 전기차 EV1의 초기 모델에는 '납축전지'가 탑재됐
다. 그러다 1999년에 납축전지가 '니켈수소 전지'로 바뀌었다. 도요타
가 개발한 하이브리드 자동차에는 아예 처음부터 니켈수소 전지가 사
용됐다. 한순간에 업계에서 니켈수소 전지 추종 현상이 일어났다. 확실
히 납축전지에 비해 니켈수소 전지의 에너지 밀도는 크게 향상되었고,
저온 성능은 높았으며, 과충전·과방전에 강하며 순환(재활용) 수명이 길
고 오염이 없었다. 그러나 가장 큰 문제는 충전 효율이 낮다는 것이었다.
80퍼센트 이상 충전하면 부작용이 빠르게 발생해 에너지 밀도가 크게
감소했는데, 이는 이후 주류가 된 리튬 전지와 성능 면에서 차이가 컸다.
하지만 당시 리튬 전지는 노트북에 막 탑재되기 시작했기 때문에 이 전
지가 자동차에 사용될 것이라고 예상한 이들은 거의 없었다.
　　2008년 미국에서 발생한 서브프라임모기지(비우량 주택담보대출) 위
기는 국제 금융 위기를 야기했고, 중국 또한 지대한 영향을 받았다. 경
제 부양을 위해 국무원은 10대 산업 조정·진흥 계획을 마련해 발표했는

데, 자동차 산업이 이 리스트에 포함됐다. 2009년 3월 발표된 '자동차산업 조정·진흥계획'에서는 처음으로 신에너지차 발전이 중국의 국가 전략으로 제시됐고, 산업 조정·진흥의 주요 과제 중 하나가 '신에너지차 전략' 시행이라고 명시했다. 이 문건에서는 "순수 전기차, 플러그인(충전식) 하이브리드차 및 그 핵심 부품의 산업화를 추진하고, 신에너지차 전용 엔진과 파워 모듈(모터, 배터리 및 관리시스템 등)의 최적화 설계 기술, 대규모 생산 공정과 원가 제어 기술을 확보한다" "일반형 하이브리드차 및 신에너지차 전용 부품 개발을 발전시킨다" 등의 내용이 포함됐다.

또한 사상 최초로 신에너지차 산업 계획의 목표를 명확하게 제시했다. 즉, "전기차 대량 생산·판매를 실현하고 제조 역량을 키워 50만 대의 순수 전기차, 플러그인 하이브리드, 일반형 하이브리드 등 신에너지차 생산 능력을 갖추고, 신에너지차 판매량이 승용차 판매 총량의 5퍼센트 정도를 차지하도록 한다"는 것이었다. 그러나 이 판매량 목표는 예정된 시점에 달성하지 못했는데, 중요한 이유 중 하나는 인프라 건설의 어려움을 과소평가했기 때문이다. 하지만 옥의 티가 있었을 뿐, 신에너지차의 산업화 방향이 확정되고 순수 전기차와 플러그인 하이브리드 자동차 기술이 진보함에 따라 발전 구도가 점차 명확해지는 것을 막을 순 없었다.

2010년 10월에 발표된 '국무원의 전략적 신흥산업 육성·발전 가속화에 관한 결정'에서 신에너지차는 '7대 전략적 신흥산업' 중 하나로 선정됐다. 이때 중국은 이미 신에너지차 발전 법칙에 대해 진일보한 인식을 갖고 있었고, 덕분에 시장화를 위해 노력할 방향을 명확히 할 수 있었다.

'10개 도시, 1000대의 차량' 시범사업

2009년 1월 중국 재정부, 과기부, 국가발전개혁위원회, 공업정보화부는 공동으로 이른바 '10개 도시 1000대의 차량+城千輛' 시범사업을 시작했다. 즉, 매년 10개 도시를 선택해 각 도시마다 약 1000대의 신에너지차를 보급하는 계획이다. 2010년부터 3년간 총 3만 대 가량의 신에너지차를 이 계획을 통해 보급하기로 했다.

같은 달, 재정부와 과기부는 '친환경 및 신에너지차 시범 보급 사업 전개에 관한 통지'를 발표했다. 지방정부들은 적극적으로 호응하여 베이징, 상하이, 충칭, 창춘, 다롄, 항저우, 지난, 우한, 선전, 허페이, 창사, 쿤밍, 난창 등 13개 도시가 제1차 시범도시 명단에 포함되었다. 시범 도시들은 버스, 택시, 공무, 환경 위생 관리, 우편 등 공공 서비스 분야에서 신에너지차의 사용 촉진에 앞장섰다. 일부 시범도시의 지방정부는 야심찬 보급계획을 세웠는데, 목표를 가장 높게 잡은 곳은 선전시로 9000대의 신에너지차를 보급할 계획을 세웠다. 베이징시는 5000대, 상하이시는 4150대 보급 등 도시마다 다양한 계획을 세웠다.

돌이켜보면 당시 지방정부든 중앙정부든 신에너지차 적용 확산의 어려움을 과소평가했다. 물론 문제를 달리 보면 시범사업을 통해 신에너지차의 실제 적용에 있어 일련의 문제점이 드러났고, 이는 이후의 제품 개선과 품질 향상에 대한 방향을 제시했다고 할 수 있다.

2010년에 더 많은 지방정부가 적극적으로 '10개 도시 1000대의 차량' 시범도시 대열에 진입하기 위해 노력했다. 전년 1차 시범도시가 10개를 넘었다는 점을 감안하여, 2차 시범도시는 단 7개의 도시, 즉 톈진, 하이커우, 정저우, 샤먼, 쑤저우, 탕산, 광저우만 선정했다. 그러나 적지 않은 수의 도시들은 여전히 여러 이유를 들어 필사적으로 사업에 참여하려고 했고, 저울질 끝에 선양, 후허하오터, 청두, 난퉁, 샹판(지금의 샹양) 등 5개 도시가 추가된 다음에 비로소 선정 작업이 막을 내렸다. 이렇게 해서 시범도시는 모두 25개에 이르렀다.

시범도시 수를 제한하려고 했던 이유는 시범도시가 너무 많으면 의미가 퇴색될 수 있다는 우려가 있었기 때문이다. 1차 시범도시의 1년간 시행 과정에선 제품과 인프라 구축에서 많은 문제가 드러났고, 점진적으로 이를 해결해야 한다는 점이 드러났다. 둘째로는 재정 보조금의 총액 통제 문제가 있었는데, 매년 예산은 한정돼 있기에 무한대의 지원은 불가능했다. 1차 사업 13개 도시가 신고한 신에너지차 대수만 2만대가 넘었는데, 이 규모에 근거해 추정하면 시범사업 도시가 30곳으로 늘어나면 신고 대수가 5~6만대에 이르고 예산이 두 배 가량 초과될 염려가 있었다. 2010년 시범도시 수가 25곳에 이르자 곧바로 사업에 '브레이크'를 걸었던 중요한 이유가 여기에 있다.

당시 신에너지차의 가격이 전통 내연기관 차량보다 훨씬 비쌌기 때문에 '친환경 및 신에너지차 시범 보급 사업 전개에 관한 통지'는 보급하는 차종에 따라 국가 재정에서 일정 보조금을 지급한다고 명시하고 있었다. 공공 서비스용 차량과 경상용차(LCV)에 대해서는 하이브리드 차종의 경우 동력시스템의 혼합 정도와 연비에 따라 5단계로 구분해 차량 한 대당 최대 5만 위안의 보조금을 지급했다. 순수 전기 모터를 동력으로 채택한 차종은 차 한 대당 6만 위안의 보조금이 지급됐다. 연료전지를 동력으로 채택한 차종의 보조금은 한 대당 25만 위안이었다. 길이 10미터 이상의 시내버스, 하이브리드 버스에 대해서는 한 대당

5~42만 위원의 보조금이 책정됐다. 순수 전기버스와 연료전지 버스는 각각 50만 위안 또는 60만 위안의 보조금이 지급됐다.

시범사업 추진 과정에서 일부 지방정부는 중앙정부 보조금에 추가 보조금을 얹어서 지급했다. 추가 보조금은 6만 위안에서 40만 위안까지 다양했다. 이와 함께 일부 도시에서는 신에너지차 구매 시 번호판 추첨°이나 번호판 경매 때 혜택을 제공한다고 밝혔다. 이 외에도 신에너지차에 대한 운행 제한 완화, 충전 요금 할인, 주차장 이용 특전 등의 혜택이 발표되며 소비자들의 신에너지차 구매 의욕이 크게 자극됐다. 한편 충전소 확충에 대한 사회적 관심 또한 커져갔다.

그러나 대다수 도시는 버스와 공무용 차량의 전기차 전환에 주력했기 때문에 개인의 신에너지차 구매에 대해서는 여전히 관심이 부족했다. 2010년 5월 재무부, 과기부, 공업정보화부, 국가발전개혁위원회 등 4개 부처는 '개인의 신에너지차 구매 관련 시범 재정 보조금 관리 잠정 방법'을 발표하여 25개 시범도시 중 상하이, 창춘, 선전, 항저우, 허페이를 선택하여 신에너지차 구매 시범사업을 전개했다.

보조금 지급 차종은 주로 플러그인 하이브리드차와 순수 전기차였다. 지원 대상은 시범도시의 민간 이용자, 리스 회사에 직접 판매하는 신에너지차 생산 업체, 민간 이용자에게 배터리 유지·보수·교체 등의 서비스를 제공하는 배터리 리스 업체였다. 지원 방식은 생산 업체가 신에너지차를 보조금을 뺀 가격으로 판매하면 중앙 재정당국이 자동차 생산업체의 판매 대수를 확인해 추후에 보조금을 일괄 지급하는 방식이

° 중국 대도시에서는 차량 등록을 제한하기 위해 번호판 추첨제를 운영하고 있고, 번호판을 얻지 못한 차량 소유주는 번호판을 대여해야 한다.

었다. 지방 재정은 공공 충전소 등 전기차 인프라 구축을 집중적으로 지원했다.

선정된 도시의 지방정부는 이 시범사업의 시행 주체로서 책임을 지도록 했고, 사업 실시 계획 수립, 판매 물량 사전 확정, 기반 시설 건설 등의 조건을 충족해야만 사업 참여 자격을 얻을 수 있도록 했다. 자동차 생산업체와 신에너지차 모델은 '친환경 및 신에너지차 시범 보급 응용사업 권장 차종 목록'에 반드시 등재되어야 했다. 차량 동력 전지의 조합으로 구분한 차종별 보조금 기준, 증액 한도, 보조금 상한선은 기본적으로 '10개 도시 1000대의 차량' 시범도시의 보조금 기준과 일치하도록 했다. 이번 사업 문서는 처음으로 재정 보조금이 '내리막' 매커니즘을 채택한다는 점도 밝혔다. 시범 기간 판매되는 플러그인 하이브리드차와 순수 전기차가 각각 5만대 규모를 넘어선 이후에는 중앙 재정당국의 지원 기준을 적절히 낮출 것이라고 명시한 것이다.

복 기 復棋

2012년 말까지 중국의 25개 시범도시는 공공서비스 분야와 민간 분야에서 총 2만7400대의 각종 친환경 및 신에너지차를 보급했다. 비록 각 도시가 스스로 세운 야심찬 목표는 달성하지 못했지만, 도시 평균 1000대를 보급한다는 목표만큼은 이뤘다.

솔직히 말하자면, 시범사업 시작 당시만 해도 신에너지차 시장은 아직 형성되지 않았고, 많은 자동차 기업이 정부 보조금을 받으러 달려들었을 뿐이었다. 대다수 자동차 업체들이 내놓은 제품은 모두 '기름을 전기로 바꾸는' 방식의 제품으로, 당시 업체들이 가장 많이 고민했던 것은 가장 적은 연구개발비, 가장 빠른 개발 속도로 신에너지차 모델을 출시해 시장을 선점하는 방법이었다. 석유와 전기를 맞바꾸는 플랫폼을 채택하는 것은 신에너지차 산업을 발전시키는 한 방법일 뿐이었고, 큰 흐름에는 부합하지 않았다. 이러한 방식은 결코 기술 확장 여지가 크지 않았고, 자동차의 많은 기능 배치도 내연 기관 플랫폼을 따를 수밖에 없는 한계가 있었다. 이러한 한계에 갇히면 연구개발에도 천장이 생긴다. 그럼에도 이런 방식은 전통 자동차 기업의 신에너지차 연구개발과 생산에 대한 의지를 불러일으켰고, 신에너지차 발전 초기 단계의 시장 수요와 연구개발 투자의 균형을 맞추며 신에너지차의 시장 진입 속도를 높이는 작용을 했다.

둥펑자동차가 개발한 순수 전기 해치백은 완전히 새로운 플랫폼으로 개발됐지만 이에 따른 문제도 많았다. 또 이 모델이 치열한 시장 경쟁에서 버틸 수 있을 것인가에 대한 확신도 부족했다.

이번 시범사업의 사이클에서 자동차 업체 가운데 가장 큰 이득을 본 것은 비야디BYD, 베이징자동차, 상하이자동차 등 중국 토종 브랜드였고, 버스 분야에서는 정저우위퉁, 샤먼진룽, 쑤저우진룽 등의 자동차 업체가 승자가 됐다. 재정 보조 정책으로 신에너지차가 시장에서 뻗어나가게 했고, 정책 수단을 통해 자동차 업체들이 신에너지차에 대한 투자를 확대하도록 유도했다. '전략으로 선도하고, 혁신으로 구동하며, 산업화를 목표로 하는' 신에너지차 발전 여정에서 중요한 성과를 낸 것이다. 시범사업은 또 개인들이 신에너지차를 구매할 수 있다는 가능성을 보여주며 시장 잠재력을 입증했고, 이는 기업들의 신에너지차 개발 의욕을 크게 자극했다.

물론 시범사업에서 신에너지차 운용의 일부 문제점도 드러났다. 예컨대, 나는 과거 베이징버스그룹 90번 버스의 시범 운행 노선을 참관하러 간 적이 있었다. 당시 이 버스는 배터리 교환 방식을 채택했는데 교환소는 베이징 베이투청의 버스 종점에 있었다. 버스의 1회 왕복 거리는 30여 킬로미터였는데, 새 배터리를 탑재하면 세 번 왕복할 수 있다고 했다. 그러나 내가 확인했을 때는 한 번 왕복할 때마다 배터리를 교체해야 했다. 배터리 팩은 매우 무거워서 교체 과정에는 로봇이 투입됐다. 게다가 배터리 한 세트의 수명은 3년 남짓밖에 되지 않았고, 교체 비용 또한 약 80만 위안에 달했다. 당시 배터리의 성능은 나중에 도입된 배터리와 비교 불가할 만큼 낮았다.

신에너지차 모델의 경우, 당시만 해도 배터리의 에너지 밀도와 출력 밀도가 낮을 때라 배터리 수명은 짧은 반면 배터리 교체 비용은 비싼 문제가 있었다. 이 때문에 이용자들은 '운행 거리 불안'을 안고 있었다. 하이브리드차가 순수 전기차보다 인기를 끌었던 이유도 여기에 있었다. 우한시의 버스는 하이브리드 차종을 택했고, 베이징시는 순수 전기버스를 도입했는데, 양자를 비교해보면 하이브리드 버스의 성능은 순수 전기버스보다 월등히 우수했다. 시범도시들의 다른 신에너지차 운영 결과도 이러한 사실을 뒷받침했는데, 하이브리드차가 평균적으로 고장나기까지 주행하는 거리는 3496킬로미터인 반면 순수 전기차는 825킬로미터에 불과했다. 주행 거리를 늘리기 위해 배터리를 많이 장착해야 하는 순수 전기차는 가격 또한 높을 수밖에 없었고 차량 무게마저 많이 나갔다. 순수 전기버스 한 대는 배터리 무게만 2.5톤에 달해 기존 차량 대비 한 대당 33명의 탑승자를 줄여야 했기에 버스 사업 운영에 불리했다. 이후 베이징시도 이러한 문제를 인지하고 더 이상 순수 전기버스를 고집하지 않고, 800여 대의 하이브리드 버스를 구매해 운영했다.

2013년 5월 30일, 당시 과기부 장관이었던 완강은 '2013년 상하이 국제 전기차 시범도시와 산업발전 포럼' 연설에서 신에너지차 '10개 도시 1000대의 차량' 시범사업을 총결산했다. 2012년 말 당시 25개 시범도시에 각종 친환경 및 신에너지차 2만7400대가 보급됐는데, 이 가운데 순수 전기 승용차가 9834대, 순수 전기버스가 2513대, 순수 전기 특수자동차가 1218대, 하이브리드 승용차가 3305대, 하이브리드 버스가 1만495대, 연료전지 차량이 50여 대였다. 시범사업 과정에서 '버스 우선'의 기본 원칙을 고수하고 공공 분야에서 신에너지차 상용화를 추진·확대했으며, 차량 기술이 성숙해지고 부품의 품질이 향상되고 완성차 가격이 지속적으로 하락하여 시장화에 접근했다고 평가했다. 특히 분업을 합리적으로 하고, 이익을 균등하게 나누며, 과학기술과 금융의 결합을 효과적으로 만들고, 산업과 시장이 긴밀하게 결합하는 전기차 시장의 가치사슬 체계를 모색했다고 밝혔다. 2010년을 기준으로 3년 동안 신에너지차 배터리의 에너지 밀도와 수명은 두 배로 증가한 반면 가격은 50퍼센트나 낮아졌다. 한 무리의 중요한 완성차와 핵심 부품 기업들이 성장한 것이다.

'10개 도시 1000대의 차량' 시범사업은 성공적이었다고 말할 수 있다. 사업을 거치며 우리는 경험을 얻었고 신에너지차 개발에 대한 자신감을 키우며 결의를 다지게 됐다. 사업 진행 과정에서 드러난 문제들 역시 기업이 생생한 초기 시장 피드백을 얻은 것이기에 차량 제품 개선에 큰 도움이 됐다. 무엇보다 중요한 것은 시범사업이 '실험실 제품'의 상용화 경로를 탐색하는 과정이었다는 점이다. 이 시기는 중국의 신에너지차 도입 기간으로 볼 수 있는데, 이후 중국 신에너지차의 발전은 본격적인 성장기에 접어들었다.

3 ____ 치밀하게 그려낸 산업화 청사진

'10개 도시 1000대의 차량' 시범사업 운영은 소기의 성과를 거뒀고, '전기차의 산업화를 어떻게 촉진할 것인가'는 자동차 업계 경영진이 고민하는 중요한 문제가 되어가고 있었다. '10개 도시 1000대의 차량' 시범사업을 이어갈 수 있는 중장기 산업 발전 계획이 필요했다. 또한 신에너지차 발전과 함께 전통 내연기관 자동차의 에너지 절약, 배출 감소 방안도 고려돼야 했다. 시범사업의 중후반기에 공업정보화부는 '친환경 및 신에너지차 산업 발전 규획(2012~2020, 이하 '규획') 제정 작업에 돌입했다.

공업정보화부가 주도하여 약 1년에 걸쳐 수립한 이 계획은 2012년 6월 국무원 문건으로 발표되어 실시됐다.

'규획'이 가리킨 방향

'규획'은 산업 전환과 기술 발전의 결합, 자주 혁신과 개방 협력의 결합, 정부 유도와 시장 구동의 결합, 산업 육성과 관련 사슬 강화의 결합 등 4가지 기본 원칙을 확정했다. 처음으로 순수 전기로 구동하는 신에너지차 발전과 자동차 산업 전환의 주요 전략 방향을 명확하게 밝혔다.

신에너지차에는 순수 전기차, 플러그인 하이브리드차, 연료전지 차량 등이 모두 포함됐지만 전통 연료와 전기의 혼합 구동 방식을 채택한 하이브리드차는 친환경 자동차 분류에 포함됐다. 하이브리드차가 더 이상 신에너지차로 분류되지 않게 된 것이다.

이런 선택을 한 이유는 세 가지다. 첫째는 기름과 전기를 혼합해 사용하는 하이브리드차의 메인 동력은 여전히 내연기관에 의존하고 있고, 전기 모터는 최대 속도에 이르고 최대 부하가 걸렸을 때만 보조적으로 사용됐다. 이는 플러그인 하이브리드차가 전기 모터 위주인 것과 완전히 다르다. 둘째, 공공 충전 인프라 건설은 중국 제도의 우위를 발휘할 수 있는 지점으로, 중국은 통일된 인식을 전제로 모두가 함께 공공 충전기를 건설할 수 있다. 이는 다른 국가에서는 매우 해내기 어려운 일이다. 이 때문에 해외 일부 자동차 업체들은 외부 충전을 하지 않는 형태로 하이브리드차를 개발했다. 충전 인프라 부족에 대한 우려가 있기에 어쩔 수 없이 타협한 것이다. 셋째, 심층적으로 봤을 때 하이브리드차 분야에서 중국 기업의 기술은 국제 선진 수준과 격차가 비교적 크며, 외국 자동차 기업이 엄격하게 특허를 보호하는 상황에서 이러한 기술을 사용하고자 한다면 허가를 얻기 어렵고, 허가를 받더라도 지불해야 하는 특허 사용료가 만만치 않을 것으로 예상됐다.

그렇다면 왜 중장기 발전 계획에서 친환경 자동차와 신에너지차를 완전히 분리하지 않고 같이 묶었을까. 당시의 주요 고려 사항은 예측 가능한 미래에 있었다. 비록 신에너지차의 발전은 자동차 업계 제품 구조 변화의 큰 방향이고, 반드시 확고부동하게 밀고 나가야 했지만, 전통 연료 자동차는 여전히 완성차 판매에서 큰 점유율을 차지하고 있었다. 전통 자동차의 에너지 절약과 배출 감소를 추진하는 것은 현실적인 의미가 있었고, 게다가 일부 에너지 절약과 배출 감소 기술은 내연기관 자동차에 국한되지 않고 신에너지차에도 응용될 수 있었다. 계획을 세울 때에는 반드시 두 가지 측면을 고려해야 한다. 한편으로는 신에너지차를 키우고, 다른 한편으로는 여전히 시장의 지배적인 위치에 있는 전통 자동차의 에너지 절약과 소비 감소를 실현해야 했다. 어느 한 쪽에 치우쳐선 안 되고 어느 한 곳만 봐서는 더욱 안 된다.

이에 앞서 2009년 초, 제조업의 회복을 촉진하기 위하여 중국은 자동차, 철강, 방직, 장비 제조 등 10대 산업의 조정·진흥 계획을 집중적으로 발표했는데, 이는 중국의 모든 중요 제조업종을 포괄한 것이었다. 이 가운데 '자동차산업 조정·활성화 계획'은 '에너지 절약 및 신에너지차 이용 촉진'을 제시했다. 이 계획에 부합하는 정책 조치는 사실상 배기량 1.6리터 이하 승용차가 대상이었다. 중앙정부는 에너지 절약형 승용차 이용을 장려하기 위해 2009년 1월 20일부터 12월 31일까지(이후 정책 기간 연장) 배기량 1.6리터 이하 승용차에 대해 5퍼센트 차량 취득세 감면 조치를 시행했다.

'규획'은 두 가지 단계적 목표도 정했다. 1단계는 2015년까지 순수 전기차와 플러그인 하이브리드차의 누적 생산판매량 50만 대 달성을 목표로 했다. 2015년 생산된 승용차의 평균 연비°는 6.9리터/100킬로미터 이하, 친환경 승용차의 연비는 5.9리터/100킬로미터 이하로 낮추

○ 중국에서 연비는 특정 주행 거리에 사용되는 연료의 양으로 측정한다.

기로 했다. 2단계는 2020년까지 순수 전기차와 플러그인 하이브리드차 생산 능력 200만 대, 누적 생산 판매 500만 대 이상을 달성하고, 연료전지 차량·차량용 수소에너지 산업을 세계 수준으로 끌어올리는 것이었다. 2020년 생산된 승용차의 평균 연비는 5.0리터/100킬로미터, 에너지 절약형 승용차의 연비는 4.5리터/100킬로미터 이하로 낮춰 연비가 국제 선진 수준에 근접하도록 하겠다는 목표도 내놨다.

'규획'은 13가지 세부 내용이 담긴 5대 목표와 6대 보장 조치 또한 확정했다. 계획의 실행을 보장하기 위해 공업정보화부가 주도하고 국가발전개혁위원회, 과기부, 재정부 등의 부처가 참가하는 부처 간 협업 메커니즘을 만들었다. 이로써 조직적인 지도력과 총괄 조정 기능을 강화하고, 업무 협력 체계를 형성하여 친환경 차량 및 신에너지차 산업의 발전이 속도를 낼 수 있게 했다.

'규획'은 중국의 에너지 절약 차량과 신에너지차 발전에 부스터를 달았다. 차량 제품 분류, 제품이 달성해야 하는 목표 등에 대한 명확한 요구 사항을 제시하여 기업이 자체 상황에 맞춰 신제품 방향을 설정하도록 도운 것이다. '규획'은 '10개 도시 1000대의 차량'의 시범 운영과 연계된 것이기도 한데, 시간 순서상 후속 조치일 뿐 아니라 시범 운영 경험과 이 과정에서 드러난 문제점을 총결산한 결과물로 볼 수 있다. 또한 저속 전기차 개발이나 납축전지 사용 등 혼선을 빚을 수 있는 산업 발전 방향도 배제했다. 자동차 산업이 향후 어떻게 변모하고 발전할 것인지에 대한 청사진을 그리고, 각급 정부가 어떤 역할을 맡을지에 대해서도 명확하게 요구했다.

중국 전기차가 온다

현 장 조 사 끝 에 발 표 된 지 침

2012년은 '10개 도시 1000대의 차량' 시범 운영의 마지막 해로 이듬해에는 시범사업, 특히 재정 보조금의 지급 상황과 효과에 대한 종합 평가가 이뤄져야 했다. 물론 '규획'은 에너지 절약 차량과 신에너지차에 대한 정부의 재정·세금 지원을 명시하고 있었지만, 재정 예산은 전년도에 편성해야 했기에 문제가 됐다. 결국 신에너지차에 대한 재정 보조 정책 지속 여부를 놓고 상반된 두 의견이 팽팽히 맞서다 2013년, 약 1년의 정책 공백기를 맞이하게 됐다.

2013년, 새 정부가 구성된 후 국무원은 공업정보화부를 관할하는 고위급 인사들에게 신에너지차 발전 업무를 맡기기로 결정했다.

공업정보화부를 이끌던 이들은 관련 부서 몇 곳의 책임자를 거느리고 광둥, 저장, 상하이, 산시, 장쑤 등지로 직접 방문해 심도 있고 상세한 특별 조사를 여러 차례 실시했다. 연구 활동은 산업 사슬의 업스트림, 미드스트림, 다운스트림 기업을 대상으로 차례로 수행됐다. 예컨대, 신에너지차 배터리 산업의 발전 현황을 파악하기 위해 시찰단은 양극재, 음극재, 분리막, 전해액, 모듈 등을 포함한 다양한 제품의 생산 기업을 조사하여 최신 발전 동향을 이해했고 해결해야 할 문제에 대해서도 관심을 기울였다. 조사를 통해 관련 부서의 책임자들은 신에너지차의 실제 발전 단계와 문제를 충분히 이해하게 됐고, 의견이 달랐던 이들도 관점을 바꾸게 되어 모두의 생각이 일치되었다.

몇 개월간의 심도 있고 세밀한 조사 연구와 긴박한 의사소통, 조정의 과정을 거쳐 관련 부문은 마침내 2013년 말 재정 보조금 정책을 발표했다. 기존과 같이 친환경 승용차에 대해서는 세제 우대 혜택을 주고,

신에너지차에 대한 재정 보조금도 지급하기로 했다. 보조금 기준은 기본적으로 '10개 도시 1000대의 차량' 시범사업의 기준을 따르지만, 해마다 보조금을 줄여나가 2020년 말까지 전면 폐지하도록 했다. 동시에 공공 충전 인프라 건설을 장려하기 위해 재정부는 특별히 이 분야에 대한 자금 지원을 늘렸다. 또한 신에너지차 보급 사업에 참여하는 도시의 수를 제한하지 않고 전국적으로 사업을 전개하기로 하여 지방정부에 신에너지차 보급 지지의 명확한 메시지를 전달했다. 2013년을 기점으로 신에너지차는 도입기에서 성장기로 접어들었다.

2014년, '국무원 판공청의 신에너지차 보급 응용 가속화에 관한 지도 의견'(이하 '지도 의견')은 순수 전기차, 플러그인 하이브리드차와 연료전지 차량 관련 일련의 정책을 더욱 명확히 발전시켰을 뿐 아니라 처음으로 '충전 인프라 건설'을 '신에너지차 발전'과 동등한 지위를 가진 과제로 격상시켰다.

'지도 의견'은 4가지 기본원칙을 제시했다. 이는 1)혁신 주도, 산학연과 응용 결합, 2)정부 유도, 시장 경쟁 촉진, 3)두 가지 병행, 공공 서비스 선도, 4)실정 맞춰 대책 수립, 책임 주체 명시였다. '지도 의견'은 또 충전 인프라 구축을 가속화하고, 기업의 비즈니스 모델 혁신을 적극적으로 유도하고, 공공 서비스 분야의 선도적인 보급과 응용을 촉진하고, 정책 시스템을 개선하고, 지방 보호주의를 단호히 타파하고, 기술 혁신과 제품 품질 감독을 강화하고, 조직 리더십을 더욱 강화하는 등의 과제들에 대해 30가지 구체적인 조치들을 제시했다.

이러한 조치들은 모두 현장 조사와 연구에 기초하고, 실정을 반영한 것이다.

중국 전기차가 온다

예컨대, 비즈니스 모델 혁신과 관련해 '지도 의견'은 사회적 자본이 완성차 리스, 배터리 리스와 재활용 등 서비스 분야에 진입하도록 장려하고 지원하며, 개인을 위한 서비스 영역에서는 시간제 리스, 차량 공유, 완성차 리스 등의 사업 방식을 모색하도록 했다. 이러한 제안들은 모두 사무실에 가만히 앉아서 떠올린 것이 아니라 각 지방을 돌며 조사, 연구한 끝에 발굴한 것들이다. 지방에서 시도하던 독창적인 방법들을 총망라한 것이라고 해도 좋다.

예컨대 신에너지차의 배터리 재활용의 경우 '지도 의견'은 펀드, 보증금, 강제회수 등 수단을 활용한 폐배터리 재활용을 촉진하라고 요구했다. 이는 미래에 폐배터리 처리 문제가 신에너지차의 지속 가능 발전을 결정짓는 중요 문제로 떠오를 것을 예견한 처사다.

'지도 의견'은 신에너지차를 구매하는 소비자에게 지속적으로 보조금을 지급한다는 점을 명시했을 뿐 아니라 신에너지차의 보급, 응용 규모가 비교적 크고 부대 인프라 건설에서 앞서 나가는 도시나 기업에게 포상을 주겠다고 약속했다. 포상으로 지급하는 자금은 주로 충전 인프라 건설 등에 사용하도록 했다. 아울러 신에너지차에 대한 차량 취득세 면제와 차량선박세 감면 혜택을 확정했고, 평균 연비에 기반한 자동차 기업의 포인트 거래와 상벌 체계 마련에 대해서도 명확한 요구 사항을 제시했다.

'지도 의견'은 2014~2017년을 시행 기간으로 잡고, 이 기간에 지원책을 우선적으로 시행하기로 했다. 이는 관련 부처들이 정책에 동의하도록 설득하는 데 도움이 되는 방법일 뿐 아니라 시행 과정에서 정책의 강도와 실효성을 체크할 필요가 있다는 점을 인식한 처사였다. 기업이 정책을 반영하기 위해서는 비교적 장기적인 예견이 가능해야 하는데, 그렇지 않을 경우 정책 급변으로 인한 손해를 피할 수 없기 때문이다. '지도 의견' 발표 직후인 2015년에는 이와 관련해 한 걸음 더 나아간 정책이 발표됐다. 신에너지차의 보조금 정책은 2020년까지 이어지겠지만, 매년 줄어드는 방식으로 2020년 말에는 전면 폐지된다고 밝힌 것이다.

'지도 의견'은 신에너지차의 안정적인 장기 발전을 위한 재원 마련을 제안하면서 신에너지차의 기술 연구개발, 검측과 테스트, 보급과 응용을 집중 지원해야 한다고 밝혔다. 여러 차례의 조사 연구와 토론을 거친 끝에 주관 부처는 최종적으로 유류세 비율 상향도 결정했다. 이는 '(내연기관) 자동차에서 끌어와서 신에너지차에 보태고, (전통 연료를) 많이 쓰고 (매연을) 많이 배출하면 세금을 많이 내게 한다'로 요약되는 정책 기조다. 이번 결정은 신에너지차 보급을 위한 보조금에 필요한 재원 문제를 일거에 해결하는 동시에, 자동차와 무관한 일반 대중의 세금 부담을 늘리지 않았다.

굴곡진 산업의 성장

어떠한 사물의 발전도 순조롭기만 할 수는 없는 법이다. 앞날이 밝을수록 나아가는 길은 굴곡질 때가 많다. 2016년, 신에너지차의 보조금 사기 사건이 폭로됐다. 일부 불법을 자행하는 기업들은 정책의 빈틈을 노려 국가 재정 보조금을 편취했다. 이 사건은 '급행차선'에 방금 진입한 신에너지차 발전에 치명타를 가했다고 할 수 있었다. 한순간에 중국 사회는 '속여서 보조금을 받는 행위'에 대해 비난을 퍼부었고, 재정 보조금을 기반으로 신에너지차를 보급하는 정책에 대해서도 회의적인 반응이 커졌다. 보조금 정책을 계속 밀고 나갈 수 있을지가 문제였다.

다행히 국무원 지도자들의 입장은 매우 확고했다. 특정 문제가 발생하면 이를 즉각 해결하면 될 일이라고 판단한 것이다. '목욕물을 버릴 때 아이까지 던져선 안 된다'는 얘기였다.

위법 기업에 대한 조사를 진행한 이후, 관리 부처는 이들이 보조금을 반환하도록 엄명을 내리고 벌금을 부과했다. 다른 한편으로는 관리 강도를 높여 반드시 차량이 2만 킬로미터 이상 운행한 후에 보조금을 신청할 수 있도록 보조금 지급 방법을 조정했다. 이후 각급 정부 관리부처가 책임지고 보조금 정책을 개정하여 허점을 메꾸게 했고, 이로써 보조금 관리 수준이 기존에 비해 크게 향상되어 기업들의 위법 행위를 원천 차단했다.

갖은 우여곡절을 겪었음에도 중국의 신에너지차는 성장기에 들어서며 왕성한 생기를 뿜어내고 있었다. 2013년 중국의 신에너지차 판매량은 1만8000대에 불과했으나 2015년에는 33만1000대로 급증해 기업들의 신에너지차 분야 사업 확대 의욕이 크게 올라갔다. 기초 소재, 기초 공정, 배터리, 전기 모터, 전기 제어시스템, 완성차 등 전 분야에서 큰 발전을 이뤘다. 2015년에는 처음으로 중국이 미국을 제치고 신에너지차 생산·판매 1위 국가로 발돋움했다.

4_____ '고속도로' 단계에 진입한 발전 여정

시진핑 중국 국가주석이 이끄는 당중앙의 리더십하에 각 분야가 합심하여 노력한 끝에 중국의 신에너지차 발전은 '고속도로'에 진입했다. 부단한 노력을 통해 많은 자동차 기업이 적극적으로 산업 확장에 뛰어들고, 사회 각계각층이 전폭적으로 지지하면서 중국 자동차 산업은 신에너지차 발전 분야에서 마침내 세계 선두에 서게 된 것이다.

'더블 포인트' 방법

'친환경 및 신에너지차 산업 발전 규획(2012~2020)'은 2015년과 2020년 신에너지차 산업이 각각 달성해야 할 생산 및 판매 목표와 전통 내연기관 자동차가 도달해야 할 평균 연비 목표를 확정했다. 기업들이 조속하게 목표를 이룰 수 있도록 공업정보화부는 2014년부터 어떻게 상벌 체계를 구축할지 연구하고, 신에너지차 분야에서 중앙 재정 보조금이 폐지된 이후 기업 발전을 지원할 수 있는 새 정책을 고민하기 시작했다.

몇 년 동안의 심도 있는 연구 끝에 2017년 중국은 승용차 기업의 평균 연비와 신에너지차 포인트를 병행 관리하는 '더블 포인트' 방식을 공식화했다.

처음에는 기존에 지방정부가 구축한 탄소 거래 시장을 활용해 정책을 추진할 수 있지 않을까 싶었다. 그러나 깊이 있게 들여다본 결과, 중국 전역에 7개의 탄소 거래 시장이 시범 운영되고 있었지만, 국제 금융위기 이후 탄소 거래는 활발하지 않았고, 지역 제한도 있어 당시 전국적인 탄소 거래 시장이 형성되지 않고 있었다. 또한 당시 설정하고자 했던 연비 제한 수치와 신에너지차 생산 판매 비율 등 규정도 탄소 거래 자체의 요구 조건과 일치하지 않았다. 면밀히 검토한 후, 역시 포인트 거래 시장을 먼저 자체적으로 만들고 조건이 성숙해지면 전국적인 탄소 거래 시장으로 진입해야 한다는 결론에 이르렀다.

새 정책은 미국 회사들의 '평균 연료 경제성' 관례를 참고했다.

여러 토론과 광범위한 국내외 기업의 의견 청취 결과, 최종적으로 '승용차 기업의 평균 연료 소비량과 신에너지차 포인트 병행 관리 방법'을 만들었고, 공업정보화부, 재정부, 상무부, 해관총서(세관), 품질감독검사검역총국 등 5개 부처가 2017년 9월 27일 이를 공포했다. 이 '관리 방법'이 바로 우리가 통상적으로 말하는 '더블 포인트' 방식이다.

'더블 포인트' 방식은 2018~2020년 3년 동안 신에너지차가 전체 자동차 판매량의 각각 8퍼센트, 9퍼센트, 10퍼센트를 달성해야 한다는 목표를 정했고, 2019년부터 심사를 진행해 이 비율을 달성한 자동차 생산업체는 '플러스 포인트'를, 미달한 업체는 '마이너스 포인트'를 받도록 했다. 또 내연기관차는 2015년과 2020년 연비 기준에 따라 심사하여 기준을 충족하면 '플러스 포인트'를, 미달할 경우 '마이너스 포인트'를 받도록 했다. 내연기관 자동차의 마이너스 포인트는 이월, 계열사 간 양도, 신에너지차의 플러스 포인트로 공제하는 등의 방식으로 처리할 수 있도록 설계했다. 신에너지차의 마이너스 포인트는 다른 업체로부터 플러스 포인트를 구매하는 방식으로만 없앨 수 있도록 했다. 외국산 완성차도 정책 적용 대상에 포함해 중국 내 생산 대수 또는 수입 대수 3만 대 이상의 업체라면 모두 심사를 받도록 했다.

2020년 6월 15일, 공업정보화부 등 5개 부처가 '승용차 기업 평균 연료소비량과 신에너지차 포인트를 병행하는 관리방법의 결정'을 제정하고, 2021년 1월 1일부터 시행했다. 이번 결정은 2019년부터 2023년까지의 신에너지차 포인트 획득 비율의 기준을 연도별로 10퍼센트, 12퍼센트, 14퍼센트, 16퍼센트, 18퍼센트로 설정했다. 이는 플러스와 마이너스 포인트의 균형을 전반적으로 고려하고, 5단계 연비 제한 수치 기준 충족과 앞서 제시된 발전 목표를 종합적으로 고려한 것이다. 더블 포인트 정책에 따른 포인트 획득이 이뤄지지만, 2025년에는 승용차 신차의 평균 연비가 4.0리터/100킬로미터 수준에 도달하고 신에너지차 생산 판매량이 전체에서 차지하는 비율이 20퍼센트에 이르게 된다.

내부적으로 계산해본 결과, 2021년 연료 소비에 따른 포인트 양도 규모는 314만5000포인트로 전년 동기 대비 49퍼센트 증가했으며 신에너지차 포인트 거래 총액은 109억4000만 위안으로 전년 대비 322퍼센트 늘었다. 거래 규모는 524만 포인트에 달했다. 포인트 가격은 평균 2088위안/포인트로 전년 동기 대비 73퍼센트 높아졌다. 포인트 잔액의 경우, 2019~2020년 신에너지차 플러스 포인트 사용률은 90퍼센트를 초과하면서 22만6000포인트만 쓰지 않고 남긴 것으로 나타났다.

2019~2021년의 시행 결과를 보면, 전반적으로 '더블 포인트' 방법은 업계에서 받아들여진 것으로 보인다. 객관적으로 전통적인 내연기관 자동차의 친환경 및 신에너지차의 발전을 촉진하는 역할을 했다. 또 재정 보조금이 폐지된 후에도 기업의 차량 제품 전환을 계속 지원하기 위한 준비를 마친 셈이 됐다. 시행 과정에서 포인트가 전반적으로 공급 과잉되며 가격이 낮게 책정되고 신에너지차 개발에 대한 인센티브가 미흡

중국 전기차가 온다

하다는 점도 발견됐다. 이러한 문제들에 대응해 관리 방법도 일부 수정됐다.

재정보조금 단계적 폐지

2019년 재정보조금 정책의 단계적 폐지를 위한 삭감의 '폭'을 논의할 때 두 가지 선택지에 직면했다. 하나는 조금 후퇴(삭감)하는 것이다. 이 경우 가장 우려되는 것은 폐지 시한인 2020년 말에 삭감 폭이 커진다는 점이다. 다른 하나는 많이 후퇴하는 것이다. 이 경우 2020년을 좀 더 순조롭게 보낼 수 있고, 2020년 말 보조금을 전면 폐지할 때 정책 변화로 인한 생산량의 큰 기복을 방지할 수 있다. 여러 의견을 균형 있게 고려한 후, 결국 약 50퍼센트의 삭감 폭을 도입하기로 결정했다. 1년 남짓의 말미를 주고 시장이 정책 변화에 적응할 수 있도록 한 것이다.

그럼에도 2019년 하반기 본격화 된 보조금 폐지 정책은 기업들이 마지막 '맛있는 식사'를 즐기기 위해 판매에 열을 올리고, 사용자들은 최대 보조금 혜택을 받기 위해 구매를 앞당긴 탓에 영향이 컸다. 정책 변화 이후 몇 개월 동안 신에너지차 판매량이 급감했다. 현실은 사람의 생각을 뛰어넘는다. 받아들일 수밖에 없었던 시장 반응이다.

이와 함께 신에너지차 보조금 정책 기준을 업그레이드했다. '주행 거리 기준'을 높인 것이 특히 주효했다. 이는 사용자들의 최대 관심사였고, 기술 발전에 따라 당연히 상향 조정되어야 할 지표였다. 그러나 어떤 이들은 이 정책을 신에너지차의 자연 발화 사건과 연결시켰는데, 사실 두 사안은 전혀 무관하다. 이 책의 뒷부분에서 신에너지차의 안전 문제를 다룰 때 상세히 설명할 것이다.

또한, 신에너지 버스의 길이 구분이 효과적으로 간소화됐다. 배터리 기술의 진보로 버스에 사용되는 배터리의 에너지 밀도가 크게 높아졌기 때문이다. 배터리를 적게 탑재해도 과거와 같은 거리를 운행할 수 있게 됐고, 배터리 가격도 크게 떨어졌다.

정책에 따라 완성차 구매자에 대한 지방정부의 보조금도 폐지됐다. 지방정부는 충전 인프라 구축을 지원하도록 했는데, 이는 '지역 보호주의' 타파의 목적이 담겼다.

2020년 코로나19가 전 세계를 휩쓸면서 세계 경제가 심각한 타격을 입었고, 중국도 그 영향으로 인해 자동차 시장 성장이 그해 상반기에 몇 년 만에 처음으로 꺾였다. 국무원은 일련의 경제회복 정책을 내놓았는데, 이 중에는 신에너지차의 보조금 정책을 2022년 말까지 이어가는 내용이 포함됐다. 또 매년 보조금이 전년도 금액을 기준으로 10퍼센트, 20퍼센트, 30퍼센트 하락할 것이라고 알렸다. 이는 기업들이 신에너지차 관련 의사 결정을 할 때 불확실성을 줄이고, 사전에 준비할 수 있도록 한 것이다. 끊임없는 정책 실행과 반추를 통한 경험치가 쌓이면서 정책 운용은 점점 더 유연해졌다.

외 자 지 분 비 율 제 한 해 제

중국 정부가 발표한 대외 개방 확대 시간표에 따라 2020년 중국 신에너지차 분야에서 외국 자본의 지분 비율 제한이 해제되기 시작했다. 외국 자본 지분 비율은 더 이상 50퍼센트 이하(50퍼센트 포함)로 제한되지 않

중국 전기차가 온다

앉고, 심지어 외국 자본이 단독 지배할 수도 있게 됐다. 이는 개혁개방 이래 중국 자동차 산업의 외국 자본 진입 제한이 점차 철폐되는 현실을 보여준다.

2022년 초입부터 중국은 정식으로 내연기관 승용차의 외국 자본 지분 비율 제한을 철폐했다. 이와 함께 외국 자동차 회사가 중국에서 최대 두 곳의 중외합자회사°만 설립할 수 있도록 제한한 규정도 전면 폐지했다. 이러한 규정 철폐는 기존 중외합자 기업들의 중국 측 주주들에게 새로운 도전이었다. 지금까지 생존해온 중외합자기업은 운영에 문제가 없었다는 뜻이다. 중국 자동차 시장의 급속한 팽창에 따라 외국 자본과 중국 주주들이 손잡고 만든 중외합자기업들은 모두 매우 훌륭한 성과를 얻었고, 중국 측 주주들은 늘 함께 열매를 따먹었다. 대부분의 합자기업은 중국 측 주주들의 매우 중요하거나 유일한 수익원으로 굳어졌다. 한편, 외국 자동차 회사들은 중국에 주로 두 곳의 합자기업을 두고 있었는데, 이러한 구도로 인해 두 기업의 중국 측 주주 간에 피할 수 없는 갈등과 충돌이 발생하곤 했다. 외국 회사들은 때때로 이러한 갈등을 이용해 자사의 이익을 최대화했다.

지분 비율과 합자 기업 수 제한을 풀어놓으면 낡은 균형이 깨질 것이므로 중국 측 주주는 반드시 새로운 도전을 맞이할 준비를 해야 했다.

기회는 항상 준비된 자에게 주어진다. 이러한 상황에서 중국 자동차 업체들에게 가장 좋은 대비책은 독자 브랜드를 잘 만드는 것이었다.

○ 외국자본과 중국자본이 공동으로 투자해 설립한 기업

실제로 중국 자동차 업체들은 외자 지분 규제 완화를 독자 브랜드 육성의 새로운 계기로 삼았다. 치열한 시장 경쟁에서 충분히 단련된 중국의 독자 브랜드는 세계 최고 수준의 외국 자동차 업체들과 같은 경기장에서 경쟁 가능한 수준이었고, 차별화를 통한 기회 창출도 노렸다.

승용차 부문의 경우, 지난 몇 년 간 외국 브랜드 승용차의 중국 시장 점유율은 60퍼센트대였고, 특히 중고급 차량 시장은 외국 브랜드가 호령하고 있었다. 그러나 최근 2년 동안 신에너지차의 발전에 따라 중국 브랜드의 신에너지 승용차 시장 점유율이 빠르게 올랐고, 자동차 제조 신세력으로 불리는 중국 토종 브랜드의 신에너지차들은 BBA벤츠, BMW, 아우디의 엔트리 모델과 직접적으로 경쟁하기 시작했다. 판매가가 30만 위

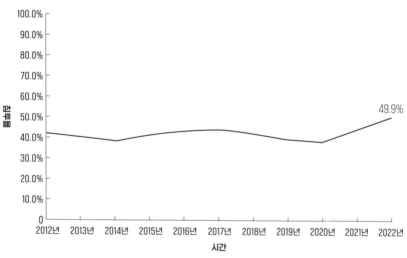

그림 2-4 2012~2022년 중국 자체 브랜드 승용차 침투율° 변화

° 신차 판매에서 차지하는 비율

안 이상인 신에너지 승용차 대부분은 중국 브랜드가 휩쓸었다. 중국 신에너지차 시장의 폭발적 성장에 힘입어 2022년에는 처음으로 중국 토종 브랜드 승용차가 50퍼센트에 가까운 시장 점유율(49.9퍼센트, 그림 2-4 참조)을 기록했다. 이는 중국 토종 브랜드가 영토를 넓히며 시장 점유율을 지속적으로 높이는 추세를 보여주는 상징적인 실적이었다.

'빨리 감기' 버튼을 누르다

시장의 빠른 팽창을 목도한 중국 자동차 업체들은 희망을 품었고 자신감이 커졌다. 이들이 적극적으로 행동에 나서면서 신에너지차 발전 여정에서 눈에 띄는 성과를 거뒀다.

전통 내연기관 승용차 생산 기업들이 새로 개발한 신에너지차 모델은 차의 구조가 더욱 합리적이었고, 신소재와 신공법 또한 적용되고 있었다. 이에 따라 완성차의 에너지 소비, 주행거리, 제품 품질 모두 크게 개선되었다.

자동차 제조에서 새로운 세력도 신에너지차 분야에 뛰어들었다. 이들은 자동차 산업의 전통적인 발전 모델에 긍정적인 변화를 가져왔다. 예컨대 '하청' 방식의 등장은 전통 자동차 업체들의 경험을 이용하면서도 공장 건설에 필요한 일회성 거액 투자를 획기적으로 줄였다. 또 다른 신세력 업체들은 전통 자동차 업체들의 잉여 생산 능력을 활용했기에 윈-윈이었다.

물론 하청 모델은 차를 직접 제조할 능력은 부족하지만, 차 제조에 대한 야망이 큰 신세력의 어쩔 수 없는 선택이었다. 니오NIO, 蔚来자동차는 상하이에 자체 공장을 건설할 계획이었지만, 상하이시가 테슬라를 유치하면서 상대적으로 외면 받는 모양새가 됐다. 이때 허페이시가 선제적으로 니오에 '러브콜'을 보냈다. 허페이시와 니오는 장화이자동차에게 위탁 생산을 의뢰하는 협업 모델을 구축하기로 합의했다.

또 신흥 전기차 회사들은 벤처캐피털을 적극 이용해 제품 개발 재원을 조달하고, 자본시장에서 투자금을 빠르게 회수하면서 '버는 만큼 쓰는' 과거의 융자 방식을 변화시켰다. 시장 판매를 통해서만 수익을 얻을 수 있었던 오래된 방식을 바꾼 것이다. 이러한 참신한 방법들은 전통 자동차 기업의 혁신 투자와 자금 조달 모델을 혁신하는 일종의 촉진제 역할을 했다. 정부 또한 금융 투자를 유도할 때 이러한 방법들을 도입할 수 있었다. 수년 동안 허페이산업투자기금이 보여준 운영 방식은 주목할 만하다. 허페이시는 정부 투자 방식을 두고 끊임없이 혁신과 실험에 나섰고, 그 결과 투자기금은 징둥팡에 투자하고, 커다쉰페이를 인수했으며, 니오와 폴크스바겐을 유치했다. 시정부는 벤처투자자 역할을 하며 전략적 가치가 있는 산업에 직접 투자함으로써 더 많은 프로젝트를 끌어들이고 성사시켰다. 이를 통해 고용과 세수를 보장했고, 각종 프로젝트 성공에 따른 수익을 배분 받으면서 정부의 재투자 여력을 크게 키웠다. 2019년, 허페이시는 니오에 100억 위안을 투자했는데, 현재 장부상 수익은 1000억 위안을 넘기고 있다. 투자 수익이 상당히 높다.

전통 자동차 회사들이 4S점°(브랜드 지정 대리점)을 열고 차량을 판매하는 방식에서도 탈피했다. 이들은 일반적으로 체험 스토어를 만들

° 자동차 구매Sales, 수리Service, 부품 교체Spare parts, 고객 대응Survey이 한곳에서 이뤄지는 공식 딜러 매장

고 온라인 주문을 받는 방식으로 신에너지차를 판매했다. 소비자를 직접 대면하면서도 유통 비용은 줄인 것이다. 상대적으로 전통 자동차 회사들은 4S점 모델과 새로운 마케팅 방식 중에 무엇을 택할지, 내연기관 자동차와 신에너지차 가운데 어떤 차종에 주력할지 등을 놓고 선택의 기로에 서 있었다. 마케팅의 새로운 패러다임을 도입하려는 유명 자동차 브랜드가 있었지만, 4S점을 완전히 벗어날 수는 없었다. 이 브랜드가 2년 동안 지켜본 결과, 전통 내연기관 자동차는 위탁 판매 방식만 채택했기 때문에 4S점 영업사원들은 항상 내연기관 자동차 모델을 방문객에게 우선적으로 추천했고 상대가 신에너지차 모델을 단호하게 요구할 때만 자세하게 소개한다는 사실이 밝혀졌다. 현실 속에서 이러한 이익 지향의 결과가 어떠했을지는 자명하다. 2022년 말, 브랜드 측은 결국 '새 아궁이에 불을 지피듯' 신에너지차 판매 전략을 재수립했다.

'백화제방춘만원百花齊放春滿園(온갖 꽃이 만발해야 비로소 봄이 온 것)' 이란 말이 있다. 중국 신에너지차는 2018년 생산 판매 100만 대의 고지를 돌파한 이후 2020년 생산 판매량이 136만 대를 넘어섰다. 중국 전체 자동차 판매량에서 신에너지차가 차지하는 비율은 5.4퍼센트에 이르렀다. 2020년 생산 판매한 136만 대의 신에너지차 가운데 순수 전기차가 110만대 이상이고, 플러그인 하이브리드차가 25.1만대다.

2020년 말 기준 중국 신에너지차 누적 보유량은 492만 대로, 전체 자동차 보유량의 1.75퍼센트를 차지한다.[o] '500만 대'라는 소기의 목표를 달성하지는 못했지만, 2013년 정책 공백기와 2019년 신에너지차 보

---

[o] 중국 공안부에 따르면, 2024년 말 기준 중국의 신에너지차 보유량은 2020년의 6배가 넘는 3140만 대에 달하고, 전체 자동차의 8.9퍼센트를 차지한다

조금 50퍼센트 이상 삭감, 2020년 돌발적인 코로나19 사태의 영향까지 감안하면 결과는 만족스럽다.

　더욱 고무적인 것은 2021~2022년 중국의 신에너지차가 비약적인 발전 추세를 보이며 2022년 판매량이 전년 대비 90퍼센트 이상 증가한 689만 대에 달했다는 점이다. 이에 따라 신에너지차 판매량은 전체 자동차 판매량의 25.6퍼센트(그림 2-5)를 차지하게 됐다. 신에너지차 판매량에서 순수 전기차 모델이 차지하는 비중도 77.9퍼센트에 달한다. 게다가 전 세계 신에너지차 판매량에서 중국이 차지하는 비중은 63.6퍼센트를 기록하며 절반을 넘겼다. 2022년 말 기준, 중국의 신에너지차 보유량은 1310만 대로 급증해 전체 자동차 보유량의 4.1퍼센트를 차지하고 있다. 2022년 중국의 자동차 판매량은 2.1퍼센트 성장에 그쳤지만, 신에너지차 판매 증가율은 압도적인 추세를 보여주고 있다. 이는 소폭으로 성

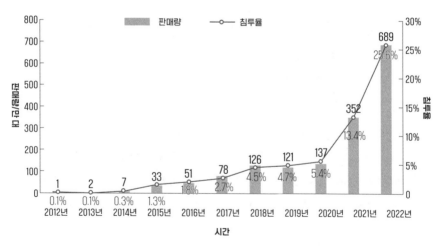

그림 2-5 2012~2022년 중국 신에너지차 판매량과 침투율

장하는 시장 환경에서 신에너지차가 수많은 내연기관 자동차를 대체하고 있고, 갈수록 많은 소비자가 신에너지차를 받아들이고 있다는 사실을 보여준다.

중국은 신에너지차 발전의 기회를 붙잡았고, 세계에서 신에너지차를 가장 먼저 국가 전략에 포함시키며 각각의 발전 단계에서 일어나는 현실적인 문제마다 종합적인 대책을 제시하며 끈기 있게 산업 혁신을 지원했다. 결국 졸졸 흐르는 실개천은 넘실대는 강물이 되며, 신에너지차가 전략적 신흥 산업으로서 중국 국민 경제 발전에서 중요한 자리를 차지하게 됐다. 새로운 과학기술 혁명과 산업 변혁이 갈수록 빠르게 일어나며 변화하는 상황 속에서 중국 자동차 산업은 끊임없는 노력으로 신에너지차의 발전을 촉진해 새로운 시대의 고품질 발전을 실현하고, 스마트커넥티드카와의 완벽한 융합을 실현하며, 차량 제품의 글로벌 경쟁력을 강화해야 한다. 레인을 바꿨으니 진정한 추월을 실현해야 할 때다.

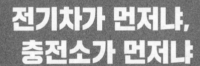

3 장

전기차가 먼저냐,
충전소가 먼저냐

신에너지차 발전은 충전소 등 기초 인프라 건설 없이는 이뤄질 수 없다. 하지만 발전 초기 단계에서는 신에너지차 보급이 제한적이라 애써 공들여 건설한 충전소도 무용지물이 될 수 있다. 그래서 중국은 정부가 나서서 국가전력망 등 국유기업을 모아 인프라에 투자 건설하도록 했다. 시범도시로 선정된 지방정부가 충전소 건설을 적극 지원사격하는 것은 물론, 직접 건설 투자에 나서는가 하면, 충전소 건설 이후의 운영, 유지 보수 비용 등에 대해서 일정한 보조금도 지급했다. 그런 후 신에너지차 보급량이 어느 수준에 도달해 충전소 회사가 자체적으로 지속가능한 경영과 발전을 이어갈 수 있을 때 비로소 정부는 손을 뗐다. 이로써 전 사회가 충전소 건설에 적극 나서 다양한 전력 공급 모델을 추진할 수 있었던 것이다. 최근엔 수소 충전소 건설에도 박차를 가해 대형 상용차 연료를 디젤에서 수소에너지로 대체하는 데도 주력하고 있다. 시대를 앞서 신에너지차 인프라 설비 구축 계획을 구상함으로써 중국 신에너지차 발전은 월등히 앞설 수 있었다.

1_____ 카멜레온처럼 변화하라: 충전소

중국 최초의 신에너지차 충전소는 2006년 비야디가 선전 본사에 건설한 것이다(그림 3-1). 비야디가 치열한 시장 경쟁 속에서도 두각을 드러낼 수 있었던 것은 신에너지차 발전의 미래를 내다보는 안목, 확고한 결심과 의지가 있었기 때문이다.

2008년엔 베이징 올림픽 개최를 앞두고 베이징시가 하이뎬구에 전기버스 충전을 위한 집중식 충전소 1곳을 건설했는데, 50대 전기버스의 배터리팩을 충전할 수 있는 규모였다. 2009년 상하이시가 건설한 차오시曹溪 충전소는 중국 최초로 일반 차량에 충전 서비스를 제공한 상업화 운영 충전소였다.

2009년 1월 중국 정부는 10개 도시에서 각각 전기차 1000대를 운

그림 3-1 2006년 비야디가 선전 본사에 건설한 중국 제1호 충전소(비야디 제공)

행한다는 이른바 '10개 도시 1000대의 차량' 시범사업을 시작하고, 시범사업에 참가한 지방정부에 충전기를 건설하도록 지시했다. 당시만 해도 신에너지차 제품은 주로 버스, 관용차, 택시 등 공공 부문의 차량으로 일반 개인은 신에너지차를 사는 경우가 거의 없었던 만큼 개인 대상으로 전기차 충전 서비스를 제공하는 공공 충전기는 극히 드물었다.

하지만 2012년 중국 정부가 미래 충전기 건설 계획을 담은 '에너지 절약 및 신에너지 자동차 산업 발전 규획(2012~2020)'을 발표한 것을 시작으로, '전기차 충전 인프라 설비 발전 가이드라인(2015~2020)' '전기차 충전 인터페이스 및 통신협약(개정안)' 등 5개 국가표준을 발표해 교류(완속) 충전과 직류(급속) 충전의 형식을 규범화하고 전기차 인터페이스 등 표준을 모두 통일화했다. 이러한 조치가 효과를 내면서 일반인들도 공공 충전기에서 전기차를 충전하는 게 가능해졌다.

충전기 설치를 널리 보급하려면

신에너지차가 공공 부문에서 일반 가정으로 차츰 보급되면서 일반 주민 단지 내 충전기 건설 수요도 늘어나기 시작했다. 하지만 이에 따른 문제도 발생하면서 전기차 발전을 가로막는 장애물로 작용했다. 예를 들면, 노후 주택가에는 별도 주차장이 없어 충전기 설치가 아예 불가능하다든가, 전력을 공급하거나 전력량을 추가로 늘리기 어려운 주차장도 파다했던 것이다. 특히 아파트 관리회사들이 충전기 설치에 소극적이었다는 게 가장 큰 골칫거리였다. 충전기 설치로 수익이 나기는커녕 안전 문제까지 책임져야 할 판인데, 어떤 관리회사가 이런 '바보 같은 짓'을 하겠다고 자원하겠는가? 실제로 2020년 말까지 신에너지차를 보유한 민간인 중 약 30퍼센트만이 개인 충전기를 보유하고 있었을 뿐이다.

관리회사의 적극적인 동참을 이끌어내려면 우선 관리비 수취 항목에 충전인프라 시설비용을 집어넣는 등 충전기 설치로 확실한 수익을 낼 수 있도록 하는 방안을 강구해야 한다. 예를 들면 충전기를 단지 내 건설해 운영하는 경우, 관리회사가 주민 전기료에 충전료를 얹어서 받되 충전요율 상한선을 정하는 것이다. 전기료가 비싼 피크 시간대와 전기료가 싼 심야시간대 가격차를 활용하는 방법도 있다. 지능형 전력망(스마트 그리드)을 통해 심야 시간대 전기료가 쌀 때 단지 내 전기차 배터리에 집중적으로 충전해놓은 전력을 낮 피크시간대에 비싼 값에 되팔아 수익을 창출함으로써 충전기 건설 운영비를 충당하는 것이다. 또, 직장 건물에 충전기를 설치해 전기차 차주가 업무시간에도 직장 내 충전기를 내 집처럼 자유롭게 사용하도록 하는 것은 직장인의 전기차 충전 수요를 만족시킬 수 있는 충분히 시행 가능한 방안이다. 물론 오피스 빌딩을 관리하는 회사의 적극성을 이끌어내는 것이 중요하다. 하지만 관리회사가 의지를 갖고 적극적으로 충전기 설치에 동참한다면 얼마든지 다양한 방식으로 수익을 낼 수 있다. 직장 주차장을 개방해 인근 지역사회 주민들에게 충전기 서비스를 제공하는 것도 좋은 방법이 될 수 있다.

도시 내 공공 주차장이나 도로 옆에 공공 충전기를 설치하기 위해선 지방정부의 역할이 중요하다. 우선 충전 인프라 설비를 도시 건설 발전 계획에 포함해 향후 도심에 얼마나 많은 충전소를 설치할 것이냐를 비롯해 구역별 분포, 전력용량 확충 등 문제를 일괄적으로 명확하게 계획해야 한다. 둘째, 충전기 설치는 주차장 건설 개조 작업과 보조를 맞춰야 한다. 기존의 주차장을 개조할 때도, 신규 주차장을 세울 때도, 충전기 설치 문제를 항상 고려해 훗날 '후유증'을 남겨선 안 된다. 또, 지방정부는 충전기 설치 운영을 위한 재정 보조금을 지원해 초기 단계의 어려움을 잘 극복하도록 해야 한다. 마지막으로 충전기를 엄격히 관리해 충전료를 제멋대로 징수하는 것을 막고, 충전기 안전 관리에 특별히 신경 써서 안전사고를 예방해야 한다.

2022년 말 현재, 중국에 설치된 전기차 충전 인프라 시설은 모두 520만 대로, 2022년 한해에만 전년 대비 충전기 설치 대수가 갑절로 늘었다. 특히 공공 충전 인프라 시설 누적 보급 대수는 180만 대, 개인 충전 인프라 시설 누적 보급대수는 340만 대다. 같은 기간 신에너지차 보급대수는 1310만 대로, 전기차 대비 충전기 설치 비율은 2.5 대 1이다.(그림 3-2)

수년간의 노력 끝에 현재 충전기 밀집도가 가장 높은 지역은 광둥성, 장쑤성, 베이징, 상하이, 저장성 등으로, 연해 지역의 경제 발달 지역과 중부 일부 지역의 충전기 보급량이 중국 전체의 70퍼센트 이상을 차지하고 있다. 이는 오늘날 신에너지차 분포 현황과도 비슷하다.

여러 지방정부는 '14차 5개년 계획(14·5 규획)' 기간 신에너지차 산업을 육성하기 위해 신에너지차 기업 투자를 유치하길 원하고, 현지에 투자하려는 기업에는 우대 정책도 제공하고자 한다. 하지만 일부 지역에서 신에너지차 시장 발전이 더딘데도 무작정 투자를 유치해 신에너지차를 생산한 다음, 이를 연해 지역의 경제가 발달한 곳에 내다파는 것은 경제 논리에 어긋날 뿐만 아니라 성공하기도 어렵다고 생각한다. 기업들도 지방정부의 단기적인 우대 정책만 보고서 섣불리 거액을 투자해 신

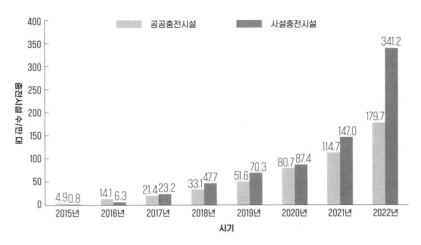

그림 3-2 2015~2022년 중국 충전시설 보유량

규 공장을 설치하지 않을 것이다.

최근 들어 일부 기업은 실제로 돈을 투자해 신에너지차를 생산할 마음이 없는데도, 신에너지차 사업을 한다는 핑계로, 혹은 계획적으로 신에너지차 사업을 앞세워 사기극을 벌이는 경우까지 있다. 이러한 사업은 지역 경제 발전을 촉진하기는커녕, 결국엔 수습조차 어려운 골칫덩이로 전락하기 마련이다. 지방정부로선 이러한 전례를 반드시 교훈으로 삼아야 한다.

만약 지방정부가 신에너지차를 육성하겠다는 결심이 섰다면, '먼저 둥지를 만들고, 새를 불러오는' 전략을 구사해야 한다. 충전 인프라를 구축하고, 현지 시장을 확대하며, 택시와 시정부 전용차를 신에너지차로 교체하는 등의 방식으로 기업 제품이 현지 신에너지차 시장에서 성장할 수 있는 발판을 마련해주는 것이다. 이는 10여 년의 현장 검증을 통해 증명된 유효한 경험으로, 얼마든지 '복사해서 붙여넣기'하듯 적용을 확대할 수 있다.

충전기 운영 기업 사례 탐색

충전 인프라 설비를 건설하는 주체는 전통 전력 공급 기업과 신생 기업을 모두 포함한다. 중국 충전시장은 다원화 발전 추세를 보이고 있다. 2022년 말, 각종 충전기 운영업체는 모두 3000여 곳에 달하며, 이중 공공 충전기 보유량이 1만 대 이상인 기업이 17곳으로, 이들 선두기업을 중심으로 발전 추세를 보이고 있다. 전기차 충전량도 비교적 빠른 증가세를 이어가고 있다. 2022년 한해 충전량은 400억 킬로와트/시로, 전년 같은 기간과 비교해 85퍼센트 이상 증가했다.

터라이뎬TELD, 特來電은 과거 내가 방문한 적 있는 칭다오의 민영 충전기 업체다. 터라이뎬은 2014년 설립 초기부터 그룹화를 통한 관리 제어 기술 노선을 제시했다. 즉, 한 동네에 분산형 충전기(그림 3-3)를 여러 대 설치해 이를 그룹화하고, 일괄적으로 관리 제어할 수 있는 미니 전력망을 구축한 후, 차량용 사물인터넷부터 에너지 공급망·데이터망을 하나로 통합한 것이다.

이 방식의 최대 장점은 '티끌모아 태산'이다. 즉, 여러 개 분산형 충전기를 하나로 묶어 그룹화한 덕분에 피크 시간과 심야 시간대 전력을 유연하게 제어해 사용함으로써 전력망에 대한 충격을 줄일 수 있는 것이다.

이 회사는 동네별 전력 사용 패턴에 맞춰 전력 수요가 낮을 때 충

그림 3-3 차주가 터라이뎬 충전기를 이용해 신에너지차에 충전하는 모습.

전하고 전력 수요가 높을 때 전기를 배출함으로써 전력 공급 부문의 환영을 받은 것은 물론, 이를 통해 수입도 벌어들이고 있다. 당연히 시장점유율과 충전량도 획기적으로 늘면서 매일 풍부한 충전 데이터 정보까지 생산하고 있다. 터라이뎬은 2019년 이미 손익 분기점을 넘어섰으며, 현재 '유니콘' 기업으로도 등극했다.

스타차지星星充電는 창저우 완방萬邦그룹 산하 충전소 브랜드다. 2014년 설립된 스타차지는 인터넷 크라우드 펀딩을 통해 충전기를 설치하는 이른바 '스타차지 모델'을 추진하고 있다. 5칸 이상의 주차공간에 전원과 전력용량을 갖춘 건물 소유주는 충전소 설치를 신청할 수 있으며, 구체적인 심사를 거쳐 충전소 설치 운영 유지 보수 조건을 갖춘 주차공간에 한해 스타차지에서 직접 책임지고 관리하는 것이다. 건설 자

그림 3-4 스타차지 충전기 모델

금은 크라우드펀딩을 통해 공개적으로 유치하는데, 투자 운영과 수익 분배 모델 등은 사전에 미리 정해놓은 만큼 참가자들은 확실한 수익을 보장받을 수 있다.(그림 3-4)

　　스타차지 모델을 선보인 이후 석 달 만에 창저우에서 무려 3000건의 신청이 접수됐고 1180대의 충전기가 설치됐다. 완방그룹은 중국의 선두적인 충전기 생산기업이다. 특히 완방그룹 창업주는 자동차 영업사원 출신으로, 덕분에 신에너지차라는 미래 발전 방향을 예리하게 포착해 이러한 비즈니스 모델을 만들 수 있었다.

　　나는 당시 모 언론매체를 통해 창저우시의 한 민영기업이 크라우드펀딩 방식으로 공공 충전 인프라를 설치한다는 기사를 보고는 직접 관련 부처 직원을 창저우시로 파견해 스타차지 비즈니스 모델을 연구하도록 했다. 비즈니스 모델을 검토한 후 공업정보화부를 관할하는 국무원 책임자에게 스타차지에 관한 보고를 진행했다. 국무원에서는 즉각 해당 책임자에게 직접 기업을 시찰하고 현장 보고를 듣도록 지시했다. 이후 모든 시범도시에서 사회 자금을 적극 활용해 충전 인프라를 세우도록 했으며, 초기 신에너지차 보급량이 미미할 경우 충전 설비 운영에 재정 보조금도 지원하도록 했다.

각지에서 충전기 건설에 박차를 가하면서 완방도 창저우에서 전국 범위로 비즈니스 영토를 확장했다. 2022년 말까지 스타차지가 운영하는 충전기는 약 34만3000대로, 전체 시장 점유율 2위를 차지하고 있다.(그림 3-5 참고)

그동안 중국은 국가전력망을 중심으로 충전기 건설을 추진해왔다. 국가전력망은 중앙국유기업으로서 중국 신에너지차 발전 전략을 이

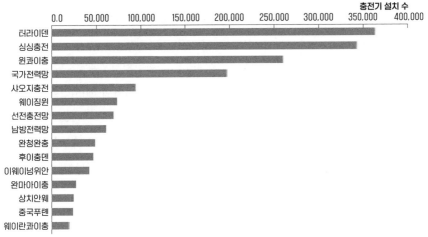

그림 3-5 2022년 말 기준 중국 공공충전기 운영업체 순위(설치대수 기준)

행하는 데 앞장서서 가이드라인을 제시해왔다. 국가전력망은 전국 곳곳을 사통팔달로 촘촘히 연결하는 '10종 10횡 2환+縱+橫兩環' 고속도로에 배터리 충전 교체 설비와 서비스 플랫폼 건설을 중심으로 하는 급속충전 네트워크를 구축해 전기차 산업 발전을 지원하는 데 주력해왔다. 충전기 건설 사업 신청을 하면 국가전력망은 시간과 에너지 비용을 절약할 수 있도록 패스트트랙을 제공하고 도급 계약을 체결해 계약기간에 따라 업무를 완성하도록 한 것이다. 동시에 국가전력망은 충전기 플랫폼 건설 방면에서 전국적으로 하나의 네트워크를 구축함으로써 플랫폼의 개방성과 공공 서비스 능력을 지속적으로 향상하는 한편, 충전기 운영기업과도 상호 연계를 추진해 배터리 산업 생태계를 구축했다. 국가전력망은 충전기를 효율적 배치하는 것은 물론, 농촌 지역에까지 충전기를 설치해 신에너지차가 농촌에도 널리 보급될 수 있도록 했다. 또 우수한 기술과 인재 등을 활용해 고출력의 스마트 충전이 가능하며 차량 네트워크와 상호 연계할 수 있는 기술 연구와 표준화를 널리 추진함으로써 스마트 에너지와 스마트 교통의 융합 발전을 촉진했다.

2021년 2월 중국 국무원이 '녹색저탄소 순환발전경제체계 구축 가속화를 위한 가이드라인(지도 의견)'을 발표해 신에너지차의 배터리 충전 교체와 수소 충전 등 인프라 설비 구축을 강화해야 한다고 언급하면서 각 지방정부는 인프라 구축을 위한 구체적인 정책을 잇달아 내놓았다. 덕분에 오늘날 배터리 충전 및 교체 사업은 그 어느 때보다 시장성이 커졌으며 그만큼 지방정부의 정책적 지원이 더욱 필요해졌다.

2_____ 중국의 표준이 세계로: 급속충전

내연기관차와 비교해 순수 전기차는 충전이 어렵다는 단점 외에도 배터리 충전 시간이 길다는 문제가 있다. 완속 충전 모델 기준으로, 충전하는 데만 6~8시간이 필요한 것. 충전 속도를 높이려면 충전기 출력을 높여야 하는 만큼 공공 충전기에서만 급속 충전이 가능한 게 오늘날의 현실이다. 이는 만약 충전이 제대로 이뤄지지 못해 급속충전 과정에서 전력망과 충돌이 발생할 경우 배터리에 커다란 충격이 가해져 사용 수명도 짧아질 수 있기 때문이다.

2015년 이전까지만 해도 사회적으로 공공충전기가 극히 드물었으며, 그나마 있는 충전기 대부분도 교류 완속 충전기였다. 공공 충전기는 380볼트$_V$의 교류전원이다. 전기차에는 보통 탑재용 차저$_{OBD(On-board\ Charger)}$가 내부에 장착됐는데, 교류전류가 이 차저를 통해 직류전류로 바뀌고, 변압기를 통해 배터리팩과 맞는 전압으로 조정되는 것이다. 이 과정에서 충전기와 차저는 상호 통신을 주고받으며 충전 시 배터리 용량, 충전량, 전력사용량 등을 기록한다. 그리고 충전이 완료되면 이 기록에 따라 차주가 결제를 하는 것이다. 이때 대부분은 차량용 통신인 계측제어기통신망$_{CAN(Controller\ Area\ Network)}$을 통신 프로토콜로 이용한다. 가정용 충전기도 공공 충전기와 큰 차이는 없다. 다만 가정용 충전기는 일반적으로 교류 220볼트의 단상성 전류를 사용하는데, 충전전류는 16 혹은 32 암페어$_A$로, 출력율은 3.5킬로와트 혹은 7킬로와트다. 공공충전기는 3상 교류 전류를 사용해 계량, 디스플레이, 결제 등 기능을 추가해 다양한 차종의 충전 수요를 맞출 수 있도록 했다.

2016년부터 신에너지차 자가용 수가 늘면서 공공 급속충전 인프라 시설도 빠르게 구축되기 시작했다(그림 3-6). 직류로 전원을 공급하는 급속 충전기는 차량 내 차저를 이용하지 않고도 380볼트 교류 전류를 직류 전류로 전환해 차량에 전기를 공급한다. 2020년 기준, 공공충전기의 평균 충전 출력량은 132킬로와트로 집계됐다. 최근엔 액체냉각 직류 충전기의 최대 출력량이 600킬로와트에 달한다는 언론 보도도 나오는 등 급속 충전 기술은 지금도 끊임없이 진화 중이다. 오늘날에는 충전기 출력과 전기차 배터리팩 전압이 향상되면서 5분만 충전해도 200킬로미터 주행이 가능해졌다.

업계에서는 리튬배터리 성능을 향상시키는 등 급속충전 기술에 대한 연구를 끊임없이 진행하면서 급속충전 기술의 장기적인 발전과 광범위한 응용을 추진하고 있다. 오늘날에는 대량의 전력이나 고전압을

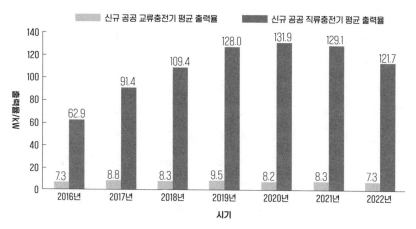

그림 3-6 2016~2022년 신규 공공충전기(교류/직류) 평균 출력율

통해서도 급속충전을 할 수 있게 됐다.

하지만, 대량의 전력을 사용하면 배터리 온도가 높아지는 문제가 발생하기 때문에 배터리가 손상되지 않도록 배터리 발열량을 정확히 감지해 대응하는 조치가 필요하다. 테슬라는 대량의 전력을 통한 급속충전 기술을 갖춘 전형적인 기업이다. 테슬라 급속충전기의 최대 출력은 250킬로와트에 달한다. 최대 제한전압인 360볼트 아래에서 충전전류는 600암페어까지 도달할 수 있다. 이는 국제 규격인 250암페어를 훌쩍 웃도는 수준이다. 다만 테슬라의 통신 프로토콜은 테슬라가 자체 연구개발한 시스템으로, 테슬라 충전기는 테슬라 차에서만 충전이 가능하며 다른 브랜드 차종과 호환되지 않는다. 2021년 6월, 테슬라는 2022년 9월 이전에 자사 충전기를 다른 차종에서도 이용할 수 있도록 개방한다고 공언했다. 2021년 11월 1일, 일론 머스크 테슬라 CEO는 SNS를 통해 네덜란드에서 이미 시범적으로 다른 차종에 테슬라 슈퍼 충전기 서비스를 제공하고 있다고 밝히기도 했다.

충전전압을 현재 400볼트에서 800볼트로 2배 높이면 충전 시간을 더 줄일 수 있다는 게 업계의 정설로, 이미 시장에는 800볼트 전압을 사용하는 배터리팩을 탑재한 신종 전기차 모델도 출시되고 있다.

급속 충전 속도를 잴 때는 보통 충전배율C이라는 지표를 사용한다. 1C는 배터리 용량 100퍼센트까지 저장한 전류로 1시간 안에 충전 또는 방전하는 것을 의미한다. 현재 일반적인 급속 충전기의 최대 충전전류는 1C에 달할 수 있다. 광저우자동차그룹GAC 아이온, 샤오펑 등 전기차 브랜드는 이미 2C, 3C, 심지어 4C의 고속충전 모델을 시장에 소량 출시했으며, 여기에 상응하는 고출력의 급속충전기도 건설 중이다.

일부 전문가와 기업은 2C의 고속충전은 비용을 더 들이지 않고도 이용자의 충전 체험과 충전 운영 설비의 효율을 뚜렷이 높일 수 있다며 2C 급속충전기를 널리 보급해 현재의 1C 급속충전 모델을 대체해야 한다고도 말한다.

배터리 충전 게이지도 배터리 수명에 영향을 미치는 요인이다. 일반적으로는 배터리 전력이 30퍼센트 정도 남았을 때 충전을 하고, 100퍼센트 풀 충전이 아닌 80퍼센트 정도만 충전하는 게 가장 좋다고 전문가들은 말한다. 배터리가 80퍼센트 정도 충전되면 충전을 멈추되, 장거리 주행으로 100퍼센트 충전을 해야 하는 경우라면 전류를 대폭 줄여서 '세류細流 충전' 모드로 바꾸는 게 좋다. 이는 배터리를 급속 충전함과 동시에 배터리가 발열로 훼손되는 것을 막고 배터리를 오래오래 사용하기 위함이다. 다행히도 리튬이온 배터리는 배터리 사용량에 따른 '기억효과'가 없기 때문에 100퍼센트 충전, 100퍼센트 방전할 필요가 없으며, 30~80퍼센트 정도에서 수시로 충전하는 것이 가장 이상적이다.

여기서 잠깐 한마디 덧붙이자면, 많은 기업이 '10분 충전으로 수백 킬로미터 주행 가능' 등과 같은 광고를 하는데, 사실 이는 전력 공급 속도를 뜻하는 것이다. 즉, 10분 내에 충전을 80퍼센트까지 할 수 있다는 뜻도 아니고, 풀 충전이 가능하다는 뜻도 아니다. 애매모호한 말로 포장한 과장광고는 의심해볼 필요가 있다.

아무리 배터리 수명을 연장하기 위해 온갖 수단을 동원한다고 해도, 가장 좋은 것은 가정에서 교류 전기를 사용해 완속 충전하는 것이다. 이는 현재까지 가장 바람직한 충전 방식으로 경제적으로도 수지타산이 제일 잘 맞는다.

중국 전기차가 온다

2011년 중국은 신에너지차 충전 인터페이스와 통신 프로토콜 국가표준을 제정해 충전 인터페이스 통일 문제를 해결하면서 세계적으로 배터리 충전 방면에서 선두적인 위치를 점할 수 있었다. 2015년, 중국 검험총국°과 국가표준화관리위원회는 국가에너지국, 공업정보화부, 과학기술부 등과 공동으로 신에너지차 충전 인터페이스와 통신 프로토콜 등 5개 국가표준을 제정해 발표했다.

새 국가표준에서는 안전성 측면에서도 충전 인터페이스 온도 모니터링, 전자 잠금장치, 절연 모니터링, 방전회로 등과 같은 기능을 추가하고 직류 충전 차량 인터페이스 안전 보호 조치를 더 구체화함으로써 안전성이 보장되지 않은 충전 모델 사용 금지를 명문화했다. 국가표준의 엄격한 요구에 맞춰야만 배터리 감전, 설비 연소 등과 같은 사고를 막고 충전 시 전기차와 차주의 안전을 보장할 수 있기 때문이다.

호환성 측면에서도 교류 직류 충전 인터페이스 형식 및 구조를 2011년 국가표준과 호환할 수 있도록 했다. 새 국가표준은 일부 컨텍터와 기계 잠금장치 길이를 수정해 신구 플러그와 소켓이 상호 호환되도록 하고 직류충전 인터페이스에 전자 잠금장치를 추가해 신구 제품 간 전력 연결에 영향을 주지 않도록 했다. 덕분에 이용자들은 신규 통신 프로토콜 버전만으로도 신규 전원공급 설비와 전기차 기본 충전 기능을 이용할 수 있게 됐다.

충전 인터페이스를 통일한 이후 지역사회에 설치된 충전인프라 시설에서 서로 다른 차종의 충전 수요를 만족시킬 수 있게 됨으로써 이용

° 검역과 안전감독관리 등을 담당하는 중국국가질량감독검험검역총국의 약칭

자들이 제 차에 맞는 충전기를 찾느라 고생할 필요도 없게 됐다.

2014년 7월, 앙겔라 메르켈 독일 총리의 중국 방문 기간, 중국과 독일은 전기차 충전표준 협력 프로젝트를 가동했다. 이 협력은 양국 간 통일된 충전 인터페이스 표준과 통신 프로토콜을 마련함으로써 중국과 독일 양국 간 미래 충전 인프라 건설 표준을 통일하고 국제표준 신청을 위한 기초를 닦는 데 의미가 있었다. 하지만 유럽 표준 제정 과정에서 충전 호스에 빗물이 스며드는 것을 막는다는 이유로 기존의 충전 인터페이스 등을 바꾼데다가, 이러한 변화에 중국 업계가 신속히 대응하지 못함으로써 사실상 중국과 독일 간 표준 제정 구상이 실현되지 못한 것은 매우 안타까운 일이다.

공업정보화부 등 관련 부처는 고출력 급속충전 수요를 만족시키기 위해 충분한 조사연구를 거쳐 2015년 버전의 충전표준 업그레이드 2015+ 작업을 주도해 2022년 국가표준화관리위원회에서 이를 입안했으며, 현재 전국자동차표준화기술위원회가 표준 개정과 테스트를 추진하는 상황이다. 2015+ 버전 충전 표준을 살펴보면, 전압플랫폼은 800볼트에서 1250볼트까지 높이고, 관련 인터페이스 전압도 1500볼트 수요를 만족시킬 수 있다. 이와 동시에 중국자동차동력배터리산업혁신연맹과 중국자동차연구 신에너지차 검험중심(톈진) 유한공사, 광저우쥐완ᇀ灣기술연구유한공사 등이 함께 전기차산업초고속충전생태연맹을 발기 설립해 완성차 기업 수요에 따라 급속충전 배터리 완성차 고압플랫폼, 초고속 충전기 등 관련 단체 표준 제정 작업을 적극 추진하고 전국자동차표준화기술위원회가 추진하는 2015+표준 테스트에도 적극 협조하고 있다.

2018년 8월, 국가전력망과 일본 차데모CHAdeMO°협회는 중국과 일본 양국간 충전표준 방면에서 협력하자는 내용의 협의를 체결했다. 2022년 3월, 일본 차데모 협회는 연차총회에서 차데모와 중국전력기업연합회가 합동 개발한 차세대 급속충전 콘텍터와 급속충전 인터페이스 모델을 선보였다. 새로 선보인 급속충전 인터페이스는 900킬로와트의 직류 급속 충전기에서도 사용가능하며, 이러한 새로운 표준은 중국 기존의 충전표준과 일본 차데모의 구표준의 호환까지 고려해 기존의 표준화 상품도 모두 호환할 수 있는 게 특징이다.

오늘날 전 세계에는 4개 주요 충전표준이 있다. 유럽과 미국의 COMBO표준, 미국 GM과 독일 폴크스바겐 등 8개 기업의 CCS, 중국의 GB/T, 일본의 차데모가 그것이다. 법률 규정에 따라 중국에 진입하는 모든 신에너지차는 중국의 국가표준에 따라 제품을 개발해야 하는데, 이는 전 세계 각국에서 통용되는 관례이기도 하다.

3_____ 자신의 색깔을 찾아라: 배터리 스와핑

신에너지차의 배터리 스와프 모델은 '10개 도시 1000대의 차량' 시범지역 중 하나인 베이징의 순수 전기버스에서 가장 먼저 등장했다. 그 당시 전기차 배터리는 에너지 밀도는 낮고 충전시간은 길어서 불편함이 컸다. 하지만 대중교통인 버스는 충전을 위해 너무 오랜 시간을 정차할 수 없

---

o 일본의 전기차 급속 충전 규격. CHAdeMO는 "CHArge de MOve"의 약자로, '충전으로 이동하다'라는 뜻이다.

었기에 이러한 특수한 수요에 기반해 배터리 스와프 모델이 탄생했다.

배터리 스와프 모델 개척

순수 전기버스에 활용된 배터리 스와프는 베이징이공대학에서 개발한 것이다. 당시 배터리 스와프 팀을 주도했던 쑨펑춘孫逢春 원사院士°는 배터리와 완성차를 서로 연결하는 데 엄청난 공을 들였다고 말했다. 왜냐하면 버스는 운행 시 워낙 흔들리는데다가 배터리 연결점의 전류가 커서 운행 중에도 배터리와 문제없이 연결하는 게 난제였던 것이다. 이 밖에 배터리 스와프는 자주 탈부착해야 하는데, 이로 인해 발열 혹은 화재가 발생하는 불상사는 절대 없어야 했기 때문이다. 그리하여 쑨 원사 팀은 이에 대해 전문적으로 연구했고, 결국 배터리를 자주 꼈다 뺐다 해도 문제가 발생하지 않도록 하는 기술 개발에 성공했다. 이 기술은 훗날 다른 순수 전기차의 배터리 스와프 모델 방식에도 적용됐다.

일반 차량의 배터리 스와프 모델을 가장 먼저 연구하기 시작한 것은 국가전력망으로, 2010년 배터리 스와프 박스 기술 표준을 연구 개발했다. 이후 중타이巫泰자동차의 랑웨朗悅, 하이마海馬자동차의 푸리마普力馬 2종의 차량을 사용해 항저우에서 500대 택시를 대상으로 배터리 스와프 운영모델을 시범적으로 테스트했다. 기술과 표준 이외에 국가전력망은 최초로 '차량과 배터리의 분리, 주행거리에 따라 비용을 받는' 비즈니스 운영 모델을 선보였고, 이로써 배터리 스와프 모델 발전의 개척

o 중국 과학계 최고 권위자에게 주는 명예 호칭

자로 자리매김했다.

이러한 가운데 2011년 4월, 중타이 랑웨 순수 전기택시가 항저우에서 자연발화하면서 이제 막 발걸음을 떼기 시작한 순수 전기차 배터리 스와프 모델 사업에 찬물을 끼얹은 것은 매우 안타까운 일이다. 이로 인해 배터리 스와프 모델 안전성 논란이 일면서 국가전력망으로선 배터리 스와프 스테이션 건설 발걸음을 늦출 수밖에 없었기 때문이다. 2014년 업무회의에서 비로소 '급속충전 주도, 완속충전 병행, 배터리 스와프 견인, 경제적 실용성 중시'라는 업무 방침을 내세웠다.

배터리 스와프 모델 보급

일반적으로 택시회사는 차량 관리의 편의성을 높이기 위해 차량을 대량으로 구매하며, 차량 모델도 단일화하는 경향이 있다. 하지만 주행거리나 충전시간에 대한 요구치는 가장 높다. 매일 투입하는 차량 운행시간이 길기 때문에 충전에 몇 시간씩이나 소비할 수 없기 때문이다. 가장 좋은 방법은 내연기관차의 주유 시간과 비슷한 시간 내에 신속하게 충전하는 것이었다. 자가용과 달리 택시회사는 한 번에 많이 충전해 하루 충전 횟수를 줄임으로써 주행 효율을 높이길 원했고, 이러한 특수한 수요에 맞춰 배터리 스와프 모델 시장이 형성되기 시작했다.

베이징자동차BAIC는 제일 먼저 배터리 스와프 모델을 보급한 완성차 업체다. 주요 서비스 대상은 시내 택시였다. 이는 베이징자동차의 신에너지차 발전 타깃 고객층과 직접적으로 관련이 있다. 베이징자동차는 신에너지차 차종 개발부터 택시 시장 수요를 겨냥해 집중 연구하고 이에 걸맞은 차 모델을 개발했다. 배터리팩은 손쉽게 탈부착 가능하고, 잠금장치는 정확한 위치를 식별해 자동 탈부착이 간편해야 했다. 베이징자동차는 또 이를 위한 배터리 스와프 스테이션도 함께 개발했다. 배터리 스와프 스테이션은 컨테이너 하나 크기로, 번거로운 과정 없이 신속하게 배터리를 탑재할 수 있었다. 기사가 택시를 몰고 스테이션에 진입하면 전체 배터리 스와프 프로세스가 자동으로 완성되는 구조다. 교체한 배터리는 검사 테스트를 거쳐 심야 전력 소비가 적을 때 다시 충전하도록 했다. 이 같은 전문적인 배터리 유지 보수는 배터리 수명을 연장하는 데도 도움이 됐으며, 문제가 발생한 배터리도 즉각 유지 보수나 교체할 수도 있다. 게다가 신·구 배터리에 따라 충전 가격도 달랐는데, 이는 택시로선 매우 중요한 일이었다.

베이징자동차는 배터리 스와프 스테이션 건설을 위해 초기엔 아오둥奧動 신에너지차과기유한공사(이하 아오둥)와 협력했다. 베이징자동차가 교체용 배터리의 규격과 기술조건을 제시하고, 아오둥이 배터리 스와프 스테이션 건설 운영 및 스페어(예비) 배터리를 제공하는 것이다. 배터리 교체와 동시에 온라인 결제도 가능하도록 하는 등 모든 게 자동으로 이뤄져 시간도 절약할 수 있었다. 전체 배터리 스와프 과정은 달랑 몇 분밖에 걸리지 않아 수많은 택시기사들로부터 환영받았다. 2022년 말까지 베이징자동차는 베이징시에 이미 175개 이상의 배터리 스와프 스테이션을 세웠으며, 배터리 스와프 모델을 적용한 택시 수도 3만2000대가 넘었다. 베이징자동차는 샤먼, 항저우, 란저우, 광저우 등 다른 도시에도 이러한 모델을 보급해 택시 시장의 새로운 마케팅 모델을 만들어냈다.

자가용 방면에서 제일 먼저 교체 가능한 배터리를 개발한 것은 니오다. 니오의 첫 번째 모델 ES8 차량은 배터리 충전과 교체가 모두 가능했다. 하지만 제품을 시장에 선보일 당시엔 이용자에게 배터리 충전 모델만 제공했는데, 이는 앞서 몇몇 '불량기업'의 책임이 크다. 사실상 당시 니오의 배터리 스와프 모델은 때를 잘못 만났다고도 할 수 있겠다.

2016년 신에너지차 시장에 '보조금 사기' 사건이 벌어진 게 문제였다. 일부 기업이 국가 재정 보조금을 타내기 위해 위험을 무릅쓰고 불법적인 짓을 저지른 사건이다. 그중 하나가 배터리가 없는 자동차, 이른바 '껍데기 전기차'를 판 것이다. 이러한 불량 기업엔 엄중한 처벌이 내려졌다. 하지만 시간이 어느 정도 흐른 후에도 관련 부처는 이에 대한 후유증이 남아 있어 '껍데기 전기차' 판매 이야기만 들어도 보조금 불법 수령 사건부터 떠올렸다. 마치 둘 사이에 보이지 않는 커넥션이 있는 듯한 찜찜함에 관련 규정을 조정하는 데도 줄곧 주저했다. 결국 관련 부처는 오랜 시간 소통과 연구 끝에야 비로소 배터리 스와프 모델을 이해하고 지지했으며, 2019년 6월부터 배터리가 분리된 전기차도 목록에 넣기 시작했다.

니오는 차체 연구개발 단계부터 배터리 스와프 스테이션 건설을 함께 고려했다. 2018년 니오의 첫 번째 배터리 스와프 스테이션이 운영에 돌입했다. 컨테이너 2개 남짓 크기의 스테이션 면적은 약 주차장 3칸 넓이였다. 제1세대 배터리 스와프 스테이션은 자동차를 들어올려서 배터리를 교체하는 구조라 차주가 차를 몰고 스테이션에 들어와 배터리를 교체하려면 반드시 차에서 내려야만 했다. 하지만 2세대 배터리 스와프 스테이션부터는 차량을 들어 올리지 않고 기계손만을 이용해 차량 바닥의 배터리를 탈부착할 수 있어서 차주가 차에서 내리지 않고도

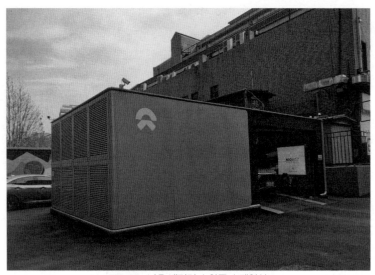

그림 3-7 니오 배터리 스와프 스테이션

배터리 교체가 가능해졌다(그림 3-7과 3-8).

또 니오는 마케팅 방면에서 배터리 없는 전기차를 7만 위안 더 싸게 팔아 내연기관 차량 모델과 비교해서도 가격경쟁 우위가 뚜렷했다.

니오는 비즈니스 모델에 있어서도 'BaaS Battery as a Service' 개념을 새로 만들어냈다. BaaS는 배터리 대여와 교체 서비스를 제공하는 것으로, 차주는 매달 980위안의 배터리 대여료를 내고, 매번 배터리를 교체할 때마다 추가 비용을 지불하는 방식이다. 배터리 교체 비용은 "(전기료+서비스료)*배터리 전력저장 도수"로 구성된다. 전기료는 지역별 실제 전기료에 의거하고, 서비스료는 주변 급속충전기보다는 다소 비싼 수준으로 맞췄다. 이용자들이 선택할 수 있는 옵션도 다양하게 제공됐다. 예를

그림 3-8 배터리 스와프 모델을 채택한 니오 전기차

들면 배터리 용량은 70킬로와트/시, 84킬로와트/시, 100킬로와트/시로 선택 가능하며, 이에 따른 주행거리도 각각 415킬로미터부터 580킬로미터까지 다양해 장거리 운전하는 이용자의 경우 주행거리가 긴 배터리를 선택할 수 있다. 서로 다른 배터리 용량도 모두 전기차와 호환 가능하도록 했다. 장기간 전기차를 타지 않을 경우엔, 배터리 대여 서비스를 잠시 중단했다가 다시 재개할 수도 있다.

사실 니오는 각지에 급속충전기도 함께 설치했다. 동일한 조건 아래서 급속충전기 투자 회수속도는 배터리 스와프 스테이션보다 빠르다. 하지만 배터리 스와프 모델은 장기적으로 니오가 고객 신뢰도와 충성도를 높이는 전략적 마케팅 수단으로, 눈앞의 이익이 아닌 장기적인 전략

차원에서 추진한 것이다. 나는 니오가 배터리 스와프 모델을 장기간 이어갈 경우 분명 이용자의 신뢰를 얻을 수 있을 것이라 생각한다.

베이징자동차와 달리 니오는 직접 배터리 스와프 모델을 짓고 운영도 하는 만큼 투자비용도 많이 들었다. 르노와 테슬라도 배터리 스와프 스테이션을 자체적으로 건설했으나 결국엔 중간에 급속충전 방식으로 바꿨다. 니오는 2020년 2분기 매출총이익률이 플러스로 전환하는데 성공했지만, 과거의 적자를 메우고 진정으로 안정적인 영업이익을 달성하기 위해선 아직도 갈 길이 멀다. 이에 대해 나는 이전에 리빈 니오 창업주에게 거액을 투자해 배터리 스와프 스테이션을 건설하는 방식을 앞으로도 계속 지속할 것이냐고 물은 적이 있다. 이에 대해 리빈 창업주는 니오의 현금 흐름은 줄곧 플러스 상태로, 전기차 가격만 곤두박질치지 않고 판매량만 안정적으로 증가한다면 앞으로도 지속 발전할 수 있을 것이라고 자신감을 내비쳤다.

니오는 배터리 스와프 기술 방면에서 이미 1400여 개 특허를 취득하며 이 방면에서 선두 지위를 달리고 있다. 2022년 말, 니오의 배터리 스와프 스테이션은 모두 1315곳으로, 배터리 스와프 서비스 누적 제공 건수만 1500만 회가 넘는다. 현재는 거의 하루에 1곳 꼴로 배터리 스와프 스테이션을 짓고 있다. 니오는 2025년 말까지 모두 4000곳의 배터리 스와프를 건설하고, 이중 1000곳은 해외에 건설한다는 계획이다. 또 업계에 '니오 파워NIO POWER' 배터리 스와프 매커니즘과 BaaS를 개방해 니오가 아닌 다른 브랜드 전기차 차주들도 '니오 파워' 건설 성과를 함께 누릴 수 있도록 한다는 계획이다. 이는 니오가 앞으로도 장기적으로 전기차 사업을 계속 추진하겠다는 굳은 의지를 잘 보여주는 대목이다.

배터리 스와프 모델의 커다란 잠재력

배터리 스와프 모델은 구식 배터리를 회수해 재활용하는 데도 도움이 된다. 기존엔 배터리가 고객의 소유로, 전기차 업체는 고객으로부터 구식 배터리를 사들여 처리해야 했다. 하지만 고객들이 각지에 흩어져 있는데다가, 각 시기별, 차종별 배터리도 달라, 배터리 회수에 어려움을 겪었다. 하지만 배터리 스와프 모델을 활용하면 이러한 문제점이 모두 해결되며 규모의 경제 효과도 내서 폐배터리를 분해하는 데도 유리하다.

공업정보화부에 따르면 2022년 말 중국에 건설된 배터리 스와프 스테이션은 모두 1973곳으로, 이 중 국가전력투자집단이 건설한 트럭용 배터리 스와프 스테이션이 100곳이다. CATL도 'EVOGO'라는 브랜드로 배터리 스와프 시장에 뛰어들었다. 특히 CATL은 중국 최대 배터리 생산기업이라는 경쟁력을 내세워 '초콜릿 바 배터리' 교체 모델을 선보였다. 배터리 모듈 구조를 없애고 배터리 셀을 마치 초콜릿 블록처럼 직접 팩에 통합하는 셀투팩CTP_{cell to pack} 기술 개념을 도입한 것이다. 에너지 밀도는 1킬로그램당 160와트/시 이상으로, 단일 배터리팩 용량이 26.5킬로와트/시에 달해 1회 충전에 약 200킬로미터를 주행할 수 있다. 전체 배터리팩의 길이와 너비 규격은 통일하되 높이는 달리해서 운전자가 배터리팩을 1개 또는 2~3개까지도 원하는 대로 교체할 수 있도록 한 것도 특징이다. 쩡위췬 CATL 회장은 내게 "약 10개 기업이 새로 개발한 A클래스 차량에 이미 '초콜릿 바 배터리'를 적용했다"며 "표준화된 모듈로 배터리 시스템을 만들고 1차적으로 푸젠성 샤먼에 4개 배터리 스와프 스테이션을 이미 세웠다"고 말한 적이 있다.

2021년 11월, 공업정보화부는 신에너지차 배터리 스와프 모델 응용 시범사업을 실시했다. 시범사업은 종합용과 특별용(트럭)으로 나눠 진행됐는데, 베이징, 난징, 우한, 싼야, 충칭, 창춘, 허페이, 지난, 이빈, 탕산, 바오터우 등 11개 도시가 종합용 시범도시로 선정됐다.

4_____ 납득 가게, 질서 있게: 수소충전소

2020년 9월, 재정부, 공업정보화부, 과학기술부, 국가발전개혁위원회, 국가에너지국 등 5개 부처는 '연료전치 차량 시범 응용 전개에 관한 통지'를 하달했다. 통지는 산업 발전 현황에 초점을 맞춰 연료전지 차량에 대한 기존의 구매 보조금 정책을 시범응용 지원 정책으로 조정해 조건에 부합하는 도시군의 연료전지 차량 핵심 기술 산업화 연구와 시범 응용에 대해 인센티브를 부여하기로 했다. 이를 통해 연료전지 차량 산업이 합리적이고 지역별로 특색 있게 발전하는 새로운 발전 모델을 구축하도록 했다. 통지에 따르면 시범 기간 '보조금 대신 인센티브' 방식을 적용해 시범지역으로 선정된 도시군이 목표를 달성했을 경우에만 인센티브를 지급하기로 했다. 시범도시군은 각 지방정부가 자발적으로 신청해 전문가 평가심사를 거쳐 확정하도록 했다. 이를 통해 각 도시들이 행정구역의 한계를 뛰어넘어 활발히 합종연횡을 함으로써 장점을 극대화하고 단점을 보완할 수 있도록 한 것이다. 다만 각 도시군에서 사업을 진두지휘할 대표도시를 반드시 하나씩 내세우도록 했다.

정책 조정의 타이밍, 보조금 대신 인센티브

그동안엔 사용자가 구매한 연료전지 차량에 대해 중앙재정 보조금을 지급하는 방식을 고수해 연료전지 차량 발전을 지원해왔다. 하지만, 연료전지 차량은 기술적인 측면에서 아직도 여러 가지 해결해야 할 문제가 많았던 데다가, 수소충전소 수량도 제한적이었다. 2022년 기준 중국 전체 연료전지 차량 보유대수는 고작 1만2000대, 수소충전소는 300곳에 불과했다. 연료전지 차량 산업 발전을 위해선 기존의 경험을 교훈으로 삼아 재정 보조금 정책을 적절히 조정해야만 했다.

1년에 걸쳐 베이징, 상하이, 광둥성 포산시를 대표도시로 하는 3개 도시군과 허난성, 허베이성 도시군까지 모두 5개 도시군이 시범지역으로 선정돼 시범 응용 사업에 돌입했다. 시범도시군의 연료전지 차량 보급 현황을 평가하기 위해 포인트 적립제를 도입했는데, 일정한 포인트가 쌓이면 최대 18억 7000만 위안의 재정 인센티브를 받을 수 있도록 했다. 포인트는 연료전지 차량의 보급 응용, 핵심부품 연구개발 및 산업화, 수소에너지 공급 등 3개 방면의 구체적인 항목에 따라 평가해 적립됐다.

평가항목별로 살펴보면, 연료전지 차량의 보급 응용은 차량 보급 대수 뿐만 아니라 차량 주행 거리도 확인해 차량마다 수소가스를 연료로 얼마나 달렸는지를 평가했다. 과거 보조금을 타내려는 목적으로 쓰지도 않을 전기차를 사서 방치해뒀던 경우가 비일비재했던 터라, 이를 막기 위해 차량 주행거리를 평가 항목에 넣은 것이다.

핵심부품 연구개발 및 산업화는 실험실에서 개발하는 데 그치는 게 아닌, 핵심부품의 최종 사용 현황을 평가하도록 했다.

이 밖에 수소에너지 공급에 대해선 탄소 배출 감축 요건을 넣고 그린수소 사용 여부에 대해서도 구체적인 요구조건을 제시했다.

시범도시군의 대표 도시는 다른 나머지 도시들과 함께 연료전지 차량 보급을 추진하기로 하고 2025년까지 달성해야 할 구체적인 목표치도 설정했다.

베이징시가 이끄는 시범도시군에는 베이징시 하이뎬구, 창핑구 등 6개 구와 톈진시 빈하이신구, 허베이성 바오딩시, 탕산시, 산둥성 빈저우시, 쯔보시 등 12개 도시(구)가 포함됐다. 이 도시군은 현재까지 수소충전소 14곳을 짓고, 연료전지차를 700대 이상 보급했다. 베이징, 톈진, 허베이성은 모두 관련 규획과 액션플랜도 발표했다. 특히 이 도시군에는 우수한 기업이 많이 포진해 있는데다가, 석유화학 제품을 만드는 과정에서 발생하는 공업부생 수소, 이른바 그레이수소가 많은 게 장점이다. 게다가 허베이성은 그린수소 생산력도 갖추고 있다. 허베이성 장자커우는 풍력 발전을 통해 생산한 전기로 물을 전기분해해 수소를 생산하는 프로젝트를 이미 실행중이다. 2022년 베이징 동계올림픽 때는 연료전지 차량을 적극적으로 활용하기도 했다. 2025년까지 베이징 도시군은 연료전지 차량 약 2만 대를 보급하고 수소에너지 및 연료전지 차량 산업체인 규모를 2000억 위안까지 확대한다는 계획이다.

상하이 도시군에는 장쑤성 쑤저우시, 난퉁시, 저장성 자싱시, 산둥성 쯔보시, 닝샤후이족자치구 링우시 닝둥구, 네이멍구자치구 어얼둬쓰 등 도시들이 포함됐다. 이 도시군은 현재 수소 충전소 27곳을 세우고 연료전지 차량을 2200대 이상 보급하는 등 연료전지 차량 산업체인과 자원공급 매커니즘을 기본적으로 갖춰나가는 모습이다. 상하이시는 수소에너지와 연료전지 차량의 발전 규획도 발표해 현지 우수기업을 육성하고, 수소에너지 창장강 삼각주 회랑도 건설하기로 했다. 2025년까지 상하이 도시군은 연료전지차량 보급 대수를 약 5만2000대까지 늘리고, 3000억 위안 규모의 수소에너지 및 연료전지 차량 산업체인을 형성한다는 계획이다.

포산시 도시군에는 광둥성 광저우시, 선전시, 주하이시, 둥관시, 중산시, 양장시, 윈푸시, 푸젠성 푸저우시, 산둥성 쯔보시, 네이멍구자치구 바오터우시, 안후이성 류안시 등이 포함됐다. 이 도시군은 이미 수소충전소 41곳을 세우고 연료전지 차량을 3200대 이상 보급했다. 윈푸시는 수년 전부터 이미 연료전지차량 보급 응용 방면에서 전국적으로 가장 앞서 있는 도시다. 2025년까지 포산시 도시군은 연료전지 차량 2만 대 보급을 목표로 하고 관련 산업체인 규모를 1500억 위안까지 확대하기로 했다.

이들 시범도시군의 연료전지 차량 보급대수는 이미 1000대를 넘어섰으며, 이미 운영 중인 수소충전소도 15곳이 넘었다. 핵심부품을 이미 상용화해서 탑재한 연료전지 차량 대수도 500대 이상이다. 수소가스의 최종 소매가는 1킬로그램당 35위안이다. 언뜻 보면 이들 도시군이 상부에 보고한 방안과 상부의 요구조건을 비교하면 각 목표치가 그렇게 실현하기 어려운 수준은 아니지만, 사실 이러한 요구를 동시에 만족시키는 것이 쉬운 일은 아닐 것이다.

연료전지에 쓰이는 수소는 어디서 올까

수소가스는 크게 그레이 수소, 블루 수소, 그린 수소로 나뉜다.

그레이 수소는 화석에너지로 만드는 수소인데 가장 전통적인 수소 제조법이다. 생산 공정도 성숙되어 있고 비용도 가장 낮지만 이산화탄소 배출량이 높다는 게 문제다. 화석에너지 사용과 달리 수소가스를 1톤 제조하면서 배출되는 이산화탄소는 11~19톤이다. 블루 수소는 그레이 수소를 생산할 때 나오는 이산화탄소 포집 활용 저장 기술로 만든 수소다. 천연가스를 역으로 전기분해해 얻어낸 개질수소는 1톤 제조하는 데 배출되는 이산화탄소가 9톤이다. 여기에 더해 개질 과정에서 발생하는 이산화탄소를 포집해 수소를 생산하면 이산화탄소 배출량은 3~5톤까지 내려간다. 하지만 이렇게 하면 비용이 너무 높아지는데다가 포집한 이산화탄소를 저장하는 것도 결국엔 임시방편에 불과해 장기적으로 보면 탄소가 누출될 리스크가 존재하는 게 사실이다. 가장 깨끗한 수소 제조 방식은 물을 전기분해해 수소를 생성하는, 이른바 그린 수소다. 하지만 그레이 수소나 블루 수소와 비교해 에너지 소모가 큰 데다가 비용이 높다는 게 단점이다.

중국은 제조업 대국으로, 2022년 기준 수소가스 생산량은 3300만 톤이다. 석탄을 기반으로 제조한 수소가 대부분으로 전체 수소가스의 62퍼센트를 차지하고 있다. 현재 업계에서 가장 논의가 활발한 것은 공업부생 수소의 활용이다. 암모니아 합성, 클로르알칼리CA 공업, 석탄 코크스화, 석유화학 공업의 프로판 탈수소화PDH 등의 제조과정에서 연간 거의 1000만 톤 가까운 다량의 수소가 생산된다. 그중 클로르알칼리 공업과 프로판 탈수소화에서 생산되는 수소의 순도가 비교적 높으며, 이 두 가지 수소의 연간 생산량은 각각 약 90만 톤과 80만 톤이다. 다만 과거 클로르알칼리 공업은 오랜 기간 수소가스를 공중 배출해 처리하면서 소중한 수소자원이 제대로 활용되지 못했다는 점이 안타깝다. 하지만 이 두 가지 수소는 순도가 비교적 높긴 하지만 추가 정제 작업을 해야만 활용이 가능하다. 정제 비용이 상대적으로 낮을 뿐이다. 암모니아 합성 공정에서도 아예 반응에 참여하지 않은 수소 가스가 배출되는데, 문제는 이 수소 가스를 어떻게 질소에서 분리시키느냐다. 수소 생산량이 가장 큰 것은 석탄 코크스화 과정에서 생산되는 코크스오븐가스$_{COG}$다. 코크스오븐가스에는 55~60퍼센트의 수소가스가 함유돼 있어, 매년 대략 760만 톤의 수소를 생산할 수 있다. 하지만 코크스오븐가스에 함유된 수소가스는 반드시 분리 후 정제 과정을 거쳐야만 사용이 가능하다.

공업용 수소와 달리 연료전지 차량에서 사용하는 수소는 순도가 99.99퍼센트 이상에 달해야 하는데다가, 수소의 불순물에 대한 요구사항이 산업용보다 더 높다(GB/T 37244-2018 '양성자 교환막 연료전지 차량용 연료 수소가스' 표준 참고). 특히 일산화탄소 함량은 0.2마이크로몰$_{\mu mol/mol}$로, 정제 처리 과정에서 가장 도달하기 어려운 지표로, 처리가 매우 어렵다. 미량의 일산화탄소 가스도 연료전지 촉매제에 중독돼 연료전지를 손상시킬 수 있기 때문이다. 표준에는 비수소가스 총량과 물, 총탄화수소(메탄으로 계산), 총질소, 할로겐화합물, 최대 미세매연입자$_{PM}$ 등 다른 단일 불순물의 최대 농도에 대한 구체적인 규정이 담겨 있다.

나는 시범도시군들이 실제 현장에서 출발해 현지 공업부생 수소 업체 분포 현황과 연간 생산량, 향후 공급 수요량을 상세히 조사하길 기대한다. 2025년뿐만 아니라, 더 장기적으로 지속가능한 발전을 실현할 방법도 강구해야 한다. 코크스오븐가스에서의 수소 추출, 암모니아 합성과정에서 배출된 수소의 분리 등 문제는 사업 프로젝트를 수립하는 초기 단계에서 사전에 논의해 타당성 보고서를 작성함으로써 자원을 더 잘 활용하고 배기가스를 감축할 수 있을 것이다.

수 소 가 스 의   안 전 한   저 장 과   수 송

원소주기율표의 모든 원소 중 수소는 가장 가볍다. 표준대기압과 상온에서 수소가스 밀도는 물의 1만 분의 1밖에 되지 않는다. 초저온에서 냉동한 액체 상태라 하더라도 밀도는 물의 15분의 1에 불과하다. 또 수소 원자 반지름은 매우 작아, 수많은 재료를 통과할 수 있으며, 고온고압 상태에서는 아주 두꺼운 강판도 통과할 수 있다. 따라서 일반적으로 수소 저장 탱크 내부는 금속이 아닌 특수 플라스틱으로 제작된다. 수소는 또 활성원소로 가연성과 폭발성이 매우 높아 4퍼센트 이상 농도에서는 불이 붙을 수 있다. 이렇게 가벼운 기체를 안전하게 저장하는 것은 수소를 활용하는 과정에서 반드시 해결해야 할 첫 번째 과제다.

현재 수소가스 저장방식은 크게 고압 기체 상태와 저온 액화 상태 두 가지가 있다.

고압 기체 상태로는 15메가파스칼, 35메가파스칼, 70메가파스칼 등의 압력에서 저장하는데, 현재 중국에서는 35메가파스칼 압력 용기에서 저장하는 방식이 가장 많이 사용된다. 하지만 일본, 한국에서는 이미 이보다 높은 70메가파스칼 압력 용기 저장방식이 널리 보급됐으며,

전 세계적으로는 100메가파스칼에서 수소가스를 저장하는 기술도 연구 중이다.

금속재료 용기에 수소가스를 저장하면, 금속용기 무게가 총 무게의 99퍼센트 이상을 차지하며, 저장된 수소가스 무게는 1퍼센트도 채 되지 않는다. 최근 몇 년간 해외에서는 알루미늄 합금으로 제작된 용기를 고강도 수지 탄소섬유로 감싼 가스저장용기(타입3 수소압력용기)를 사용한다. 또 도요타 등 외국계 자동차 기업들은 이미 엔지니어링 플라스틱 소재나 고강도 수지 탄소섬유로 만든 가스저장용기(타입4 수소압력용기)를 사용한다. 이는 모두 가스저장용기 무게를 한층 더 가볍게 하는 방식이다. 35메가파스칼 압력으로 계산하면 저장된 수소가스 무게는 전체 질량의 2퍼센트 이상까지 높일 수 있다. 중국은 70메가파스칼 압력의 타입4 수소압력용기와 고압공기압축기, 수송파이프라인과 차량용 수소 저장탱크를 서둘러 연구개발해 산업체인의 각 공정별로 적합한 고압용기 제품을 만들어야 한다.

저온 액화 상태로 저장하려면 반드시 수소가스 온도를 영하 252.8도씨 이하로 낮춰야 한다. 이 과정에서 소비되는 에너지는 고압기체 상태로 저장하는 방식의 갑절에 달할 정도로 어마어마하기 때문에 당연히 비용이 많이 들 수밖에 없다. 현재 일본에서만 수소가스를 수입할 때 액화 저장 방식을 사용하고 있으며, 차량용 연료로 사용할 때는 대다수 국가들이 고압기체 저장 방식을 사용한다. 액화 수소의 경우, 특수 제작된 단열 진공용기를 사용해서 저장해야 한다.

상술한 두 가지 수소 저장 방식 외에도 각종 고체, 액화 수소 저장 방식에 대한 연구가 이뤄지고 있는데, 모두 폭발 위험이 없고 장기간 저장해도 손실의 위험이 없다는 게 장점이다. 하지만 현재까지는 아직 실험실 연구 제작 단계로, 실제 응용 사례는 없다.

수소를 수송하는 방식에는 크게 세 가지가 있다. 첫째는 긴 튜브 트레일러로 운송하는 것인데, 운송 효율이 비교적 낮아 소규모 수소 운송에 적합하다. 둘째는 액화수소 탱크로리 운송으로, 운송 효율과 비용이 상대적으로 낮은 편이다. 셋째는 파이프라인 수송 방식인데, 초기 투자비용이 비교적 높은 만큼 수소의 대규모 응용단계에 적합하다. 만약 수소충전소에서 물을 전기분해해 수소를 만든다면 수소 수송 문제도 해결할 수 있을 것이다.

보통 하나의 수소공급소에서 수십 킬로미터 범위 내 10여 개 수소충전소에 수소를 공급하는 방식이 일반적이다. 공급 범위는 대체로 수소공급소의 공급 능력과 수소 운송비용에 달려 있다. 공급소에서 충전소까지 단거리 운송에는 긴 튜브 트레일러를 사용한다. 튜브 트레일러는 보통 직경 0.6미터, 10~11미터 길이의 8~9개 원통형 튜브 고압 용기로 구성되며, 가스 압력은 20메가파스칼 정도다. 중국은 현재 30메가파스칼 압력의 긴 튜브 트레일러 차량 수송 허가도 검토 중에 있다. 튜브 트레일러 1대당 수소가스 운송량은 약 300킬로그램인데, 압력 크기에 따라 달라질 수 있다. 수소공급소에서 실은 수소가스를 충전소로 운송하면 튜브를 세로로 세워 충전소 내 저장용기에 넣어놓는다. 그리고 연료전지 차량이 수소를 충전할 때 수소가스의 압력을 해당 차량 수소 탱크와 동일하게 맞춘 후 수소충전기를 통해 계량 후 주입하는 것이다.

현재 대다수 수소가스 압축기와 수소충전기는 모두 수입산으로, 중국산 제품은 아직 신뢰성이 떨어지고 가격도 비싸다. 완성차의 수소가스 탱크 압력이 높아지면서 중국도 전체 산업체인의 측면에서 70메가 파스칼 압력의 용기와 압축기 제품의 개발과 산업화가 필요하다. 물론 소량의 액화수소에 대한 수요도 있는데, 이때는 저온 단열의 액화수소 탱크로리로 수송한다. 탱크로리 용량은 약 60세제곱미터로, 4000킬로그램의 수소가스를 수용할 수 있다. 수소가스를 운송하는 것인 만큼 전체 과정은 위험물 운송규정에 따라 엄격히 관리돼야 한다.

수소충전소 건설 및 응용 전망

수소충전소는 겉으로 보면 일반 주유소와 비슷하게 생겼다. 차량이 고정된 위치에 진입하면 직원이 수소 충전 호스를 통해 수소 압축가스나 액화수소를 차량의 수소가스 탱크에 넣고 몇 분 정도 충전하는 방식이다. 차량의 크기에 따라 따르지만 보통 1회 충전에 약 10~20킬로그램을 충전한다.(그림 3-9) 주유소와 마찬가지로 수소충전소도 안전생산 기준 거리에 맞춰 짓는다.

일반적으로 한 지역 내에 수소공급소와 충전소를 한 세트로 묶어 짓는다. 공급소는 수소 제조와 충전은 물론, 충전소에 수소가스 연료를 공급하는 역할도 한다. 수소가스 하루 생산량이 6000킬로그램인 수소 공급소는 보통 충전소 10곳에 수소가스를 공급할 수 있다. 현재로선 대다수 수소가스가 공업부생 수소에서 나오는 만큼, 공급소를 공업부생 수소 공장 내에 건설하면 수송 운송의 번거로움을 줄일 수 있다. 또 각 지역 상황에 맞게 수소 공급 충전소 건설 계획을 세워야 한다. 수소충전소가 가동된 이후엔, 연료전지 차량의 보급으로 수소가스가 기름, 전기

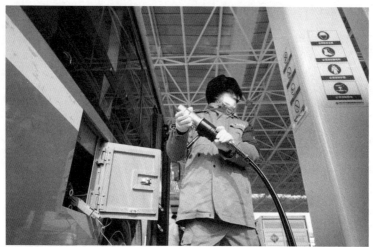

그림 3-9 수소충전소 현장(2022년 2월 9일). 허베이성 장자커우 창바 수소충전소 직원이 차량에 수소를 충전하고 있다. 동계올림픽 및 동계 패럴림픽 기간 옌칭과 충리 경기지역은 각각 212대, 515대 수소가스 연료전지 차량에 서비스를 제공했다.

와 비슷한 경쟁력을 갖출 수 있을 때까지 충전소 운영보조금을 어떻게 지급할지도 연구해야 할 문제다. 수소공급소 위치 선정 역시 중요하다. 지방정부의 전폭적인 지지 없이 기업 혼자의 힘으로 건설하는 것은 사실상 실현 불가능하기 때문이다.

대다수 시범도시는 해당 지역의 시내버스 등과 같은 버스 제품에 연료전지를 활용하는 기술 노선을 최우선으로 고려하고 있다. 이는 초기 추진 단계에서 유일하게 시행 가능한 노선으로, 이 방식을 통해서만 제품과 전체 산업체인의 발전 타당성을 검증해볼 수 있기 때문이다. 하지만 장기적으로 보면 시내버스 등과 같은 버스 제품을 순수 전기차나 연료전지차냐로 할 것인지는 더 많은 기술적·경제적 분석이 필요하다(그

중국 전기차가 온다

림 3-10).

나는 승용차, 심지어 버스도 순수 전기차가 더 적절할 것으로 본다. 연료전지 차량은 사실상 소형 '발전소'를 넣고 다니는 것과 마찬가지다. '발전소'의 연료가 단지 수소가스고, 생성해내는 전기가 전지에 저장되는 것일 뿐, 그 이후의 구동 과정은 순수 전기차와 전혀 다를 게 없다. 하지만 연료전지차는 순수 전기차보다 에너지 전환 시 하나의 과정이 더 추가되기 때문에 에너지 효율성이 떨어진다. 경제적으로 봐도 버스는 승용차보다 수량이 훨씬 적기 때문에 승용차와 같은 규모의 경제도 실현할 수 없다.

연료전지를 사용하는 최대 장점은 수소에너지가 친환경 에너지라는 점이다. 단, 물을 전기분해해 수소를 생산해야 한다는 전제 하에서 말이다. 하지만 그린 수소가 아닌, 그레이 수소, 블루 수소를 사용한다면 순수 전기차와 비교해 도대체 어떤 기술노선이 더 친환경적인지, '유

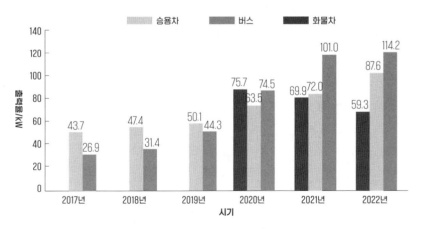

그림 3-10 3종 차량의 연료전지 최고 출력 비교

전'에서 기름을 캐는 것부터 바퀴가 굴러갈 때까지, 제품 생산주기를 모두 넣어 계산한다면 어떤 결과가 나올지, 전문 연구기관의 관련 연구 분석이 필요하다.

가장 유력한 연료전지의 미래 응용 시나리오는 대형트럭이다. 차량의 총무게가 변하지 않는 상태에서 기존 배터리를 사용하면 차량 자체 무게가 대폭 늘어나기 때문에 적재 중량을 줄여야 하는데, 트럭으로선 사실상 이득보다 손실이 크다. 게다가 전기차는 충전하는 데 시간이 오래 걸린다는 문제도 있다. 물론 일부 완성차 기업이 고정된 노선이나 단거리 운송(왕복 주행거리 300킬로미터 정도) 차량에 걸맞은 배터리 스와프 모델을 연구개발하고는 있다. 또 대형트럭 배터리는 비교적 쉽게 규격을 통일할 수 있다는 전제하에서 페트로차이나나 시노펙의 주유소를 활용해 배터리 스와프 모델을 더 확장할 수 있다.

연료전지를 자동차 제품에 응용한다는 측면에서 더 나아가 인류 사회의 에너지 이용이라는 면으로 시야를 넓혀보면 수소가스를 2차 에너지로 활용하는 것은 매우 필요하다. 일부 전문가는 탄소중립 사회를 실현하려면 에너지의 80퍼센트를 전력으로, 20퍼센트를 수소가스로 수송 응용해야 한다고 제안한다. 따라서 새로운 수소에너지 공급시스템을 구축하는 것은 매우 중요한 일이다.

전 사회적으로 수소에너지 공급시스템을 구축하기 시작한다면 차량용 연료전지의 응용은 훨씬 편리해질 것이다. 특히 차량용 연료전지와 수소에너지 시스템은 상호 촉진하는 관계를 구성해야 한다. 단순히 차량용 연료가스만으로 수소에너지 시스템 건설을 촉진하는 것은 너무나 어려운 일이다.

또 중국에서 풍력에너지, 태양광 에너지가 빠르게 발전하고 있지만, 자연적 요인으로 인한 불안정성 때문에 대규모로 전력망을 병합해 수용하기가 어렵다. 빛, 바람을 통해 생성한 전력으로 인근 지역에서 물을 전기분해해 수소를 생산한 후 이를 암모니아와 합성해 저장하는 것은 풍력 태양 에너지의 훌륭한 에너지 공급 모델이다. 이는 기술적 문제가 아닌, 경제적인 문제로 유심히 주목할 필요가 있다.

2022년 3월, 국가발전개혁위원회와 에너지국은 '수소에너지 산업 발전 중장기규획(2021-2035)'을 공동 발표했다. 이는 중국 최초의 수소에너지 산업 중장기 계획으로, 여기서는 5개년 단위로 세 단계의 수소에너지 발전 목표를 제시해 2025년 공업부생 수소와 재생 가능한 에너지로 생산한 수소를 근거리에서 사용하는 것을 위주로 한 수소에너지 공급 체계 목표를 설정했다. 규획에서 특히 단기적으로 공업부생 수소의 적극적인 활용을 강조한 만큼 석탄 코크스화, 클로르알칼리 공업, 프로판 탈수소화 등 사업이 밀집된 지역에서 공업부생 수소를 우선적으로 사용할 것으로 보인다.

오늘날 20여 개 성급 지역과 여러 도시에서 수소에너지를 14·5 규획 시기와 그 이후 발전 방향으로 삼고 각종 수소에너지 프로젝트를 기획하고 있다. 수소에너지 방면에서 과잉 투자를 막기 위해서는 조건에 부합하는 지역에서 단기적으로 공업부생 수소를 적극 이용하되, 대다수 지역에서 하루 빨리 그린 수소 산업을 발전시켜나가야 할 것이다.

중국은 세계 최대 수소에너지 생산국으로, 중국의 수소 생산량이 전 세계의 3분의 1을 차지하고 있다. 전 세계 수소가스의 60퍼센트는 천연가스에서, 19퍼센트는 석탄에서, 21퍼센트는 공업부생 수소에서 생성되고 있으며, 물 전기분해 등 저탄소 방식으로 생성되는 수소의 응용은 1퍼센트도 채 되지 않는다. 중국의 수소에너지 구조를 살펴보면, 석탄으로 만든 수소가 전체의 62퍼센트를 차지해 가장 많다. 천연가스(19퍼센트), 공업부생 수소(18퍼센트)가 그다음으로, 물 전기분해를 통한 수소가스 생성은 1퍼센트에 지나지 않는다.

에너지전환위원회 보고서에 따르면 2022년 전 세계 그레이 수소 생산 비용은 킬로그램당 0.7~2.2달러로, 여기에 탄소 포집 및 저장 장치를 설치해 블루 수소를 만들면 비용은 더 증가한다. 그리고 가장 깨끗하고 친환경적인 그린 수소 생산 비용은 킬로그램당 3~5달러다.

『중국 수소에너지 및 연료전지 생산백서』(2019)에 따르면, 공업부생 수소 정제 비용은 킬로그램당 0.3~0.6위안으로, 만약 부생 가스 비용까지 더한다면 전체 수소 생산비용은 킬로그램당 10~16위안까지 올라가게 된다. 공업부생 수소는 일종의 그레이 수소지만, 화학석유 에너지로 수소를 생산하는 것과 비교하면 대기오염을 줄여 환경을 개선할 수 있다. 백서에서는 중국의 석탄 코크스화, 클로르알칼리 공업, 프로판 탈수소화 등에서 매년 100만 톤급의 수소가 공급되고 있다고 밝혔다.

통계에 따르면 2022년 상반기 기준 모두 18개 수소 제조 프로젝트가 완공됐는데, 이중 부생수소 프로젝트가 9개, 재생가능한 에너지를 통한 수소 제조 프로젝트가 9개로 동일했다.

현재 대다수 공업부생 수소 프로젝트는 공장 지역 인근에서 추진되고 있다. 전국적으로 공업부생 수소 제조 프로젝트가 가장 활발한 지역인 산둥성을 예로 들어보자. 2021년 산둥성 제1호 수소 충전 공급소는 타이산 철강 회사에서 가동됐다. 석탄 코크스화에서 생성된 수소가스로, 해당 수소충전소는 주변 150킬로미터 범위 내 약 100대 시내버스 충전 수요를 만족시키고 있다. 수소가스 운송을 위해 산둥중공그룹에서 49톤짜리 긴 튜브 트레일러 310대도 투입됐다.

네이멍구 우하이시는 클로르알칼리공업의 공업부생 수소를 파이프라인을 통해 우선 수소 공급소까지 수송한 후, 긴 튜브 트레일러로 다시 충전소까지 수송하는 방식을 채택하고 있다. 이를 통해 현재 우하이시의 50대 수소 버스에 수소가스를 공급하고 있다. 우하이시 주변 지역에는 모두 8만 대의 탄광용 차량과 디젤 화물차가 분포해 있는데, 만약 이를 모두 연료전지 차량으로 교체한다면 연료전지 차량 보급에 더 도움이 될 것이다.

『중국 수소에너지 및 연료전지 산업 백서』(2019)에 따르면 토지 사용료를 제외하면 중국에 하루 수소 충전량 500킬로그램, 충전 압력 35메가파스칼 수준의 수소 충전소를 짓는 데 드는 비용은 1200만 위안으로, 일반 주유소 건설비용의 3배에 달한다. 건설비용을 제하고도 설비 유지보수, 운영 등 비용까지 감안하면 더 많은 비용이 든다. 수소충전소 운영과 연료전지 차량 보급은 밀접한 관계가 있다. 만약 수소가스 비용을 킬로그램당 25위안까지 줄일 수 있다면 대형 수소트럭은 대형 내연기관 트럭보다 에너지 가격 경쟁력이 더 클 것이다.

2030년까지 탄소 배출량 정점을 찍고(탄소 피크), 2060년까지 탄소 중립(탄소 제로)을 실현한다는 중국의 '쌍탄雙炭' 목표에 따라 석탄 코크스, 철강 등 업종은 커다란 변화에 맞닥뜨릴 것이다. 예를 들면 14·5 규획 기간 허베이성의 코크스 기업이 40곳으로 줄면 공업부생 수소 생산량도 연간 94만 톤에서 45만 톤으로 줄어들 것이다. 재생 가능한 에너지로 수소를 제조하는 비용이 최근 들어 점차 낮아지고 있다는 것은 좋은 일이다. 에너지전환위원회 보고서는 2030년 그린수소 비용이 킬로그램당 2달러까지 내려갈 것으로 관측했다.

신에너지차를 발전시키는 과정에서 중국은 배터리 충전 교체 등 인프라 시설 건설 규모를 부단히 확대하고 이러한 인프라 운영을 지원하는 정책 시스템을 완비해 시장 지향적인 배터리 충전 교체 인프라 설비산업의 다원화된 발전 흐름을 형성했고, 이는 신에너지차 산업의 폭발적 발전에 없어서는 안 될 양호한 기초를 마련했다.

4 장

핵심 부속품
강화

신에너지 자동차의 발전은 자동차 공급망 체계를 재구성했다. 엔진 및 변속기로 대표되는 내연기관 동력시스템은 배터리와 모터, 전자 제어를 기반으로 한 신에너지 자동차 동력시스템으로 변화했다. 지난 100여 년간 이어져온 완성차 업체와 1·2차 공급업체라는 피라미드 시스템은 산업 간 융합 공급망 시스템으로 바뀌었고 전통적인 부품 시스템은 해제된 뒤 재구성됐다. 신흥 핵심 부품의 기술 장벽과 체계는 아직 형성 과정에 있고 많은 신기술은 개발 단계에 있다. 이는 중국의 핵심 부품 기업들에 역사적인 기회를 가져다줬다.

1_____ 동력배터리의 약진

신에너지 자동차의 핵심은 세 가지 전기=電 시스템, 즉 배터리電池와 모터電機 그리고 전자 제어시스템이다. 그중 동력배터리는 이 시스템의 핵심이며 배터리의 에너지 밀도와 충전 및 방전 속도, 안정성이 신에너지 자동차의 주행 거리와 효율, 안전성 등을 결정한다.

현재 동력배터리에 대해 말할 때 가장 먼저 떠올릴 수 있는 업체는 업계 1위인 중국의 닝더스다이CATL다. 하지만, 그보다 먼저 비야디BYD에 대해 이야기하고자 한다. 비야디는 신에너지 자동차 제조업체 가운데 업계 최초로 배터리와 완성차를 모두 생산하는 데 성공했기 때문이다.

비야디는 자동차 생산을 시작하기 전 휴대전화용 배터리를 만들었다. 휴대전화 배터리 시장에서 점유율 2위에 올랐던 강자다. 비야디는 산업 공급망을 독자적으로 제어할 수 있는 능력이 있어서 글로벌 자동차 시장의 공급망 단절과 코로나19의 영향을 가장 적게 받은 자동차 업체이기도 하다.

아래에서 동력배터리의 발전사에 대해서 알아보자.

리튬배터리의 주요 역할

납산배터리VRLA(납축전지)는 19세기 후반부터 1990년대 이전까지 100여 년 동안 자동차의 배터리로 쓰였다. 안전하고도 안정적이며 가격이 비교적 싸다는 게 큰 장점이다. 그러나 단점 역시 뚜렷하다. 에너지 밀도가 낮고 수명도 짧아 동력배터리로서는 좋은 선택일 수 없었기 때문에 크게 발전하진 못했다. 한때 중국의 소수 '전문가'들은 "납축전지를 자동차 동력배터리로 사용해야 한다"고 주장했다. 이어 "다른 국가들과는 달리 납축전지와 저속전기차를 조합하는 것이 중국 특색의 신에너지 자동차 발전 방향"이라고 목소리를 높였다.

이는 기술적 문제를 발전 방향의 문제로 바꾼 것일 뿐 과학적으로 탐구하는 태도가 아니므로 반박할 가치도 없다. 리튬인산철배터리$_{LFP}$는 노트북 컴퓨터의 니크롬배터리를 대체하는 데 처음 사용됐다. 크기는 작은데 에너지 저장량이 크고 기억 효과°가 없다는 장점이 있다. 이후 휴대폰 전원으로 많이 사용됐다. 중국을 비롯해 한국과 일본 등은 리튬인산철배터리 생산이 가장 집중된 국가다.

일본 자동차 업체를 비롯해 초창기 하이브리드 자동차엔 주로 니켈-수소배터리$_{NiMH}$가 사용됐다. 하이브리드 시스템은 빈번하게 충전과 방전이 반복된다는 특성이 있기 때문에 급속 충전 성능이 우수하고 사이클 수명이 길면서도 (배터리 사용으로 내용물이 결정화되는) 기억 효과가 없는 니켈-수소 배터리가 사용에 적합하다.

리튬배터리와 비교한다면 니켈-수소배터리는 출력 밀도가 높고 에너지 밀도는 낮다. 이는 일부 하이브리드 자동차에서 고출력 충·방전용으로 쓰기에 적합하다. 하이브리드 자동차의 주요 동력은 내연기관이기 때문이다. 전기모터는 오로지 고속 전부하全負荷°° 시 보충 동력으로 작용한다. 하이브리드 자동차의 주행거리는 배터리의 에너지 밀도가 아닌 연료탱크의 크기에 달려 있다.

이는 하이브리드 자동차와 순수 전기차의 큰 차이점이다. 전동 배터리의 에너지 밀도는 전기차 주행거리에 직접적인 영향을 미친다. 중국의 대부분 니켈-수소배터리 업체는 니켈-수소 원통형 표준 배터리를 생산하고 있다. 그중 커리위안科力遠과, 춘란春蘭, 중쥐가오신中炬高新 등 몇몇

° 방전이 충분하지 않은 상태에서 다시 충전하면 전지의 실제 용량이 줄어드는 효과
°° 정해진 조건하에서 어떤 회로에 걸릴 수 있도록 설계된 최대의 부하. 그 이상의 부하는 과부하다.

업체가 니켈-수소배터리 방면에서 비교적 뛰어나다.

각국의 전기자동차 기업의 다년간 종합적인 비교를 통해 산업계는 점차 리튬배터리에 관심을 모았다. 현재 거의 모든 전기자동차 기업이 리튬배터리를 동력배터리로 채택하고 있다.

리튬배터리는 리튬합금 금속산화물을 양극재로, 흑연을 음극재로, 액체전해질을 매개체로 사용해 긴 사이클 수명과 큰 에너지 밀도, 3.7볼트의 고전압 등이 특징이다. 이로 인해 전기모터를 사용하는 플러그인 하이브리드 자동차와 순수 전기차에 널리 사용된다.

표 4-1은 배터리 3종의 주요 응용 시나리오 및 장단점 비교를 보여준다.

양극재에 따라 분류하면 크게 코발트산 리튬LCO, 망간산 리튬LTO, 리튬인산철, 티탄산리튬배터리 등이 있다. 업계에서 최초로 발견해 사용한 건 코발트산 리튬배터리로, 에너지 밀도가 꽤 높은 편이고 고출력 충·방전 성능이 좋다는 게 가장 큰 장점이다.

망간산 리튬배터리의 에너지 밀도는 코발트산 리튬배터리보다 낮지만 안전성 면에서 훨씬 우수하다. 삼원계 리튬배터리의 발명은 실제로 코발트산 리튬배터리와 망간산 리튬배터리에서 영감을 받았다. 양극재에 니켈과 코발트, 망간, 알루미늄 등의 활성금속을 첨가하면 에너지

표4-1 배터리 3종의 주요 응용 시나리오 및 장단점 비교

배터리 분류	주요 응용 분야	원리	안전성	환경친화성	최적 작동 온도
리튬배터리	자동차	이온이동	숨겨진 위험성 있음	환경보호	섭씨 0~45도
니켈수소배터리	전동 놀이기구	산화환원	안전	환경보호	섭씨 -20도~45도
납축 배터리	전동자전거, 예비전원	산화환원	안전	납 오염	섭씨 -20도~70도

밀도를 크게 높일 수 있지만 안전성은 리튬인산철배터리보다 떨어진다. 리튬인산철배터리는 안전성이 뛰어나고 수명도 비교적 길면서 원가도 더 낮지만 저온에서의 성능이 삼원계 리튬배터리보다 더욱 빨리 떨어지기 때문에 겨울철엔 종종 문제를 일으킬 수 있다. 두 마리 토끼를 한 번에 잡을 순 없기 때문에 취사선택을 해야 한다.

삼원계 리튬배터리에 니켈을 첨가하는 것은 양극재의 전체 에너지 밀도를 증가시키기 위함이고 코발트를 첨가하는 것은 원료의 구조를 안정화시켜 전체적인 사이클 성능을 향상하기 위해서다. 코발트는 지구 매장량이 매우 적고 가격도 비싸기 때문에 배터리 업계는 코발트 사용량을 줄여 비용을 절감하기 위해 온갖 방법을 고안해왔다. 현재 흔히 말하는 '811 배터리'는 배터리에 들어가는 세 가지 금속 원소의 비율이 니켈 80퍼센트, 코발트 10퍼센트, 망간 혹은 알루미늄 10퍼센트라는 것을 의미한다. 대부분 니켈-코발트-망간이 아닌 니켈-코발트-알루미늄을 사용하는 건 원가를 낮추기 위해서인데, 이렇게 하면 배터리의 에너지 밀도는 높아지지만 사이클 수명이 짧아지고 안정성도 떨어지기 때문에 동력배터리 관리시스템에 대한 요구사항은 더욱 커진다. 그림 4-1은 2016년부터 2022년까지 다양한 원료 체계에서 배터리 시스템의 평균 에너지 밀도를 보여준다. 현재 미국의 테슬라는 니켈-코발트-알루미늄을 양극재로 사용하고 있으며, 유럽의 폴크스바겐과 메르세데스벤츠 그룹, 중국 대부분의 삼원계 리튬배터리 생산업체는 니켈-코발트-망간 삼원계 리튬배터리를 쓰고 있다. 창청자동차長城汽車가 설립한 펑차오蜂巢는 이미 무無코발트화에 성공했다.

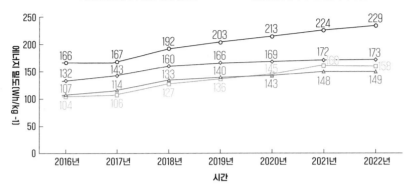

그림 4-1 2016~2022년 각기 다른 재료체계 배터리 시스템의 평균 에너지 밀도

한국과 일본 기업들은 처음부터 주로 승용차에 들어가는 삼원계 리튬배터리에 집중했다. 승용차는 배터리를 설치할 공간이 한정돼 있기 때문에 배터리 에너지 밀도에 대한 요구가 매우 높았다. 승용차는 대형 버스에 비해 이동거리가 훨씬 길기 때문에 에너지 밀도에 대한 요구가 훨씬 높아서 삼원계 리튬배터리를 비교적 더 많이 사용한다.

하지만, 일부는 리튬인산철을 동력배터리에 사용하는데, 비야디는 확고부동하게 리튬인산철배터리만을 써왔다. 일정 기간 업계에선 리튬인산철배터리를 후진적인 기술로 봤기 때문에 승용차 경량화와 주행거리 증가를 위해 주로 삼원계 리튬배터리를 사용했다. 당시 중국 자동차 업계에서의 탑재율은 삼원계 리튬배터리 72.8퍼센트, 리튬인산철배터리 25.19퍼센트였다.

중국 배터리 기업은 고객의 요구에 부응하기 위해 배터리 구조 방면에서 일련의 혁신 성과를 이루었다. 예를 들면 비야디의 '블레이드 배터리'와 CATL의 '기린 배터리', 광저우자동차GAC 아이온Aion의 '매거진 배터리' 등 리튬인산철배터리는 시장에서 다시 우위를 점하고 있다.

2023년 1분기 중국 신에너지 자동차 시장에서 리튬인산철배터리 탑재율은 68.2퍼센트, 삼원계 리튬배터리는 31.7퍼센트를 차지했다. 신에너지 버스는 대부분 리튬인산철배터리를 사용한다.

배터리 에너지 밀도 향상과 배터리에 더 큰 공간을 제공하기 위한 전용 섀시 개발, 배터리 팩 기술 등 이 세 가지 기술은 포괄적으로 사용되고 상호 촉진하며 함께 작용하면서 전기 자동차의 주행거리를 점진적으로 늘려 사용에서의 요구 사항을 충족시켜오고 있다.

내연기관 자동차의 연료 탱크에 비해 동력배터리는 여전히 너무 크고 무겁다. 게다가 과거 오랫동안 충전 인프라가 충분하지 않았기 때문에 주행거리에 대한 전기차 이용자의 요구는 더욱 높았다.

초창기 전기차 보조금 표준인 150킬로미터에서 250킬로미터로 주행 가능 거리는 점점 길어졌다. 현재는 500~600킬로미터를 주행할 수 있는 순수 전기차가 수두룩하다. 일부 기업은 주행거리가 1000킬로미터에 달하는 순수 전기차를 출시할 것이라고 공언해왔다. '누가 먼저 주행거리 1000킬로미터에 도달하는가'라는 질문은 '누가 가장 수준이 높은가'라는 말과 마찬가지인 듯하다.

배터리의 에너지 밀도를 동시에 빠르게 높일 수 없는 상황에서 주행거리를 늘리는 방법은 배터리를 많이 넣는 것이다. 하지만 이렇게 무게가 늘어나면 차량의 성능이 떨어지고 에너지 소비는 증가한다. 득보다 실이 더 많은 방법이다.

칭화대학의 연구 결과에 따르면, B형 차량(배기량 1.8~2.5리터의 중형 차량)을 예로 들면 주행거리가 최대 500킬로미터 이상인 순수 전기 승용차의 경우, 유정油井에서 바퀴까지 합산하면 이산화탄소 배출량이 늘어난다.

물론 여기에서 말하는 주행거리(킬로미터 수)는 모두 NEDC_{New European Driving Cycle}(유럽 내구성 표준)를 따른 것으로, 이용자가 실제로 중국에서 사용하는 조건은 이보다 20퍼센트 더 높다. 2019년부터 중국은 WLTC_{Worldwide harmonized Light vehicles Test Cycle}(국제표준배출가스시험방식)를 채택하는 것으로 변경했으며 이 기준이 실제 사용 상황에 더 가깝다고 봐야 한다.

그러나 어느 기준을 적용하더라도, 표시된 주행거리와 실제 주행거리 사이에는 여전히 차이가 있기 때문에 참고용으로만 사용할 수 있다.

대형버스는 설치 공간이 넉넉하기 때문에 티탄산리튬배터리와 망간-코발트-리튬배터리가 주로 쓰인다. (수명이 길어 원가가 상대적으로 낮지만) 비용을 고려하든 고전류로 빠르게 충전과 방전할 수 있는 능력을 고려하든 배터리 수명을 고려하든 간에 주행거리에는 초점이 맞춰져 있지 않다.

후 발 주 자 로 나 선 중 국 기 업 들

2021년 7월 CATL은 세계 최초로 나트륨이온배터리_{SIB}를 발표했다. 초기 제품으로서 이 배터리의 단량체 에너지 밀도는 160Wh/kg(킬로그램 당 와트시)에 달했는데, 비록 현재 리튬인산철배터리의 에너지 밀도보다 더 낮다고는 하지만 리튬배터리가 막 세상에 나왔을 당시의 에너지 밀도에 비하면 이미 크게 향상된 것이다. CATL의 다음 목표는 단량체 에너지 밀도를 200Wh/kg으로 높이는 것이었다.

원소주기율표에서 나트륨과 리튬은 같은 1족에 속하며 작동원리가 동일하다. 저온 환경에서 나트륨이온배터리는 비교적 좋은 작업조건을 유지할 수 있고 동시에 급속충전에 적합한데, 이는 리튬배터리가 갖지 못한 특성이다.

게다가 나트륨은 매장량이 풍부하고 가격도 저렴해 차세대 신에너지 자동차가 급속히 발전하면서 생기는 리튬 부족 문제를 해결하는 데 도움이 된다.

1세대 나트륨이온배터리(그림4-2는 CATL이 발표한 나트륨이온배터리 개념도다)는 주로 전력 저장 및 전동 자전거 등의 분야에서 쓰인다. 현재 비용에 민감한 차량에 쓰이면서 납산배터리를 대체할 시동 배터리가 될 수 있으며 산업망 역시 형성되고 있다. 2세대 나트륨이온배터리가 세상에 나온 뒤엔 신에너지 자동차에 대량으로 사용될 가능성이 크다.

그림 4-2 CATL이 발표한 나트륨이온배터리 개념도

CATL은 발표회에서 나트륨과 리튬을 결합한 'AB 배터리 솔루션'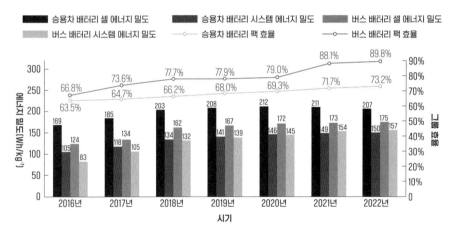을 성공적으로 연구 개발했다고 공개했다. 장점을 취하면서 단점을 보완할 수 있어 두 종류의 배터리가 장점을 발휘해 배터리 팩의 에너지 밀도가 200Wh/kg에 달해 신에너지 자동차에도 충분히 사용할 수 있다.

이러한 종류의 배터리를 사용하려면 다양한 배터리 모듈을 동적으로 조정할 수 있도록 특별히 설계된 배터리 관리시스템이 필요하다. 가장 반가운 사실은 기존 리튬배터리 생산라인을 개조하면 이러한 종류를 생산할 수 있다는 것이다.

최근 몇 년간 신에너지 자동차의 발전에 따라 중국의 동력배터리 산업도 부단히 발전하고 있다. 2012년 국무원이 발표한 '에너지 절약 및

그림 4-3 2016~2022 순수 전기 승용차·버스 배터리 시스템 평균 에너지 밀도 및 그룹 효율

o 나트륨과 리튬이온배터리 둘을 섞어서 한 차량에 쓰는 형태로 가성비와 주행 성능을 모두 잡을 수 있는 장점이 있다.

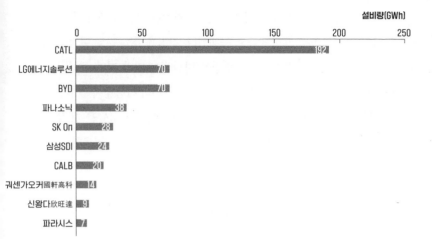

그림 4-4 2022년 전 세계 동력배터리 기업 설비량 분포

신에너지 자동차 산업 발전 계획(2012-2020)'에서는 2020년까지 동력배터리 모듈의 에너지 밀도가 300Wh/kg 이상에 도달하고 원가가 1.5위안/Wh 이하로 떨어뜨릴 것을 제의했다.

'자동차 산업 중장기 발전 계획'은 2020년까지 동력배터리 시스템의 에너지 밀도가 260Wh/kg에 도달하도록 노력하고 원가는 1위안/Wh 이하로 인하시킬 것을 추가로 제안했다. 배터리 기업들은 부단한 노력 끝에 이미 이 목표를 달성하거나 심지어 뛰어넘었다.

2016~2021년 중국의 동력배터리 에너지 밀도는 거의 두 배로 늘었고 비용은 50퍼센트 이상 감소했으며 현재 Wh당 가격은 1위안도 되지 않는다. 그림 4-3은 2016~2022년 순수 전기 승용차 및 버스 배터리 시스템의 평균 에너지 밀도 및 그룹화 효율을 보여준다. 여러 국제기구

중국 전기차가 온다

의 연구에 따르면 2025년까지 배터리 에너지 밀도는 더욱 향상되고 배터리 비용이 더욱 감소함에 따라(이 두 가지는 상호 촉진 관계이기도 하다) 신에너지 자동차의 판매 가격은 전통적 내연기관 차량과 비슷해질 수 있다.

신에너지 자동차 시장의 급속한 성장에 힘입어 중국 동력배터리 기업들도 치고 올라왔다. 출력량으로 계산하면 2022년 전 세계에서 출하량이 가장 많은 10개 배터리 기업 중 중국 기업이 6개다.(그림 4-4) 또한 CATL 한 곳에서만 전 세계 시장의 37퍼센트를 점유했다.

동력배터리의 사양과 혁신

동력배터리는 모양에 따라 (사각형 하드셀과 사각형 소프트팩을 포함한) 사각형과 원통형 두 가지로 나눌 수 있다. 현재 사각형 하드셀이 가장 널리 사용되며 사각 소프트팩은 보조금이 삭감된 뒤 감소하는 경향이 있다 (보조금 기준은 특정 에너지 밀도에 대한 엄격한 요구 사항을 담고 있다). 원통형 배터리 기술은 노트북과 휴대폰 등 가전제품에서 유래했다. 원통형 배터리는 더욱 발전하고 가격은 저렴해졌다. 과거 가장 일반적으로 사용된 모델은 1865 규격(지름 18밀리미터·높이65밀리미터)이었고 이후 2170 규격(지름 21밀리미터·높이 70밀리미터)이 등장했다. 원통형 배터리 규격의 숫자 첫 두 자리는 배터리 직경(밀리미터)을 의미하고 마지막 두 자리는 배터리 높이(밀리미터)를 나타낸다.

2020년 9월, 테슬라는 더 큰 크기의 4680 원통형 배터리를 생산할 계획이라고 발표했다(개념도는 그림 4-5 참조). 4680 배터리는 배터리

그림 4-5 테슬라가 발표한 4680 규격의 원통형 배터리 개념도

신형 배터리

크기를 늘려 셀 에너지 밀도를 300Wh/kg까지 높일 수 있다. 일론 머스크에 따르면 새로운 배터리는 에너지 밀도를 5배, 출력을 6배 높일 수 있으며, 주행 거리는 16퍼센트 증가한다. 2022년 말 이 배터리가 새로운 공정과 신소재를 사용해 양산이 원활하지 않다는 보도가 나왔고 이는 테슬라 신모델 출시에도 영향을 미쳤다.

새로운 원통형 전지의 혁신은 전극에서 단자까지 전류가 흐르는 경로인 '리드탭'을 없앤 것으로, 이렇게 하면 양음극 집전체와 케이스를 직접 연결할 수 있으므로 배터리의 내부 저항을 감소시키고 전류 전도 면적을 증가시키며 발열을 줄이고 배터리의 수명을 늘릴 수 있다.

원통형과는 달리 사각형 배터리는 규격이 다양하다. 적지 않은 업계 관계자가 사각형 배터리의 규격 기준을 통일해야 하며 원통형 배터리처럼 기업이 선택할 수 있는 여러 규격이 있어야 한다고 말한다. 이는 매우 좋은 의견이다.

2017년 7월에 발표된 '전기자동차용 동력 축전지 제품 규격 치수(GB/T 34013-2017)'는 각종 배터리의 규격 치수를 규정하고 있으며 원통형 배터리는 6가지, 사각형 배터리는 125가지, 파우치형 배터리는 14가지 치수가 있다.

전반적으로 보면 아직도 배터리의 규격과 치수가 여전히 많다. 특히 125종에 달하는 사각형 배터리는 너무 많다고 할 수 있다. 배터리 모듈의 경우 모두 12가지 사이즈가 있어 언뜻 보기엔 많지 않은 듯하지만 자세히 살펴보면 각 사이즈별로 배터리 두께와 높이 등이 특정 수치가 아닌 범위로 돼 있어 서로 다른 크기끼리 교차가 가능하고 오로지 배터리 폭만 정해져 있다.

이것은 시장의 기존 동력배터리, 특히 배터리 모듈 사양의 통합 승인일 뿐이며 통일된 배터리 규격 표준을 향한 첫 걸음이라고 할 수 있다.

향후에는 각 기업의 통일된 이해를 바탕으로 사이즈 사양을 줄이고 각 사이즈를 고유화하는 방향으로 나아가야 한다. 이를 달성한다면 배터리 비용을 더욱 절감하고 배터리 교체 모델을 촉진하며 나아가 동력배터리의 국제 표준을 제정하는 데에도 큰 추진력을 얻게 될 것이다.

신에너지 자동차 산업 규모가 커지자 시장에서는 배터리 규격 종류를 줄여야 한다는 목소리가 나오고 있다. CATL의 (초콜릿 바를 닮은) '초콜릿 배터리' 출시 노력 외에도 현재 대형버스용 동력배터리 팩 사양은 대·중·소 3종으로 정해졌다.

또 독일자동차공업협회VDA 표준과 폴크스바겐의 모듈식 전기차 전용 플랫폼인 MEB 역시 수많은 배터리 업체와 완성차 업체들이 규격 통일 대상으로 따르고 있다. 상하이자동차와 제너럴모터스의 합작사 우링WULING은 초소형 전기차 배터리 규격 통일 흐름을 이끌고 있다. 물론 기업마다 차체와 섀시가 다르기 때문에 사용되는 배터리의 전압과 전력이 제각각이다. 배터리 관리시스템과 통신 프로토콜은 기업의 영업 비밀과 연관이 있기 때문에 배터리 규격을 통일하는 건 쉽지 않은 일이다.

그러나 잠재적 이익에 비추어 볼 때, 이는 충분히 극복할 수 있는 어려움일 뿐이다. 배터리 규격 통일은 화물차나 버스에서부터 시작할 수도 있다. 이러한 차량의 수용 공간은 승용차보다 훨씬 크다.

2___ 글로벌 경쟁의 출발선에 선 중국 '배터리 관리시스템BMS'

배터리 관리시스템은 무엇이며 어떻게 작동하는가? 쉬운 언어로 그 기능을 설명해보겠다.

기능적으로 배터리 관리시스템은 배터리 팩의 전력을 저전압과 고전압 두 가지로 나눈다. 전통적 내연기관 자동차와 마찬가지로 저전압은 주로 조명, 전동 창문, 셰이커, 라디오, 전자 브레이크 시스템과 같은 기능 부품에 대한 전력 공급을 비롯해 차량 전체 전자전기 시스템에 전원을 공급한다. 모든 전자제어장치ECU에 들어가는 전력도 포함된다. 고전압은 주로 모터를 구동하는 데 쓰인다.

고출력 모터에 고전압을 사용하면 전선이 더 얇아지고 열 발생이 적으며 접촉 신뢰성이 높아지는 등 고전류를 사용하는 것보다 더 많은 이점이 있다는 건 잘 알려져 있다.

그러나 여기서 말하는 '고압'은 일반적으로 200볼트에서 750볼트 사이이며 대부분 400볼트 내외다. 최근에는 800볼트 전압으로 전기를 공급하는 새로운 모델도 있는데, 빠른 충전에 유리하며 더 짧은 시간에 더 많이 충전할 수 있는 등 더 많은 이점이 있다.

에너지 업계에서 말하는 '고압'의 개념에 비추어 볼 때, 사실 800볼트는 여전히 낮은 전압이다. 공업 업계에서 사용하는 전기 기기와 비교해보면, 이는 그다지 높은 전압이라고 할 수 없다.

배터리 관리시스템의 가장 중요한 기능은 수백, 수천 개의 개별 배터리를 잘 관리하면서 충전 시 차량용 충전기를 통해 모든 단일 배터리를 하나하나 충전하고 완전히 충전된 후 즉시 끄는 것이다. 이것은 일반 가정용 충전기로 천천히 충전하는 것과 마찬가지로 비교적 간단하다. 하지만 공공 충전소에서 급속 충전을 할 때는 과정이 복잡하다.

일단 충전 플러그를 자동차에 꽂으면, 관리시스템은 반드시 적시에 가동돼야 하는데 먼저 배터리 팩에 대한 검사를 한 뒤 고전류로 빠르게 충전을 진행한다. 배터리가 거의 가득차면 (예를 들어 80퍼센트 정도 충전되면) 배터리에 치명적 손상을 입히거나 배터리 수명에 영향을 주지 않도록 제때에 전류를 감소시킨다.

개별 배터리는 저마다 기능과 특성의 차이가 있기 때문에 배터리 관리시스템을 통해 성능이 떨어지는 배터리에 대해서는 충·방전을 적시에 중단해야 한다. 나아가 배터리 관리시스템을 통해 더 나은 성능을 가진 개별 배터리의 에너지를 방출해줌으로써 각 배터리가 최선을 다하는 효과를 얻을 수도 있다.

일반적인 상황에서 배터리 관리시스템은 모듈 또는 특정 배터리 영역의 온도만 모니터링할 수도 있다. 좋은 배터리 관리시스템은 각 개별 셀의 온도를 정확하게 모니터링한다.

일부 차종에는 배터리 관리시스템이 배터리 잔량을 예측해 잔여

주행거리로 환산해 표시하는 기능도 있다. 전통적 내연기관 자동차에서는 탱크에 남은 연료의 양을 쉽게 측정할 수 있지만 전기 자동차에서는 배터리가 얼마나 남았는지 측정하기가 어려워 배터리 팩의 충·방전양에 따라 대략적으로 계산할 수밖에 없기 때문에 오차가 발생한다. 비교적 좋은 배터리 관리시스템은 오차를 5퍼센트 이내로 제어할 수 있다. 이와 관련하여 배터리 건강 상태 모니터링이라는 것도 있는데, 배터리팩 전력이 초기 상태의 80퍼센트 이하로 떨어지면 일반적으로 배터리팩을 업데이트해야 한다. 현행 중국 배터리 품질 보증 기준은 8년 혹은 12만 킬로미터다.

배터리 관리시스템에는 고장 진단 기능도 있어 각기 다른 고장에 따라 경보와 사용 제한, 고압선 차단 등 처리 방법을 쓸 수 있다. 신에너지 자동차의 경우 가장 심각한 안전 문제는 종종 배터리 모듈의 발열이다. 열 제어가 되지 않으면 배터리 발화·폭발 등의 위험을 초래하고 심각한 경우 차량 파손과 인명 피해를 가져올 수도 있다. 따라서 배터리 관리시스템은 배터리의 열 제어 관리의 중요한 기능을 담당하며 어떤 개별 배터리 또는 모듈의 온도가 비정상적으로 상승하는 것을 발견하면 반드시 자동으로 조치를 취해 돌이킬 수 없는 피해가 발생하지 않도록 해야 한다. 물론 신에너지 자동차에 화재가 발생했다고 해서 모두 배터리가 원인인 것은 아니다. 예를 들어 충전 중 접촉이 잘 이뤄지지 않아 충전 단자에서 불이 난다면 이는 배터리 관리시스템이 아닌 충전기 문제다.

이 밖에도 배터리 관리시스템에는 통신 기능이 있다. 완성차 제어 부분에서는 일반적으로 CAN_{Controller Area Network} 버스라는 일반적인 통신 프로토콜을 채택하는데, 이는 전통적 내연기관 자동차와 마찬가지다.

미래에는 지능형 커넥티드카에 자동차와 자동차, 자동차와 사람, 자동차와 도로 간의 통신이 점점 더 많이 포함될 것이다. 이더넷°은 보완책으로 사용될 수 있다. 중국의 통신기업들은 후발주자라 이 방면에서 '이점'이 있으며 산업 간 협력을 통해 광범위한 발전 전망을 기대할 수 있다.

과거 배터리 관리시스템 개발은 기본적으로 배터리 업체가 주도했으며 배터리 업체는 완성차 업체와 협업했다. 이제는 점점 더 많은 완성차 업체들이 신차 개발 초기부터 배터리 관리시스템을 동시에 개발하는 데 힘을 쏟고 있다. 물론 이 과정에서 배터리 업체는 여전히 큰 역할을 할 것이다.

배터리 관리시스템 제품 방면에서 중국의 기술은 이미 시장에서 인정받았고 해외 배터리 관리시스템과의 전체적인 차이가 크지 않다. 하지만 매개변수 정밀도와 동적 제어는 여전히 더 개선돼야 할 부분이다.

3_____ 내실을 다지는 전기모터 기술

신에너지차의 구동장치인 전기모터는 전통적인 내연기관차의 엔진에 상응한다. 신에너지 자동차에는 직류DC 모터와 교류AC 비동기모

° 네트워크에 연결된 기기들이 고유한 매체 접근 제어 주소를 가지고 상호 간에 데이터를 주고받을 수 있도록 만들어진 근거리 통신망

터, 영구자석 동기모터, 영구자석이 필요 없는 스위치드 릴럭턴스 모터 SRMSwitched Reluctance Motor(인버터 모터) 등이 사용된다.

현재는 AC 비동기모터와 영구자석 동기모터 등 두 가지 유형에 집중돼 있다. AC 비동기모터는 저렴하다는 것이 가장 큰 장점이기 때문에 대부분의 상업용 자동차와 버스가 이 모터를 사용한다. 영구자석 동기모터는 크기가 작고 무게가 가벼우며 에너지 전환 효율이 최대 97퍼센트에 달할 수 있지만 가격이 비싸다는 게 가장 큰 단점이다. 대부분 중국산 승용차가 이 모터를 쓴다. 승용차의 경우 듀얼모터로 구성된 사륜구동 시스템을 적용하면 두 종류의 모터를 동시에 쓰는 경우도 있다.

중국의 신에너지 자동차 모터 기업은 크게 세 종류로 나눌 수 있다. 첫째는 비야디와 니오蔚来, NIO 자동차의 자회사인 웨이란에너지蔚然动力 등 완성차와 배터리를 동시에 생산하는 업체다. 두 번째는 완성차에 쓰이는 신에너지 자동차 모터를 전문적으로 생산하는 업체들로, 상하이전기구동上海电驱动과 칭진전동精进电动, 상하이연합전자上海联合电子 등 100여 곳이 있다. 마지막으로 세 번째는 신에너지 자동차에 들어가는 모터뿐 아니라 다른 모터도 생산하는 업체들이다. 치열한 시장 경쟁으로 인해 수많은 업체가 시장에서 퇴출될 것으로 예상된다.

중국의 전기 모터 분야는 세계적인 수준이다. 모터의 성능은 주로 최대 회전 속도에 따라 달라진다. 일반적으로 최대 회전속도가 빠를수록 출력 밀도를 높일 수 있고 모터를 더 작게 만들 수도 있다. 다양한 작동 조건을 충족하기 위해 모터에는 감속기를 추가해야 하지만 모터의 회전속도가 증가할수록 강자성 손실도 커지기 때문에 이 문제를 해결하기 위해 자속이 높고 포화도는 낮은 실리콘 강판이 쓰인다.

중국에선 이미 대량 생산이 가능하지만 일반 실리콘 강판에 비해 제조비용이 많이 들어간다. 또한 빠른 회전 속도 때문에 베어링의 완성 수준도 높아야 한다.

영구자석 동기모터의 경우 온도가 100도씨를 넘기면 자성이 급격히 떨어진다. 게다가 열 방출이 잘 되지 않으면 영구자석에 치명적인 손상을 가져온다. 이는 영구자석 동기모터의 가장 큰 단점이다.

또한 모터의 성능을 측정하는 중요한 지표는 전력 밀도인데 영구자석 동기모터의 전력 밀도는 AC 비동기모터보다 훨씬 높기 때문에 대부분의 신에너지 자동차가 영구자석 동기모터를 선택한다. 이 모터는 전기 에너지를 기계 에너지로 변환하는 효율 역시 높은 편이다. 중국은 전통적인 내연기관차의 자동 변속기 기술이 줄곧 약점으로 꼽혀왔다. 이는 중국 하이브리드 자동차 발전의 한계로 이어졌다. 신에너지 자동차가 발전할수록 이 문제를 해결할 수 있기 때문에 대다수의 중국 자동차 업체는 일본 도요타나 혼다와 같은 휘발유-전기 하이브리드 기술 노선을 선택하지 않았다. 다행히도 플러그인 하이브리드 자동차는 주로 모터에 의해 구동되므로 동력시스템을 크게 단순화하고 자동 변속기 조립 필요성이 없어지며 모터 감속기만을 사용해 다양한 조건에서 출력을 실현할 수 있었다. 모터를 사용하려면 모터 컨트롤러가 있어야 하는데, 이 컨트롤러는 전체 자동차의 성능 요구 사항과 밀접한 관련이 있다. 이는 앞에서 언급한 (완성차와 배터리를 동시에 생산하는) 첫 번째 유형의 업체들에는 문제가 되지 않지만 다른 두 유형의 업체들에겐 반드시 개발 설계 단계부터 완성차 업체와의 긴밀한 협력이 필요하다. 만약 그렇지 않으면 아무리 좋은 모터라도 최고의 성능을 발휘할 수 없게 된다.

모터 컨트롤러의 역할은 먼저, 배터리의 직류를 교류로 변환해 모터를 구동하는 것이다. 다음으로는 제동 또는 내리막 주행 시 에너지를 회수해 전기를 생산해 배터리를 충전한다. 세 번째는 CAN 버스를 통해 차량에서 전달되는 제어 신호를 모터 제어로 변환하는 것으로 모터의 전류 또는 교류 전류의 주파수를 조정하고 동시에 모터의 회전 속도 및 기타 정보를 전체 차량 제어로 다시 전송하여 계기판에 표시한다. 마지막 역할은 과전류·과부하·과전압·과열로 인한 결상缺相으로부터 모터를 보호하고 이러한 상황이 발생할 때 경보를 울리는 것이다. 경사로 미끄럼 방지와 자동 크루즈 기능도 있다.

모터 컨트롤러는 인버터와 컨트롤러, 이렇게 두 부분으로 나뉘는데 인버터는 앞에서 설명한 첫 번째와 두 번째 역할을 담당하고. 컨트롤러는 세 번째 역할을 한다. 그리고 네 번째 역할은 인버터와 컨트롤러가 함께 구현한다. 모터 컨트롤러에서 가장 중요한 부품은 절연 게이트 양극성 트랜지스터IGBT(Insulated Gate Bipolar Transistor)다. 모터 컨트롤러 부품의 절반 정도를 차지한다. IGBT는 양극성 트랜지스터와 절연 게이트 전계효과 트랜지스터로 구성된 전력 반도체 장치다. 구동 출력이 작고 포화 전압이 낮다는 특성이 있고 압력 조정과 주파수 조정, 고전류 제어, 직류 전환, 스위치 등에 사용할 수 있다. 가전제품부터 항공우주, 궤도교통, 스마트그리드, 신에너지 자동차 분야까지 널리 사용된다. 신에너지 자동차 분야에서 열악한 작업 조건으로 인해 자동차 산업에서의 IGBT에 대한 요구 사항은 다른 산업 분야에 비해 훨씬 까다롭다. 동시에 열 방출도 자동차용 IGBT가 해결해야 할 주요 과제다.

IGBT는 차량 외에도 대부분의 직류 충전기에 적용된다. 전력전자 분야의 중앙처리장치cPU로도 여겨진다. IGBT 제조비용은 신에너지 완성차 제조비용의 약 10퍼센트, 충전소의 약 20퍼센트를 차지한다. 전 세계 신에너지 자동차 판매량이 지속적으로 증가함에 따라 IGBT에 대한 수요도 빠르게 증가하고 있다.

신에너지 자동차는 IGBT를 가장 많이 사용하는 산업이다. 신에너지 자동차와 충전소에서 사용되는 IGBT는 전 세계 총 사용량의 30퍼센트 정도를 차지하는 것으로 추산되는데, 2025년에는 이 비중이 50퍼센트 이상이 될 것으로 예상된다. 가치로 계산한다면 이 비중은 더 커질 것이다.

IGBT는 사용 전압에 따라 600~1200볼트의 저압, 1200~2500볼트의 중압, 2500~6500볼트의 고압 이렇게 세 가지로 나눌 수 있다. 신에너지 자동차는 일반적으로 중압 IGBT를 사용하는데 일부는 저압 IGBT를 사용하기도 한다.

세계 최대 IGBT 기업은 독일의 인피니온Infineon이고 여기에 미쓰비시, 후지 등 일본 기업이 그 뒤를 잇고 있다. 이들 기업은 중국에도 지사를 두고 있다.

최근 몇 년 동안 중국의 차량용 IGBT는 주로 수입에 의존하고 있고 지난 2019년 기준 중국 차량용 IGBT 시장의 약 60퍼센트를 인피니온이 점유하고 있다.

주저우중처스다이전기공사株洲中車時代電氣公司는 고속철도 건설을 위해 지난 2008년 영국 다이넥스Dynex 반도체의 지분 75퍼센트를 인수하여 IGBT 공정기술을 확보하고 중국 최초로 8인치 고압 IGBT 생산라인을 만들었다. 이어 궤도교통에 필요한 4500볼트, 6000볼트 등의 고

전압 등급의 IGBT를 생산했다. 이 분야에서 가장 빠르게 발전한 회사는 비야디다. 지난 2007년 연구개발을 시작해 10년의 노력 끝에 IGBT 제품을 생산하는 데 성공했다.

비야디는 실리콘웨이퍼를 기판으로 사용하는 다른 글로벌 대기업과 달리 처음부터 세계적으로 인정받는 3세대 반도체 소재인 탄화규소 sic를 사용했다. 이후 비야디의 IGBT는 단숨에 중국 시장 점유율 2위로 올라섰다. 나는 몇 년 전 주저우중처스다이전기공사를 두 차례 방문했고 2021년엔 저장성 닝보 소재 비야디의 IGBT 공장도 둘러봤다. 현대화 수준과 기술 발전 관점에서 볼 때 주저우중처스다이전기공사는 닝보의 비야디 공장보다 훨씬 앞서 있었다. 당시 주저우중처스다이전기공사는 세계 최초의 고압 IGBT 칩을 출시한 뒤 고속철도 부설에 사용했다. 여기에 몇 년 동안 신에너지 자동차 시장에 진출해 일정한 성과를 거두기도 했다.

비야디는 2008년 중웨이반도체中緯積體電路를 1억 7100만 위안에 인수했다. 중웨이반도체는 타이완이 2억 4900만 달러를 투자해 만든 기업으로, 생산라인 대부분이 타이완의 중고 설비인데다 6인치 웨이퍼 반도체만 생산할 수 있고 공장 건물과 설비도 최신이 아니었다. 이를 인수한 비야디는 IGBT 기술 혁신에 전념해 4세대에 걸친 개발 끝에 기어코 경쟁력 있는 IGBT를 생산해냈다.

지난 몇 년 동안 글로벌 반도체 공급망이 붕괴됐다. 자동차 규격 등급의 반도체 칩은 "단 한 개조차 구하기 어렵다"는 말이 나왔다. 심지어 가격이 두 배로 올랐음에도 구할 수 없을 정도였다.

이에 비야디는 자체적인 강력한 공급망 관리 능력으로 IGBT 공

중국 전기차가 온다

급 방면에서 주도권을 차지했다. 또 수년간의 노력 끝에 상하이화홍上海華虹반도체와 스다斯達반도체가 합작해 만든 자동차 등급 고출력 12인치 IGBT를 성공적으로 양산했다. 상하이화홍은 집적회로 칩을 전문적으로 위탁 생산하는 기업이다. 자동차 등급 반도체 칩에서의 이러한 돌파구는 중국의 신에너지 자동차 발전에 큰 도움이 됐다.

4_____ 폐배터리 재활용

공안부가 발표한 자료에 따르면, 2022년 말 기준 중국의 신에너지차는 모두 1310만 대에 달한다. 몇 년간 중국의 신에너지차용 동력배터리 조립량은 누적 400기가와트시$_{GWh}$를 넘었다. 중국자동차기술연구센터의 분석에 따르면 2021년 기준 중국의 동력배터리 폐기량은 약 26GWh에 달하고, 2025년에는 90GWh에 이를 것으로 예상된다. 최근 몇 년 동안 폐차 재활용 및 해체 기업을 통해 처리한 신에너지차는 고작 수천 대에 불과하다.

2020년 9월, '폐차 재활용 관리 대책 세부시행규칙'이 시행되면서 처음 신에너지 자동차도 폐차 관리 기준에 포함됐다. 주무부처는 상무부다. 중국 공업정보화부는 이미 2018년 환경보호부와 상무부 등 6개 부처와 공동으로 '신에너지차 동력배터리 재활용 관리를 위한 잠정 조치'를 발표해 자동차 생산 기업이 동력배터리 재활용의 주요한 책임을 지도록 했다. 그러나 이는 상위법에 근거가 없기 때문에 필수 요건이 되지는 않는다. 이 잠정 조치가 시행된 이후 2022년 12월 기준 중국 기업

84곳이 신에너지차 폐배터리 종합 활용 산업 규범 조건에 부합해 '화이트리스트'에 올랐다. 2020년 한 해 동안 이들 기업이 재활용 혹은 폐기 처리한 폐동력배터리는 4만 톤이었고, 이는 2025년 말까지 95만 톤으로 성장할 것으로 예상된다.

이들 기업이 회수한 배터리는 대부분 리튬인산철배터리로 주로 두 가지로 나뉜다. 하나는 신에너지 자동차와 함께 폐기됐거나 수리를 위해 교체한 배터리이고 나머지 하나는 생산 과정에서 나온 저품질 배터리다. 신에너지차에 장착하거나 따로 판매할 수 없을 정도의 저품질일 경우다. 이러한 저품질 배터리는 전체 배터리 회수량의 40퍼센트를 차지한다.

동력배터리의 단계별 활용

회수된 배터리의 일부는 단계별로 활용할 수 있는데, 예비 전원이나 에너지 저장에 쓰인다. 리튬인산철배터리는 수명이 길고 안전성이 뛰어나 단계별로 활용하기에 적합하지만, 폐배터리 팩은 일반적으로 개조를 한 뒤에야 새로운 사용자의 이용 기준을 충족할 수 있다. 사용 가치가 없는 폐배터리는 단계별 활용 외에도 재활용 방식으로 재사용이 가능하다.

과거 전기에너지 저장장치는 기본적으로 수력발전소를 이용해 전력 소비가 적은 시간대에 물을 저수지로 끌어올리고 전력 사용량이 많은 시간대에 물을 방류하면서 전력을 생산했다. 앞서 100년 넘게 사용돼온 방식으로 에너지 저장 효율이 70~80퍼센트대로 높지 않지만 현재 전력 산업에서 가장 친숙하면서 인정받아온 에너지 저장 방식이다.

이른바 '쌍탄소 정책(2030년 탄소 피크 및 2060년 탄소 중립 달성)' 목표와 청정에너지 개발로 인해 에너지 저장 수요가 크게 증가했다. 그로 인해 양수 에너지 저장 방식만으로는 더 이상 전략 수요를 충족할 수 없게 됐다. 특히 평지 지형 등 양수 에너지 저장 발전소를 건설하기 어려운 곳에선 더더욱 그러하다. 이럴 땐 전기화학적 에너지 저장 방식이 유용하게 쓰일 수 있다. 또한 중앙집중식 태양광 발전소가 아닌 건물 옥상 등을 이용한 분산형 태양광발전시설이 늘어나는 추세를 보이고 있다. 이러한 맥락에서 차량용 폐배터리는 에너지 저장에 활용될 가치가 크다. 2021년 발표된 '전력망 연결 규모를 늘리기 위한 신재생에너지 발전 기업의 피크 저감 용량을 구축하거나 구입하도록 장려하는 국가발전개혁위원회 및 국가에너지관리국의 통지'는 전력망 접근과 에너지 피크 규제, 에너지 저장이 탄소 피크를 달성하는 중요한 열쇠라는 점을 강조한다. 이것이 재생에너지 소비를 보장해 재생에너지 개발 촉진으로 이어진다는 것이다. 그 뒤 탄소 피크 달성으로도 연결된다.

이 '통지'는 또한 신재생에너지 발전 기업이 피크 저감 에너지 저장 용량을 자체 구축하거나 구매해 재생에너지 발전 설비의 전력망 규모를 늘리고 일정 피크 비율에 부합하는 전력망 우선 연결과 같은 우대 정책을 도입하도록 권장한다.

2020년 신에너지 발전 부문의 신에너지 저장 규모는 전년 대비 438퍼센트 증가한 58GWh에 이르렀으며 그중 리튬배터리 에너지 저장 장치가 85퍼센트, 납산 배터리 에너지 저장 장치가8퍼센트를 차지했다. 리튬배터리는 에너지 저장 방면에서도 더욱 큰 역할을 하게 될 것이다.

배터리 재활용 기업은 주로 경제적으로 발전된 지역에 집중되어 있는데, 그중 베이징 란구즈후이藍谷智慧, 상하이 비야디 등 기준을 충족하는 기업 14곳은 배터리 분해와 잔존 에너지 감지, 잔존 가치 평가, 분류 및 재구성, 기타 기술에서 획기적인 발전을 이뤘다.

중국철탑공사China Tower는 다자간 협력으로 배터리를 재활용하는 비즈니스 모델을 적극적으로 모색했다. 중국철탑공사는 3개의 국영통신 사업자와 국무원 국유자산 감독관리위원회 산하의 중국궈신지주유한책임공사가 설립한 합자회사로 주로 기존 자원과 새로 건설한 철탑 등의 자원을 최대한 활용해 중복 투자를 줄이고 공동 건설과 공유를 실현해 최근 몇 년 동안 사회적·경제적으로 괜찮은 이익을 얻었다.

이 회사의 철탑은 전국 방방곡곡에 퍼져 있고 철탑과 기지국 모두 무정전 전원 공급이 필요하므로, 각 철탑에는 비상발전기 세트와 에너지 저장 배터리가 구비돼 있다. 과거에는 주로 납산 배터리가 에너지 저장용으로 사용됐다. 신에너지 자동차 동력배터리 재활용을 더욱 지원하기 위해 이 회사는 배터리 재활용 기업에서 오래된 배터리를 재활용할 수 있도록 지원했다. 동시에 납산 배터리를 구입하는 대신 폐기된 뒤 재활용된 리튬이온배터리를 사용했다. 2020년 말까지 전국 43만 개 통신 기지국이 사용하는 누적 배터리 에너지 저장량은 5.7GWh에 달한다.

리튬이온 배터리는 신에너지 자동차와 함께 사방팔방으로 유통된다. 폐기된 낡은 배터리는 위험성이 있기 때문에 장거리 운송도 어렵다. 가장 좋은 처리방식은 바로 그 자리에서 표준화된 처리를 수행해 단계별로 사용할 수 있는 배터리를 최대한 활용하고 폐기 기준에 도달한 낡은 배터리를 무해하게 처리하는 것이다.

2022년 10월 말까지 전국엔 동력배터리 재활용 매장이 모두 1만

1820곳 있으며 대부분이 자동차 판매점과 자동차 정비점을 기반으로 한다. 재활용 매장 분포는 신에너지 자동차 보유 분포와 상당히 많이 일치한다. 광둥성과 산둥성, 장쑤성, 저장성, 허난성 등 5개 지역의 재활용 매장이 전체의 40퍼센트를 차지한다.

재활용 배터리 대부분은 단계별 이용이 불가능해 폐기된다. 그러나 배터리 부품의 세분화에 따르면 이러한 폐배터리는 분리막 외에도 배터리 양극과 음극, 전해질, 케이스 등을 재활용할 수 있다. 일부 부품의 금속 함량은 광석의 금속 함량보다 훨씬 많아 활용 가치가 크다.

처리 공정에 따라 분류하면 일반적으로 습식과 건식, 기계적 처리 등 세 가지 방법이 있다. 각 처리 공정에는 장단점이 있다.

종합적으로 비교하면 기계적 처리는 에너지 소비가 적고 오염도 적다는 점이 미래 발전의 주요 방향이다. 하지만 모든 재료가 이러한 처리 방법에 적합한 것은 아니다.

폐기된 배터리 팩을 처리할 때는 가장 먼저 완전히 방전시켜야 한다. 전압이 높고 전류가 크기 때문에 일반적으로 소금물에 담가 방전하는 방법을 쓴다. 일련의 분해 과정을 거쳐 완전히 방전된 단일 셀의 부품을 분리한 뒤 다양한 공정을 사용해 알루미늄 호일이나 구리 호일을 떼어낸다. 이들 재료는 다양한 방법으로 재사용할 수 있다. 전 과정에서 발생하는 폐가스, 폐액체, 잔류 폐기물도 무해하게 처리해야 한다.

2021년을 기점으로 국제 벌크Bulk 원자재 가격이 잇달아 상승했다. 동력배터리의 가장 중요한 원자재인 탄산리튬Lithium Carbonate은 2020년 초 1톤당 4~5만 위안에서 1톤당 50만 위안으로 급등했다. 한때 최고로 1톤당 거의 60만 위안까지 오르기도 했다. 그래서 재활용에 대한 가치가 점점 더 뚜렷해졌다. 특히 삼원계 리튬배터리 양극에 들어가는 니켈과 코발트, 망간, 알루미늄 등 재료의 재활용 가치는 더욱 두드러졌다.

탄산리튬의 가격은 2022년 11월에 정점에 도달한 후 매달 하락하여 1톤당 20만 위안 안팎에서 안정세를 보였다. 동력배터리의 핵심 소재인 리튬 가격은 급격히 변동해 업계의 건전한 발전에 도움이 되지 않았기 때문에 합리성을 찾는 건 시장의 필연적 선택이다.

금속 추출은 배터리 처리의 핵심으로 고온 제련과 화학적 확산, 생물학적 침출 등 방법을 사용할 수 있으며 각각 장단점이 있다. 각 기업은 특정 상황에 따라 종합적으로 선택할 수 있다.

일부 기업은 직접 금속을 정제하는 것을 선택한다. 대부분 기업은 배터리에 사용되는 소재를 분류해 비철금속 재활용 업체에 제공하고 있다.

폐배터리 재활용 기업은 주로 중국 중부와 동부 지역에 집중되어 있다. 예를 들어 후베이 거린메이格林美, GEM, 저장 화유코발트華友鈷業, Huayou Cobalt 등 기준에 맞는 기업 13곳의 연간 추출 용량은 47만 톤에 달해 향후 일정 기간의 처리 수요를 충분히 만족시킬 수 있다. 수년간의 실천적 탐구 끝에 중국의 리튬이온 배터리 재활용은 세계의 선두를 달리고 있으며 많은 사람이 우려하는 다수의 낡은 배터리 폐기로 인한 환경오염 위험은 없다.

오히려 조기 예측과 신속한 조치로 인해 많은 기업이 기본적으로 단계별 활용에서 폐기 처리, 소재 재활용, 전 과정의 무해한 처리에 이르기까지 순환 경제의 발전 방향을 모색했다. 이는 미래에 반드시 전 세계 리튬이온 배터리 재활용에 있어 중대하게 '중국적 공헌'을 할 것이 분명하다.

최근 몇 년 동안 배터리에 사용되는 원자재 가격이 전반적으로 높은 수준에 이르렀기 때문에 폐배터리를 재활용하거나 분해해 재사용하는 것에 대한 가치가 크게 향상됐다. 이는 동력배터리 재활용 기업의 열의를 크게 높여 재활용 능력을 더욱 빠르게 향상시킬 수 있는 시장 조건을 제공했다.

물론 모든 새로운 것에는 항상 개선해야 할 부분이 많이 있다. 동력배터리 재활용 역시 마찬가지다. 실제로 많은 문제에 직면하고 있으며 이에 따라 추가 연구가 필요하다. 완성차 지원과 사회 역량 활용 등도 잘 해내야 한다.

동력배터리 회수와 처리 방법의 표준화

전통적 사고방식에 따르면 폐기된 자동차는 반드시 정식 시스템을 통해 재활용되고 분해해 재사용돼야 한다. 그러나 최근 몇 년 동안 폐기된 신에너지 자동차는 공식 경로를 통해 재활용된 경우가 고작 수천 대에 불과하다. 대부분의 차량은 공식 재활용 경로를 거치지 않았다.

하지만 폐기된 신에너지차 대다수가 이미 분해돼 재사용됐다고 믿는다. 그 이유는 매우 간단하다. 이러한 차량을 분해하지 않고 수리하거나 재조립하는 건 불법일 뿐만 아니라 번호판도 받을 수 없다. 이용자는 일반적으로 이러한 종류의 '중고차'를 선택하지는 않을 것이다. 2020년에 발표된 '폐차 재활용 관리 세부 시행 규칙'에는 신에너지 자동차도 포함돼 상황이 개선됐다. 폐기된 신에너지 자동차의 가장 값진 부분은 바로 동력배터리인데, 이는 완성차와 동일한 문제를 안고 있다.

수많은 개별 업체들이 동력배터리를 회수하고 있다. 하지만 납산 배터리와는 달리 리튬이온 배터리는 이들 업체가 분해하기 어렵다. 그래서 이를 분해 가능한 다른 업체에 팔아넘길 수밖에 없다. 돈을 벌어야 하기 때문이다.

이 문제를 해결할 수 있는 두 가지 방법이 있다. 이 능력을 잘 활용해 환경오염을 일으켜선 안 된다고 엄격히 규정하고 법을 준수하면서 규정에 맞게 돈을 벌 수 있도록 해야 한다. 생산자 책임 확대 제도를 진정으로 구현하거나 즉, 생산 기업이 제품을 출하할 때 약간의 '보증금'을 납부하면 배터리 재활용에 대한 주요 책임을 지는 것이다. 기업이 자체적으로 처리하면 보증금을 기업에 돌려주고, 다른 기업에 처리를 위탁하면 이 처리 기업에 보증금을 주는 것이다. 중국의 국정 상황에 맞게 발상을 전환하고 폐배터리를 재활용하기 위한 '폐기물 유격대'를 적응 활용해야 한다고 생각한다.

최근 몇 년간의 관행에 따르면 리튬인산철배터리를 처리하는 것은 삼원계 리튬배터리를 처리하는 것만큼 경제적이지 않다. 그러나 높은 수준의 국제 원자재 가격은 배터리 재활용의 경제성을 향상시키는 데 큰 도움이 될 것이다. 탄산리튬 가격이 1톤당 15만 위안이 넘으면 리튬인산철배터리 재활용의 수익성이 높아질 것으로 추정된다. 앞으로 일정 기간 폐기될 것으로 예상되는 건 주로 리튬인산철배터리다. 배터리 재활용 기업이 어떻게 장기적이고 안정적인 사업 기대치와 실용적이고 효과적인 장기 메커니즘을 확립할 수 있는지는 업계가 연구해야 할 문제다. 그중 생산자 책임 확대 제도가 도입된다면 구체적인 세부규정도 조속히 도입하고 시행해야 한다.

'더블 포인트' 시스템의 구현과 결합해 동력배터리 제조 기업에 탄소 발자국 도입을 연구하고 탄소 거래 메커니즘을 효과적으로 활용하며 순환 경제의 발전을 촉진할 수도 있다. 정부는 반드시 폐기된 동력배터리의 재활용에 대해 세제 혜택을 제공해야 한다.

앞서 이미 개별 배터리 표준화에 대해 이야기한 바 있는데, 이 외에도 재활용과 해체 등의 문제는 설계 단계에서부터 고려되어야 한다. 재활용을 위한 작업 지침도 제공해 해체 작업이 '폭탄 해체'처럼 위험해지는 일이 없도록 해야 한다.

완성차 업체의 배터리 사용 및 폐기의 전 과정에 대한 감독 요구 사항을 제시하고 분해 편의성에 대한 구체적인 요구 사항을 제시해야 한다.

적격한 기술표준을 제때 의무적인 국가표준으로 승격하고 기술규정으로 전환해야 한다. 배터리 재활용 불법 행위를 단속하고 표준화된 활용의 길을 열어주는 노력을 강화할 필요가 있다. 또한 기술 연구개발에 대한 지원을 확대하고 배터리 수명 평가와 성능 평가, 첨단 배터리 처리 기술 연구, 특수 장비 연구와 같은 기술적 문제를 해결해야 한다.

'배터리 여권' 만들기

유럽연합은 2020년 말 '신 배터리 규정' 초안을 발표해 기존 배터리 지침을 폐지하고 해당 규정으로 대체하자고 제안했다. 2022년 3월 17일, 유럽연합 집행위원회는 '신 배터리 규정'의 전반적인 아이디어를 통과시켰다.

기업의 재활용 책임을 명확히 하는 것 외에도 제조업체는 배터리의 전체 수명 주기의 탄소 배출량에 대해 성명을 발표하고 배터리에서 재활용된 코발트, 구리, 납, 니켈, 리튬 및 기타 금속의 재사용에 대한 단계별 목표를 제시해야 한다.

국제 무역 요구 사항에 부응하고 동력배터리의 전체 수명 주기에 대한 감독을 강화하기 위해 중국은 배터리 탄소 발자국 표준 및 방법론에 대한 연구를 시급히 시작하고 제품 탄소 배출 관리시스템을 구축하며 글로벌 탄소 배출량 공식화에 참여하고 EU와 배터리 탄소 배출량 관리를 위한 상호 인식 메커니즘 구축을 추진해야 한다.

2023년 양회 기간 나는 CATL 쩡위췬曾毓群 회장과 공동으로 '중국 동력배터리 여권 및 지원 정책에 대한 연구 수행 및 배터리 제품의 전체 수명 주기 관리 강화에 관한 제안'을 제출했다. '쌍탄소' 목표를 지침으로 삼아 중국 산업망이 완전하고 응용데이터가 풍부한 이점을 발휘해 탄소 발자국, 재활용 추적, 단계별 이용 등 실제 관리 수요에 대해 중국 배터리 여권을 연구 설계하고 또 이를 중국 배터리 업계가 전 생애 주기 관리의 디지털화 관리 도구로 삼을 것을 건의한다.

배터리 여권은 물리적 배터리의 디지털 쌍둥이로 배터리 공급망 전체에 대한 투명한 디지털 관리가 가능하다. 소비자와 규제기관은 배터리 여권을 통해 제품에 대한 정보를 쉽고 직접적으로 확인할 수 있다. 정부 규제와 사회적 감독을 위한 강력한 출발점인 배터리 여권은 배터리 산업의 저탄소, 순환 및 지속 가능한 발전을 촉진하는 중요한 정책 도구가 될 수 있다.

중국은 이미 비교적 완전하고 국제 경쟁력을 갖춘 배터리 산업망을 보유하고 있으므로 배터리 여권 관련 표준 제정에 적극적으로 참여하고 주도해야 한다.

전반적으로 중국의 신에너지 자동차 산업은 핵심 '3전력=電 시스템'◐ 분야에서 만족스러운 성과를 거뒀다. 예를 들어 연료전지 등 기타 핵심 부품 방면에서는 초기에 산업화 기반을 마련했지만 비용과 안정성, 저온성능, 내구성, 수명 등에선 선진국과 여전히 큰 격차가 있다. 전기 조향 및 전기 제동 시장은 주로 외국 기술에 의존하고 있지만 제품 국산화 과정이 점차 가속화되고 있다.

◐ 배터리電池와 모터電機, 전기 제어시스템電控

중국 전기차 발전의 몇 가지 걸림돌

대담자: 먀오웨이, 쩡춘曾纯(『중국 제조』 저자)

　　중국은 구조적으로 완전하면서도 자주적으로 통제할 수 있는 신에너지 자동차 산업망을 만들기 위해 끊임없이 노력해왔다. 중국의 신에너지차는 시범지구로 선택된 일부 도시에서 시작해 전국적인 규모로 보급 범위가 넓어졌다. 또 공공 분야에서 시범 운용용으로 쓰이다 이제는 개별 소비자가 운전대를 잡을 수 있게 됐다. 이렇듯 빠르게 성장해온 중국의 신에너지차 시장은 최근 수년간 세계 최정상 자리에 오를 수 있게 됐다. 그 뿐만 아니라 신에너지차 업체와 핵심 부품 제조 기업 역시 국제 경쟁력이 크게 늘어 글로벌 선두 반열에 올랐다.

　　하지만 그 과정은 결코 순조롭지 않았다. 정책 수립 단계에서 기업 발전, 시장 보급에 이르기까지 모두 어려움을 겪었다. 따라서 그 경험과 교훈을 전체적으로 되짚어볼 필요가 있다.

쩡춘: 중국 신에너지차 시장이 최근 비약적으로 발전했습니다. 양적 발전에서 질적 발전으로 바뀌는 전환점에 이르렀습니다. 덕분에 사회 전체가 크게 고무됐고 관련 업계에선 일부 주력 산업의 힘이 전체 시장으로 번지는 것을 느끼고 있습니다. 이처럼 만족스러운 성과를 두고 '과오관참육장過五關斬六將'*의

○ '다섯 관문을 지나며 여섯 장수를 베다'라는 뜻으로, 겹겹이 쌓인 난관을 돌파하는 것을 비유.

영광을 말하기보다는 지난 몇 년간의 '주맥성走麥城'[o] 경험을 언급하면서 신에너지 자동차의 발전을 저해하고 산업 자체를 망가뜨릴 가능성이 있는 일들에 대해 이야기해보려고 합니다.

마오웨이: 좋습니다. 성역을 정하지 않고 어떠한 문제에 대해서도 이야기를 나눌 수 있습니다.

정책과 대책

펑춘: 그럼 먼저 사회 전반에 미치는 영향력이 가장 컸고 아마도 신에너지차 발전에 가장 심각한 타격을 줬던 '보조금 사기'에 대해 말해보겠습니다. 재정 보조금 정책은 신흥 산업의 발전을 촉진시키는 중요한 원동력입니다. 하지만, 귀중한 재원이 걸려 있기 때문에 아직 시장화가 이뤄지지 않은 분야에선 중앙정부와 지방정부, 기업, 개인이 어떤 선택을 하느냐에 따라 결과가 달라지는 일종의 게임 상황에 놓일 수 있습니다. 그렇다면 정부가 재정 보조금 정책을 세울 때 고려하는 주요 요소에는 어떤 것이 있습니까? 그 당시 '보조금 사기 사건'이 일어날 것이라 예상할 수 있었습니까? 이에 대한 예방 조치를 취한 적이 있습니까? 그때를 돌이켜본다면, 빈틈없이 보다 더 완벽한 보조금 정책을 만들 수 있었을 가능성은 없었습니까?

마오웨이: 중국 정부가 신에너지차 구입에 보조금을 지급하기 시작한 건 2008년 베이징 올림픽 때부터입니다. 올림픽에 쓰인 행사용 차량은 모두 신에너지차였습니다. 중국 과학기술부는 2002년부터 이를 준비하기 시작했습

---

o '맥성으로 도망치다'라는 뜻으로 과오를 저질렀다는 의미. 두 가지 모두 나관중의 소설 『삼국지연의』의 촉나라 장수 관우와 연관된 고사성어다.

니다. 당시 신에너지차는 모두 새로 개발된 상태라 대량 생산이 어려웠습니다. 상당수의 차량이 검증 단계의 '견본차'였기 때문에 제조 원가가 높고 품질 역시 좋지 않았습니다. 그 차량들이 운행될 수 있었던 건 제조업체 직원들이 붙어 밤낮으로 애프터서비스를 했기 때문입니다.

이러한 과정에서 제조업체들은 신에너지차가 실제 주행 시 어떻게 되는지 알 수 있었습니다. 그렇지 않았다면 신에너지차는 연구실에서만 존재할 수 있었을 겁니다. 베이징 올림픽에 행사용 차량으로 제공됨으로써 신에너지차는 연구실을 벗어나 도로를 달릴 수 있었던 셈입니다. 여기에서 과학기술부가 큰 역할을 했습니다. 기업의 R&D 자금 지원, 차종별 사용자 보조금 지원 등 정책은 모두 과학기술부가 재정부 및 기타 부처와 협의해 정한 것입니다.

당시엔 기본적으로 신에너지차와 전통 연료차의 가격 차이에 따라 보조금 한도가 책정됐습니다. 물량 자체가 많지 않았고 또 총 보조금 한도도 정해져 있었기 때문에 재정부는 산업의 발전적 차원에서 보조금을 지원했습니다. 기업들은 판매 물량이 많지 않아 보조금을 통해 수익을 늘릴 유인이 없었습니다. 그래서 큰 손실이 발생하지 않는 한 신에너지 자동차를 판매하면서 소비자들에게 차량 품질에 대한 피드백을 얻었던 겁니다.

2008년 베이징 올림픽 이후, 앞으로의 향방에 이목이 쏠렸습니다. 계속해서 나아갈지, 아니면 여기서 멈출 것인지 신에너지 자동차 발전상 또 하나의 중요한 시기였죠. 당시 완강萬鋼 과학기술부장(장관)은 '10개 도시 1000대의 차량' 프로젝트를 추진했습니다. 그 이후 몇 년 동안 25개 시범도시에서 베이징 올림픽 당시 정책이 그대로 이어졌습니다. 소비자들에게 보조금을 지급해 신에너지차가 시장에 진입할 수 있는 길을 열어줬습니다.

2008년 설립된 중국 공업정보화부는 과학기술부 주도의 4개 부처 추진

체계(과학기술부·국가발전개혁위원회·재정부·공업정보화부)에 마지막으로 합류했습니다. 지난 2013년 신에너지차가 대중화 단계에 들어가면서 보조금 정책은 '10개 도시 1000대의 차량'의 관행을 이어갔습니다. 그리고 1년 간 준비 기간을 거쳐 각계각층의 인식을 한 단계 더 통일한 뒤 2014년부터 보조금 정책을 시행한 뒤 2020년 말 이 정책을 전면 철회할 것을 명확히 했습니다(코로나19로 인해 철회는 2022년 말로 연기됐다).

이후 발생한 '보조금 사기' 문제는 보조금 정책을 발표할 당시엔 예상하지 못했습니다. 중국은 거대하고 또 발전이 불균형하기 때문에 각종 정책을 추진하는 과정에서 필연적으로 새로운 상황과 문제에 직면합니다. 모든 것을 예측할 순 없는 노릇입니다. 철학적 관점으로 보면, 이 세상엔 아직 알려지지 않은 존재만 있을 뿐 결코 알려지지 않을 존재는 없습니다. 객관적인 세계는 끊임없이 움직이고 매 순간 변화합니다. 이렇게 볼 때 문제가 일어난다는 건 필연적입니다. 출발할 때 계획한대로 모든 것이 순조롭게 진행되고 아무런 문제가 일어나지 않는다면 그게 오히려 이상한 일인 겁니다. 물론 이런 핑계로 이미 발생한 문제에 대해 못 본 척하거나 무감각하게 대할 순 없습니다. 오히려 이를 명확히 규명하고 단호하게 조치해야 합니다. 범법자가 처벌받지 않는 일이 있어선 안 됩니다. 그리고 문제가 일어난 시스템을 개선하고 정책적 허점을 고치면서 관리감독을 강화하고 산업이 지속적으로 발전할 수 있도록 촉진해야 합니다.

쩡춘: '보조금 사기 사건'이 세상에 알려진 뒤 기술 발전 수준이 낮은 신에너지차 산업에 대한 보조금 지원 정책 자체에 의문이 제기됐고 극단적인 사람들은 심지어 보조금 정책 자체가 문제라고 여기며 정부가 대규모 보조금을 낭

비함으로써 만들어진 산업은 허깨비 같은 가짜일 뿐이고 진정한 시장화와 산업화를 이루지 못할 것이라고 했습니다.

사실 이전부터, 일부 인터넷 '빅브이$_{大V}$'[*]는 납세자의 돈을 이용해 자동차 보조금을 지급하는 것에 대한 불만을 제기해왔습니다. 특히 소비자 개인이 자동차를 구입할 때 보조금을 주는 것에 대해 말입니다. 이는 '가난한 자의 것을 빼앗아 부자에게 주는 것$_{劫貧濟富}$'이라며 부자들을 보조하는 정책이라고 여겼습니다. 이런 관점에 대해 어떻게 평가하십니까?

마오웨이: 당시엔 이러한 여론의 영향이 적지 않았지만 우리는 압박을 견뎌냈습니다. 실제 일부 유럽 국가와 미국 캘리포니아주에서 신에너지차 이용자에게 지급되는 보조금 한도는 중국 보조금 한도보다 훨씬 많았습니다. 이것은 신에너지차 발전에서 필수적인 단계입니다. 신에너지차 구매에 따른 개인 소비자 보조금 없이 택시 같은 공공분야에만 의존했다면 오늘날과 같은 만족스러운 발전은 없었을 것입니다. 보다 넓은 관점에서 보조금 문제를 본다면 신에너지차는 전체적인 자동차 배기가스를 줄여 모든 사람이 수혜를 입었습니다. 신에너지차 산업은 중국의 전략적 신흥 산업이고 중국이 자동차 강국으로 성장하는 필수 코스입니다. '보조금 사기'는 산업 발전 과정에서 드러난 일부 소수 기업의 문제이기에 국가 발전 전략과 재정 지원 정책의 실효성을 부정할 수 없습니다. 물론 '보조금 사기'가 건전한 산업 발전에 미치는 부정적 영향을 경시해서도 안 됩니다.

당시는 중국의 신에너지차 산업 발전의 초기단계였습니다. 기술적 성숙도가 높지 않았고 산업체인 역시 완전치 않았습니다. 소비 인프라도 완벽하지

---

[*] 소셜미디어에서 개인 인증을 취득하여 수많은 팔로워를 지니며 여론을 이끄는 사람들. 인증 표시가 영문 'V'자와 비슷한 것에서 착안.

않고 제품의 경쟁력은 부족했으며 소비자 인지도는 낮았습니다. 그렇기에 자멸하거나 극히 작은 규모의 시장에 그칠 수밖에 없어서 스스로 더 발전하고 성장하기 어려웠습니다.

이러한 전망을 예견한 중국 정부는 신에너지차 산업 발전을 국가전략으로 정하고 보조금 지급과 세금 혜택 등 지원 정책을 펴는 것이 전략적 신흥 산업의 빠른 발전을 촉진하는 데 유리할 것이라고 봤습니다.

사실 자동차산업이 발달한 국가들은 대부분 신에너지차 산업 발전을 가속화하기 위한 재정·세금 지원책을 적극적으로 마련했는데, 이는 신산업 발전을 촉진하기 위해 행해지는 일반적인 정책입니다. 예를 들어 미국은 장기간 신에너지차 소비자들에게 개인소득세 감면 혜택을 시행하고 저금리 대출과 보조금을 통해 연구개발을 지원했습니다. 미 연방정부뿐만 아니라 각 주정부까지 신에너지차 구입 보조금을 지급해 원가를 낮출 뿐 아니라 이용 보조금으로써 실 사용자의 부담도 경감시킵니다. 테슬라는 창업 초기 미 국방부로부터 4억 6500만 달러에 달하는 장기 저금리 대출을 받았습니다.

중국은 일찌감치 보조금 정책 철회시기를 정해 시장 주도의 신에너지차 산업 발전 구도가 형성된 이후 보조금 정책이 역사 속으로 사라지도록 했습니다.

'보조금 사기'의 진실과 책임

펑춘: 2016년 초 수많은 매체가 보조금 사기 사건에 주목했습니다. CCTV를 포함해 대략적으로 80곳 넘는 매체가 각기 다른 의견과 관점으로 이를 집중 보도했습니다. 일부 매체 보도는 '보조금 사기' 현상이 사회적으로 만연해 피

해 규모도 막대하고 국고가 모조리 날아간 듯한 인상을 줬습니다. 당시 상황은 '촉목양심觸目諒心(심각한 상황이 발생해 충격을 받다)'과 '경심독백驚心動魄(마음을 놀라게 하고 혼을 움직인다)'이라고밖에 형용할 수 없습니다.

마오웨이: 2016년 초 재정부의 내부 감사에서 일부 신에너지차 기업들의 '보조금 사기' 문제가 발견됐습니다. 이러한 사실이 공개되자 순식간에 이들 기업을 향한 비난이 쏟아졌습니다. 화살은 심지어 보조금 정책 자체로 향했고 재정부와 공업정보화부 등 부처에도 큰 압박이 이어졌습니다.

당시 일부 매체는 '보조금 사기'에 연루된 기업들 숫자와 사기 의심 금액을 무차별적·선정적으로 보도했습니다. 연루 기업과 전체 조사 대상 기업 수에 대한 단순 비교계산으로 77퍼센트라는 높은 비율을 제시했습니다. 또 2013년부터 2015년까지 발생한 문제와 2015년 한 해에 신에너지 자동차 판매량을 비교해 최대 23퍼센트에 달하는 차량에 '보조금 사기' 문제가 있다고 결론 냈습니다.

신고는 했지만 받지 못한 보조금과 이미 지원받은 보조금을 구분하지 않았고 모든 신고금액과 차량 대수를 합산한 뒤 1대당 평균 12만 위안에 달하는 '보조금 사기'가 있었다고 했습니다. 이 수치가 사실이라면 당연히 충격적인 일입니다. 사회적 여론은 마치 모든 보조금 정책이 잘못된 것처럼 다각도로 비판했습니다.

'보조금 사기'를 저지른 기업들을 변호할 생각은 추호도 없습니다. 다만 정부 부처는 모든 업무가 반드시 법에 근거하고 실사구시해야 한다는 점을 말하고 싶습니다.

가장 상황이 좋지 않을 때 한 기자가 저를 인터뷰했습니다. 저는 가장 먼저 '보조금 사기'가 대규모로 발생한 게 아니라고 설명하면서 일련의 보도를 부정했습니다. 또 우리가 재정 부문에 협조하면서 상황을 확인하고 있고 '보조금 사기'를 저지른 기업을 반드시 엄벌에 처할 것이라는 태도를 분명히 했습니다. 동시에 최종 결과를 공개적으로 발표하고 언론이 우리의 업무를 지켜보는 일을 환영한다고 말했습니다.

솔직히 제가 했던 이 몇 마디 말은 지극히 평범해 보입니다. 하지만 사전에 세심하게 준비했던 말들입니다. 진실을 분명히 전하면서도 언론의 반발을 일으키지 않기 위해서입니다. 그렇지 않다면 목표를 달성할 수 없을 뿐 아니라 새로운 문제가 불거질 것이기 때문입니다. 의도적으로 보조금을 편취했던 악랄한 기업들을 엄중하게 처벌하겠다는 입장을 나타내면서 동시에 이 문제를 감정적으로 처리해선 안 되며 구체적이고 세밀하게 상황을 분석해야 한다는 점을 분명히 했습니다.

펑춘: 2016년 3월, CCTV는 신에너지차 '보조금 사기' 조사 사실을 보도했고, 첫 조사 대상 기업이 장쑤쑤저우버스제조유한공사GMC라는 게 드러났습니다. 2013년 8월 설립된 개조 상용차 제조업체로, 2015년 3월부터 신에너지차를 생산하기 시작했습니다. 주로 6~8미터 크기의 신에너지 소형버스와 물류 차량이었습니다. 이는 '보조금 사기' 사건의 '중대재해구역(가장 피해가 큰 분야)'입니다.

보도에 따르면 해당 기업은 '도로 자동차 생산 기업 및 제품 공고'(이하 '공고')에 따른 자동차 생산 기업으로서 2015년 3월부터 5월까지 GMC가 등록한 차량 합격증 수는 각각 23개, 0개, 2개였습니다. GMC가 상반기에 생산한 전기자동차는 25대에 불과했는데 연말에는 폭발적인 성장세를 보였습니다. 12월 한 달에만 차량 합격증 2905개가 등록됐습니다. 이로써 연간 총 생산량은 3686대에 달했습니다.

당시 중국의 보조금 정책에 따라 6~8미터 크기의 신에너지 소형버스는 1대당 30만 위안의 보조금을 받을 수 있었습니다. 여러 시범도시에서 국가적 1 대 1 지원 보조금 표준을 제공했고 국가 보조금에 지방정부 보조금이 더해지면서 최대 60만 위안에 달하는 보조금을 거머쥘 수 있었습니다. 이는 투자된 제작 경비와 비슷하거나 심지어 초과합니다. 보조금 정책에 따른 지원 금액이 과도하다는 점을 의미합니다. 이 문제에 대해선 어떻게 생각하십니까?

마오웨이: GMC의 경우는 매우 전형적인 '보조금 사기' 사건입니다. 사후 결론에 따르면 이 '보조금 사기'에는 총 네 가지 형태가 있습니다. 그중 하나가 번호판만 있고 실제 자동차는 없는 경우입니다. GMC를 비롯한 기업 5곳이 이에 속합니다. 나머지 4곳은 진룽연합자동차공업(쑤저우)유한공사와 허난샤오린버스유한공사, 선전우저우룽자동차유한공사, 치루이완다페이저우버스유한공사입니다. 이들 업체는 기본적으로 차량이 판매되지 않거나 심지어 생산하지도 않았으면서 서류를 조작해 면허증을 부정 발급받고 중앙재정보조금을 신청해 돈을 챙겼습니다.

두 번째 형태는 차량은 있지만 배터리가 없는 경우고 기업 12곳이 해당합니다. 세 번째에는 기준에 부합하지 않은 기업 7곳, 네 번째는 차량을 유휴 상태로 방치한 기업 30곳이 포함됩니다.

펑춘: 이 업체들은 이후 어떤 처분을 받았습니까?

마오웨이: 2016년 9월 8일 재정부는 사실로 확인된 첫 번째 형태의 '보조금 사기' 기업 5곳에 통보했습니다. 연루된 차량은 모두 3547대이고 피해 금액은 10억 900만 위안입니다. 이미 지급된 보조금은 추징했고 지급 예정인 보조금도 취소했습니다. 전체 사기 금액의 50퍼센트를 벌금으로 부과하고 이들 5개 기업에 대한 중앙재정보조금 지급을 중단했습니다. GMC가 가진 자

동차 생산 자격을 박탈하고 다른 기업들의 차량을 프로모션 목록에서 삭제했습니다.

그 뒤로 두 번째와 세 번째 유형의 보조금 사기 업체에 관한 조사에 나섰고 7곳을 적발했습니다. 실제 설치된 배터리 용량이 '공고'에 나온 용량보다 적은 경우, 설치된 배터리 수가 부족하거나 컨트롤러를 설치하지 않은 경우, 배터리 셀 용량이 '공지'보다 작은 경우, 모터 생산 기업이 '공지'와 일치하지 않은 경우, 배터리를 설치하지 않고도 번호판을 단 경우 등으로 보조금 신청 조건에 부합하지 않았습니다.

이들 7개 기업에는 각 위반 상황에 따라 신에너지 자동차 보급·활용 신청 자격 정지, 부적합 차종에 대한 공고 자격 취소, 시정 기간 2개월 부여 등 처분을 내렸습니다. 재정 부문은 첫 번째 유형 기업에 추징과 보조금 중단 조치를 하고 벌금을 부과했습니다.

차량을 유휴 상태로 방치했던 네 번째 형태는 조금 복잡한데, 기업 관계자가 차량을 방치한 경우와 차량 이용자가 차량을 방치한 경우로 나뉩니다. 기업 관계자의 경우엔 기업 33곳의 차량 3만414대가 포함됐습니다. 보조금은 16억 9600만 위안이 들어갔습니다. 차량 이용자의 경우는 기업 54곳이 연루됐는데, 실제 인도되지 않은 차량이 6093대, 인도된 차량은 1만5269대였습니다. 보조금 규모는 총 42억 8300만 위안입니다.

보조금을 가로채기 위한 목적으로 차량을 방치한 경우도 있었지만 대부분은 차량 품질이나 운행 관련 문제로 인해 빚어진 일이었습니다. 경중에 따라 구분해서 보조금 청산을 유예하거나 50퍼센트만 일시 청산하도록 하는 방법을 택했습니다. 이러한 처분을 내리고 1년이 지난 뒤 해당 차량의 방치 여부를 확인했습니다. 요구 사항을 충족했다면 각 요구 연도의 보조금 기준에 따라 한도를 보충하고, 여전히 충족하지 못했다면 보조금 자체를 취소했습니다.

이렇게 함으로써 신에너지차 보조금 사기 사건에 대한 단속을 마무리지었습니다.

쩡춘: 이와 같이 '보조금 사기' 행위는 일부 지역과 기업, 일부 차종에 그쳤습니다. 보조금을 받기 위해 의도적으로 사기를 저지른 기업은 극소수에 불과했습니다. 개별 기업의 부실 때문에 정부가 재정을 동원해 산업 발전을 이끈 성과를 부정할 수는 없을 것입니다. 그럼에도 지역 보호주의 문제든 비효율적인 감독 문제든 또는 정책 입안의 허점이든 '보조금 사기 사건'은 오늘날 큰 안타까움을 자아내고 있습니다. 앞으로 이러한 일이 재발하지 않도록 어떤 근본적 조치를 취했습니까?

마오웨이: 이 단계에서 나타나는 문제에 대해 각급 정부 부처는 당연히 그 속에서 경험과 교훈을 얻고 끓는 가마솥 밑에서 장작을 꺼내듯 발본색원의 방법으로 보조금 정책을 개선해야 합니다. 보조금이 흔들림 없이 시행되도록 견지하면서 지방정부 재정부서의 협조 및 관문 기능을 강화해야 합니다.

버스의 경우 2년 간 2만 킬로미터라는 운행 요구 조건을 변경하지 않고 운송 차량에 대한 온라인 실시간 모니터링을 강화합니다. 또한 보조금을 삭감하는 방식을 그대로 유지하되 퇴출 직전의 기업이 '정책 배당금'을 허위로 타낼 수 없게 막아야 합니다.

버스의 '보조금 사기'가 상대적으로 많다는 현실에 비춰 버스의 보조금 기준을 낮게 조정하고 보조금이 차량 구매 금액보다 커지는 불합리한 상황을 방지해야 합니다.

'보조금 사기' 행태 중 한 가지는 배터리가 장착되지 않는 전기 자동차를 만드는 것이었습니다. 이로 인해 오랜 시간 각급 정부의 관련 부서는 배터리를 차량에서 분리하는 방식에 대해 고도로 경계해왔습니다. 이는 배터리를 전기차에서 분리한 뒤 임대하는 전력 교환 방식을 쓰는 기업들에 부정적 영향을 미쳤습니다. 실제 산업 현장은 매우 변화무쌍하고 복잡합니다. 주의를 기울이지 않는다면 혼란에 빠지고 제대로 된 대처가 어렵습니다. 2~3년에 걸친 공동 노력 끝에 기업이 새로운 자동차 배터리 분리 모델에서 유익한 탐색을 계속하도록 지원할 수 있는 차별화된 처리 방법이 개발되었습니다.

펑춘: 악화가 양화를 구축하듯이 '보조금 사기'는 존재만으로 실제로 기술을 연구 개발하는 기업에 상당히 불공평하게 작용합니다. 기술적 우위와 시장 잠재력을 갖춘 뛰어난 기업과 제품들마저 이들 혼합된 시장에 파묻혀버렸습니다.

보조금 지급 방식이 변경된 후 적지 않은 기업이 사후 지급 방식으로 인해 정부 보조금이 적시에 지급되지 않는다고 말합니다. 그래서 하는 수 없이 기업 운영 자금을 쓰게 돼 신제품과 신기술 개발에 영향을 준다는 것입니다.

마오웨이: 한 번에 두 마리 토끼를 잡을 순 없습니다. 장단점을 따져보고 적절히 처리해야 한다고밖에 말할 수 없겠습니다.

의문 제기와 굳게 지키기

펑춘: '보조금 사기 사건'은 실제로 중국 신에너지차 발전에 있어 큰 장애물입니다. 2014년 초에 이미 여론이 신에너지차 발전 상황에 대한 광범위한 의문을 제기했습니다. 당시 이 산업의 주무 부처 책임자로서의 심정은 어땠습니까? 이러한 의문들에 대해 어떻게 생각하시나요? 또 당시의 신에너지차 자동

차 발전 상황을 어떻게 보셨습니까? 지금은 그 시각에 변화가 생겼습니까?

마오웨이: 신에너지차의 발전에 따라 여러 가지 의문이 제기되는 건 조금도 이상하지 않습니다. 이러한 의견을 주의 깊게 살펴보는 것도 우리가 정책을 수립할 때 좀 더 세심하게 고려할 수 있게 하는 한 가지 방법입니다. 결국 어느 부서든 누가 됐든 각자에겐 한계가 있습니다. 이러한 의문은 그 주체들의 한계를 어느 정도 보완할 수 있습니다. 다만 명백히 부적절한 의문에 대해서는 논쟁할 필요가 없습니다. 다양한 의문은 과거에도 있었고 지금도 있고 앞으로도 있을 것입니다.

'눈앞을 가리는 구름에 대해 두려워 말고' 여러 의견을 들으면서 옳고 그름을 판단하면 됩니다. 이런 태도를 가진다면 시행착오와 실수를 줄일 수 있을 것입니다.

쩡춘: 보도에 따르면 2014년 3월 26일 광둥성 선전시에서 열린 신에너지차 추진대회 현장에서 당시 자동차 분야를 담당하는 국무원의 한 간부는 경제 매체 『차이신』의 주간지 『신세기』 2월 10일자에 실린 "무엇이 전기차를 파괴하고 있는가"라는 글을 가리키며 현장에 있던 정부 측 인사와 기업인들에게 "여러분 모두 일독하셔야 합니다"라며 추천했습니다.

그 글을 봤더니 주요한 내용은 1세대 신에너지차의 '자원자'(당시엔 소비자라는 단어를 쓸 수도 없을 정도였습니다)가 구입과 이용 과정에서 겪는 갖가지 어려움과 불편함, 비야디와 베이징자동차그룹으로 대표되는 자동차 기업들이 시장을 개척할 때 경험한 다양한 어려움에 관한 것이었습니다.

미비한 충전 인프라와 열악한 배터리 수명, 부적절한 애프터서비스로 인해 발생할 수 있는 '주행거리 불안(갑자기 배터리가 방전되는 상황에 대한 걱정)'과 '실험실 생쥐의 운명(실험 실패 시 목숨이 위태로워지는 상황)' 등이 총망라돼 있습니다.

하지만 이 글의 핵심은 복잡한 국가·지방의 이중 보조금 제도 영향으로 당시 중국의 전기차 시장 전체가 폐쇄적인 '성벽'으로 쪼개졌다는 지방 보호주의에 대한 신랄한 비판입니다. 각 지방정부가 보조금 정책으로 자체적인 권력을 행사하면서 지역별 정책이 통일되지 않고 서로 충돌하는 상황이 나타납니다. 이로 인해 지방보호주의 경향이 나타나는데 중앙정부의 산업 관리 부처에선 이에 대해 어떻게 생각합니까? 그리고 어떠한 맞춤형 조치를 취했습니까?

마오웨이: 저도 그 글을 주의 깊게 읽었습니다. 기업의 기술 역량 향상과 인프라 구축, 애프터서비스 개선은 모두 저마다의 발전 과정이 있습니다. 하루아침에 이룰 순 없는 것들입니다. 신에너지차 산업 육성기에는 오늘날 사람들이 만족할 만한 수준에 도달하긴 어렵습니다. 이를 위해서는 사회 전체의 일정한 인내심이 필요합니다.

일반적으로 시범도시 대부분은 자동차 산업이 비교적 발달한 지역입니다. 지방정부가 정책을 수립하고 시행할 때 불가피하게 지방 보호 문제가 발생합니다. 지방정부 요구 사항에 부합하는 제품에만 보조금을 지급하는데 이 같은 요구는 종종 맞춤형으로 이뤄진 현지 자동차업체만 충족할 수 있기도 합니다.

더 지나친 문제는 국가가 정한 특정 차종, 예를 들어 플러그인 하이브리드 자동차가 현지 시장에 진입하는 것을 허용하지 않는다는 것입니다. 여전히 석유 연료를 사용해 환경을 오염시키는 자동차에 정부 보조금을 쓸 수 없다는 이유를 내세웁니다. 하지만 보다 근본적인 원인은 현지 자동차 업체들이 플러그인 하이브리드 자동차가 아닌 순수 전기차만을 생산하기 때문입니다. 특히, 현지 자동차 업체들의 '앞마당'인 버스·택시 분야는 다른 지역 자동차 업체들이 진입하기 쉽지 않습니다.

객관적으로 말하자면 이러한 지역 보호 정책에도 불구하고 당시 지방정부의 적극적인 역할은 신에너지차 보급에 큰 공을 세웠습니다. 중앙정부만 적극적이고 지방정부가 뒷받침하지 않는다면 정책 시행의 효과가 크게 떨어질 것입니다. 결론적으로 산업이 발전하는 과정에서 지불할 수밖에 없는 대가라고 말할 수 있습니다. 물론 현지 자동차 업체가 잘 발전한다면 국가적 범위의 신에너지차 발전에도 촉진 작용을 할 것입니다.

요약하자면, 저 역시 지역 보호주의에 대해 몇 가지 기본적인 관점이 있습니다.

우선, 중국의 통일된 사회주의 국가 체제는 통일된 거대한 시장을 만들 때 서방의 일부 국가들보다 훨씬 유리합니다. 중국공산당 제18차 전국대표대회 이후 중국 특색 사회주의는 새로운 시대로 접어들었습니다. 시진핑 중국공산당 총서기를 핵심으로 하는 당중앙의 지도력으로 당과 국가의 중대한 결정과 배치가 한층 더 관철됐고 지방 보조주의 상황은 크게 뒤바뀌었습니다. 이 과정을 경험한 사람이라면 어느 정도 이해할 수 있을 것입니다.

다음으로, 과거 우리는 항상 모든 방면에서 적극성을 강조해왔는데 이는 중대한 의사 결정과 배치를 실현하는 데 상당히 중요합니다. 중국의 재정 시스템은 '분리식사分竈吃飯'(중국 예산 관리시스템 방식으로 수입과 지출을 구분하고 단계별로 예산을 관리하는 방식)로 지방정부 역시 막대한 재정 자금을 관리하고 있습니다. 신에너지차 충전소 건설은 지방정부의 재원을 통해 단기간에 효과를 낸 단적인 예입니다. 신에너지차 발전에 대한 지방정부의 전폭적 지원과 정책 시행이 없었다면 중국의 신에너지차는 지금처럼 번영할 수 없었을 것입니다.

마지막으로 당중앙과 국무원의 결정과 배치를 관철하기 위해서는 주관 부문이 상당히 중요합니다. 지방정부가 적시에 해당 부서에 통일된 조치를 취하도록 촉구하고 적극적으로 대응하고 참여하며 국가의 요구와 현지 상황에 따라 구체적인 실행 계획을 수립해야 합니다. 실제 지방정부의 실행 가운데서 좋은 관행과 좋은 경험에 대해 적시에 발견·요약하여 전국적으로 알립니다. 실행 중에 드러난 지역 보호주의 등의 문제에 대해서도 제때에 지적하여 바로잡아야 합니다. 현재 지방정부에 적절치 못한 상황이 전혀 없다고는 할 수 없지만 이러한 상황은 확연하게 많이 줄어들었고 신에너지차 발전에서 전반적으로 '땔감을 모아 불길이 치솟게 하는' 국면을 이루었습니다.

혁신 장려와 실패 용인

펑춘: 현재로 화제를 돌려봅시다. (현재 상업화 중인) 최전선기술前沿技術과 최첨단기술超前技術에는 어떤 식으로 관심을 가져야 한다고 생각하십니까? (벤처캐피털과 실리콘밸리에는 오류 정정 메커니즘이 있는데) 투기꾼과 혁신가를 어떻게 구분할 수 있을까요? 잘못은 어떻게 바로잡을 수 있습니까? 보조금을 지원받는 신에너지동차 업체의 실적이 부진하다면 어떤 대책이 있겠습니까?

마오웨이: 신에너지차가 이미 산업화 단계에 들어선 이후 신에너지차 기술 연구개발에 대한 정부의 비용 지원은 이미 크게 줄었습니다. 현재 주요한 연구개발 투자는 기업들에 의해 이뤄집니다. 비전이 있는 기업들은 최근 몇 년 동안 신에너지차 연구개발에 큰돈을 아끼지 않았습니다. 일부 벤처캐피털 역시 시장에서 새로운 기술과 새로운 진입자를 찾고 있습니다. 그들은 연구개발 방면뿐만 아니라 산업화 방면에도 대담하게 투자합니다. 수많은 새로운 자동차 제조 세력이 벤처 투자 자금에 의존해 버티고 있습니다. 이것이 투자와 자금

조달 방식에 있어서의 새로운 자동차 제조 세력과 전통적인 자동차 기업의 차이입니다.

물론 모든 벤처캐피털은 투자 시 반드시 기업과 '도박 계약'을 체결합니다. 몇 년 내로 반드시 이윤을 실현해야 하는 건 아니지만 몇 년 안에 특정 목표를 달성해야 하는 건 분명합니다. 이러한 시장 제약 메커니즘은 기업 경영자에게 큰 압박을 줍니다. 기업의 지속적 발전은 정부의 요구가 아닌 시장 메커니즘을 통해 촉진할 수 있습니다. 벤처캐피털은 주로 민간자본 투자에 의존하며 정부는 벤처 투자 장면에 많은 자금을 투입하진 않습니다.

현재 당면한 문제는 기초연구에 대한 투자가 충분하지 않다는 것입니다. 파격적인 기술혁신에서 중국은 세계 선진국 수준과는 아직 격차가 있습니다. 단지 신에너지차 영역의 문제만은 아닙니다(오히려 일부는 신에너지차가 다른 산업보다 우수한데, 동력배터리는 전 세계에서 가장 앞서 있습니다). 이는 사회 전체적인 문제입니다.

기초연구와 공통기술 연구는 장기간 지속돼야 합니다. 돌파하지 못하거나 실패할 위험도 매우 크기 때문에 빠른 성공을 기대해선 안 됩니다. 인내하면서 오랜 시간 멈추지 않아야 합니다. 이런 측면에서 혁신을 장려하는 것 외에도 실패를 용인하는 정책이 있어야 합니다.

혁신 과정에서 발생하는 실패를 어떻게 바라보느냐에 따라 앞으로 이어질 발전에 직접적인 영향을 미칠 수 있습니다. 우리는 적극 지지하는 태도로 현존하는 문제를 바라볼 필요가 있습니다. 지나치게 완벽함을 요구하거나 냉소적인 태도로 새로 발생한 문제를 대해선 안 됩니다. 기술 혁신은 쉽지 않습니다. 실패를 용인하는 것은 우리가 가져야 할 기본 태도입니다.

5장

완성차들의
제품별 특징

신에너지차 초기 개발 전략에서부터 중국은 '세 가지 수직, 세 가지 수평' 기술 경로가 확인됐다. 그중 '세 가지 수직'은 순수 전기차, 플러그인 하이브리드차, 연료전지차다. 신에너지차 제품 개발기술 경로의 청사진에 따라 꾸준히 노력한 결과, 중국은 다양한 신에너지차 제품군에서 괄목할 만한 성과를 거둘 수 있었다.

1_____ 선구자: 플러그인 하이브리드

중국 정부는 왜 플러그인 하이브리드차를 신에너지 차량으로 분류하고 풀 하이브리드차는 연료 차량으로 분류하지 않느냐는 질문을 자주 받는다. 중국은 21세기 초에 신에너지차 개발을 위한 '세 가지 수직, 세 가지 수평' 기술 경로를 수립하고 하이브리드차를 '세 가지 수직' 중 하나로 삼았지만, '10개 도시 1000대의 차량' 프로젝트에서 버스 전기화를 촉진하기 위해 풀 하이브리드 버스를 신에너지차 범주에서 제외하지 않고 오히려 시범도시에 있는 한 재정 보조금을 제공했다. 이 정책을 나중에 조정한 이유는 무엇일까?

모두 알다시피, 일본의 도요타와 혼다의 풀 하이브리드차 기술은 세계 최고 수준이다. 도요타의 1세대 프리우스 하이브리드차는 1997년부터 시장에 출시됐으며(그림 5-1), 2011년 말까지 풀 하이브리드차의 글로벌 누적 판매량은 450만 대 이상인데, 이 가운데 도요타의 판매량만 350만 대가 넘는다. 수년간의 R&D 기간을 거쳐 일본 자동차 회사는 엄격한 기술 장벽을 형성했다. 중국 기업은 이 분야에 진입하기를 원하지만 기술 및 시장 선점의 격차가 크니 다른 방법을 찾을 수밖에 없다.

풀 하이브리드 차량은 두 세트의 동력시스템을 사용하며 주요 원동력은 여전히 엔진에서 나온다. 작은 전기 모터로 인해 차량이 고부하 상태일 때 전기 모터가 보조 주행의 일부에 참여한다. 차량에 부하가 높으면 전기 모터가 전력을 생산하기 시작하고, 차량에 부하가 낮으면 엔진이 전력을 생산하여 배터리에 저장할 수 있다. 이런 방식으로 엔진은 항상 최상의 작업 조건에서 작동할 수 있으며 '전력 피크 저감peak shaving(전력에 여유가 있을 때 저장했다가 피크 상황에 사용하는 방식)'에서도 역할을 할 수 있다. 이 유형의 자동차의 가장 큰 장점은 지상 충전 인프라에 의존할 필요가 없고 엔진이 배터리를 충전할 수 있다는 것이다. 가장 큰 단점으로는 내연기관이 멈추면 자동차가 움직이기 어렵다는 점을 들 수 있다. 당시에는 배터리 기술이 아직 미성숙하고 비용이 매우 높았으니 이것이 최선의 선택이었다고 할 수밖에 없다.

그림 5-1 1997년 1세대 프리우스 하이브리드차(도요타 중국 제공)

중국 경제의 실제 상황에서 볼 때 석유 수입 의존도를 줄이는 것은 자동차의 발전 전략을 선택할 때 고려해야 할 매우 중요한 요소다. 풀 하이브리드 차량은 연료 소비를 크게 줄일 수 있지만 여전히 연료를 주요 에너지원으로 사용한다. 대도시와 중소도시의 경우 내연기관 차량의 배기가스 배출로 인한 대기 오염 문제가 여전히 존재하며 내연기관 차량을 통제하고 전기차를 적극적으로 개발하는 것은 피할 수 없는 추세였다. 상대적으로 플러그인 하이브리드 차량은 순수 전기 주행 조건에서 작동 시간이 길고 풀 하이브리드 차량보다 연료와 전기 사용량이 적다.

더 나아가 산업 관리를 위해서도 중국은 자국 자동차 브랜드의 미래 발전도 전반적으로 고려해야 했다. 전통 내연기관 자동차 분야에서 중국은 여전히 글로벌 선진 수준과 격차가 있고, 이는 주로 기초연구에 대한 투자가 충분하지 않기 때문이다. 중국이 풀 하이브리드차 분야에서 계속 '추격'의 길을 걷는다면 격차는 더욱 벌어질 수밖에 없다. 따라서 개발 전략에서 중국의 강점을 활용하고 약점을 피하고 국가 상황에 가장 적합한 개발 경로를 선택해 다른 국가를 추격해야 한다.

업계 관리부서는 여러 요소를 고려하고 소통을 거듭한 끝에 풀 하이브리드차를 에너지 절감 차량으로, 플러그인 하이브리드차를 신에너지차로 분류하는 데 점차 합의에 도달했다. 이는 2012년에 발표된 '에너지 절약 및 신에너지차 산업 발전 규획(2012~2020)'에서 순수 전기차, 플러그인 하이브리드차, 연료전지 자동차를 신에너지차로 분류하며 명확히 드러났다. 2009년 발표된 '자동차 산업 조정 및 활성화 계획'에서 제시된 일반 하이브리드 차량은 이후 에너지 절약형 차량으로 분류됐다. 일반 하이브리드 차량이란 시동/정지 기능만 있는 마이크로 하이브리드 차량과 발전기/시동기가 장착된 마일드 하이브리드 차량을 의미한다.

플러그인 하이브리드 차량을 포함한 신에너지차의 발전은 충전 인프라의 계획과 건설을 가속화해야 하며, 충전 인프라를 구축하는 데 있어 토지 사용, 건설 프로젝트 승인, 건설비용, 보조금의 운영비용, 기타 명확한 책임 측면에서 지방정부(주로 시 단위 정부)의 주도권을 최대한 발휘해야 한다는 내부 논리가 있었다. 당시는 국제 금융 위기가 발발한 이후 첫 해였고, 인프라 건설은 국제 금융 위기가 중국 경제에 미치는 악영향에 대응하기 위한 가장 중요한 조치 중 하나였다. 인프라 건설 측면에서 중국은 자체적인 제도적 이점을 가지고 있으며, 통합된 이해와 명확한 방향성만 있다면 세계 어느 나라와 비교할 수 없을 만큼 큰 일에 집중할 수 있는 능력을 갖추고 있다.

충전 인프라 구축에 투자하기로 결정한 이상, 차량이 자체적으로 전기를 생산하고 스스로 배터리를 충전한다는 사실을 강조할 필요는 없다. 이런 추가 분석을 통해 충전 인프라 구축은 도시에서 농촌으로, 선진 지역에서 저개발 지역으로, 상당히 오랜 기간에 걸쳐 점진적으로 발전하는 과정이며, 지속적으로 그 범위가 확장되고 있다.

2012년 국무원은 '에너지 절약 및 신에너지차 산업 발전 규획(2012~2020)'을 발표하고 신에너지차 개발을 위해 순수 전기 구동과 자동차 산업의 변화를 주요 전략 방향으로 제시했다. 당시 많은 사람이 그 의미를 이해하지 못하고 순수 전기 구동이 순수 전기차라고 잘못 생각했다. 그러나 이 계획에서는 "현재 중국은 순수 전기차 및 플러그인 하이브리드차의 산업화를 촉진하고 비 플러그인 하이브리드차 및 에너지 절약형 내연기관 자동차의 대중화를 촉진하며 중국 자동차 산업의 전반적인 기술 수준을 향상시키는 데 중점을 둔다"라고 분명히 제시하고 있다. '순수 전기 구동'과 '순수 전기'라는 단어의 차이는 매우 다른 의미를 내포하고 있다.

'순수 전기 구동'은 궁극적으로 엔진이 아닌 전기 모터로 자동차를 구동하는 것을 의미한다. 순수 전기차 외에도 플러그인 하이브리드와 연료전지 자동차도 포함되지만, 전자의 부가 기능인 하이브리드의 엔진과 연료전지차에 사용되는 연료전지 스택은 모두 자동차 구동이 아닌 전기 생산에 사용된다는 차이점이 있다.

2013년 신에너지차에 대한 재정 보조금 정책을 연구할 때, 플러그인 하이브리드차의 주행 가능 거리는 완전 충전 시 50킬로미터 이상

중국 전기차가 온다

이어야 한다는 점을 더욱 명확히 했다. 물론 이 기준이 더 높아질 수 있다면 사용자의 요구를 충족시킬 수 있는 능력이 더 강해질 것이다. 당시에는 배터리 에너지 밀도 수준과 비용을 고려해야 했기 때문에 이 정도 수준에서 타협할 수밖에 없었다. 실제로 이후 자동차 회사들은 자체적으로 이 표준을 상향 조정했다. 2017년부터는 순수 전기 주행 거리가 80킬로미터 미만인 플러그인 하이브리드 승용차의 B 상태 연료 소비량(전기 에너지 변환에 의존하지 않고 연료 구동으로만 의존한 연료 소비량)이 현행 국가 표준의 해당 제한 값의 70퍼센트 미만이어야 한다. 작업 조건에서 순수 전기 주행 거리가 80킬로미터 이상인 A 상태 연료 소비량(일반적인 연비)의 플러그인 하이브리드 승용차의 100킬로미터 전력 소비량은 순수 전기 승용차에 대한 요구 사항과 동일한 요구 사항을 충족해야 한다. 2018년과 2019년 후반에 국가 표준은 더 이상 승용차에 국한되지 않는 플러그인 하이브리드 버스와 트럭에 대한 명확한 요구 사항도 제시했다.

그러나 플러그인 하이브리드 차량을 생산하는 회사 중에는 도요타의 풀 하이브리드 차량과 비슷한 100킬로미터당 4리터의 낮은 연료 소비를 달성할 수 있다고 주장하는 회사도 있다. 사실 그들은 일부러 개념을 바꿔 속임수를 쓰고 있다. 100킬로미터당 4리터의 연비는 처음 100킬로미터를 전기로 50킬로미터 주행하고 연료로 나머지 50킬로미터 주행한 결과라고 한다. 이 경우 이후 다시 100킬로미터를 모두 연료로만 주행하면 100킬로미터당 4리터라는 에너지 절약 수준을 달성할 수 없다는 것은 확실하다. 반면 도요타 하이브리드차의 100킬로미터당 4리터의 연료 소비량은 실제 연비 수준이다.

플러그인 하이브리드는 두 개의 파워트레인°이 필요하다는 점에서는 풀 하이브리드와 동일하지만, 풀 하이브리드는 기존 엔진으로 구동되고 외부 충전기로 충전할 수 없는 반면 플러그인 하이브리드는 전기 모터로 구동되고 외부 충전기로 충전할 수 있다는 점에서 차이가 있다.

플러그인 하이브리드 시스템은 직렬형과 병렬형으로 세분화할 수 있다.

직렬형은 일반적으로 슈퍼차저 하이브리드라고 부른다. 엔진은 발전기를 구동해 전기를 생산하는 데만 사용돼 배터리를 충전하거나 전기 모터가 자동차를 구동하는 데 사용할 수 있다. 배터리가 완전히 충전되면 엔진은 작동을 멈춘다. 배터리가 위험 수준까지 떨어지면 운전자는 배터리를 충전할 충전소를 찾는다. 충전소가 없거나 충전을 기다릴 시간이 없으면 엔진이 재시동되고 발전기를 구동해 전기를 생산한다. 완전히 충전된 배터리의 주행 가능 거리는 하이브리드 차량의 가장 중요한 성능 지표다. 엔진이 일정한 작동 조건에서 돌아가기 때문에 차량 구조가 간단하고 유지 관리가 쉽다.

병렬형 하이브리드는 일반적으로 플러그인 하이브리드라고 부른다. 엔진과 주 모터(대형)와 보조 모터(소형)가 장착돼 있으며 부하 크기에 따라 주 모터, 주 모터+보조 모터, 주 모터+보조 모터+엔진의 3가지 구동 모드를 유연하게 선택할 수 있다. 메인 모터는 배터리로 구동되고 보조 모터는 엔진으로 돌아간다. 보조 모터에는 이중 기능이 있다. 차량에 부하가 높을 때는 이 모터를 전기모터로 사용해 차량을 구동할 수 있다.

---

o 플러그인 하이브리드차는 전기를 충전해서 달리는 파워트레인과 기름을 넣어 달리는 파워트레인 두 개가 모두 존재한다.

차량이 저부하 상태일 때는 이 모터를 발전기로 사용할 수 있으며 배터리가 풀 충전 상태에선 엔진이 작동을 멈출 수 있다. 전체 차량의 구조가 복잡하고 전체 비용이 직렬형보다 높지만 최고 속도와 부하로 주행할 때 성능이 직렬형 대비 우수하다.

일반적으로 플러그인 하이브리드 차량의 배터리 팩 용량은 작고, 완충 시 주행 가능 거리가 상대적으로 짧다. 반면, 주행거리 확장 병렬형 하이브리드 차량은 엔진 배기량이 작고 배터리 팩의 용량이 플러그인 하이브리드 차량보다 크기 때문에 완전 충전 시 순수 전기 구동 방식의 주행 거리가 더 길다.

배터리 기술의 발전으로 인해 주행 거리 측면에서 두 유형 차량 간 격차가 빠르게 좁혀지고 있다. 플러그인 하이브리드는 주행거리 확장 병렬형 하이브리드 차량보다 출발 응답성능이 더 좋고 제로백(0에서 100km/h까지 가속하는 데 걸리는 시간)이 짧다. 고속도로 주행 시에는 플러그인 하이브리드가 주행거리 확장 병렬형 하이브리드보다 더 나은 성능을 발휘한다.

2019년 폴크스바겐 차이나의 최고경영자 스테판 뷜렌슈타인 Stephan Wöllenstein은 한 포럼에서 수퍼차저 하이브리드는 단일 차량의 관점에서 보면 어느 정도 가치가 있지만 국가와 지구 전체에 최악의 선택이라고 주장했다. 그와 함께 회의에 참석한 폴크스바겐 중국 R&D 책임자 비더만은 수퍼차저 하이브리드는 이미 발전 가능성이 거의 없는 구식 기술이라고 말하기도 했다. 그의 발언에 대해 리샹자동차理想汽車의 CEO인 리샹은 즉각 반박했다. 내가 양측의 견해를 주의 깊게 살펴본 결과, 두 사람은 같은 이야기를 하고 있지 않다고 생각된다. 확장형 기술이 구식이라는 발언은 아마도 순수 전기차를 겨냥한 것 같다.

2014년 중국 내 플러그인 하이브리드 승용차의 연간 판매량은 2만9700대에 불과했다. 당시 시장에는 비야디의 탕唐 DM과 다른 회사에서 생산한 몇 가지 모델만 출시됐다. 2021년까지 플러그인 하이브리드 승용차 판매량은 60만3000대로 전년 대비 143퍼센트 증가해 신에너지 승용차의 17퍼센트를 차지하며 전반적인 상승세를 보였다. 비야디의 '친秦' '한漢' '탕' '쑹宋' 등 다양한 모델이 고객들의 사랑을 받고 있으며, 리샹자동차의 주행거리 확장형 하이브리드 승용차 '원ONE'의 연간 판매량은 2021년 9만 대를 돌파해 전년 대비 177.4퍼센트 증가했다. 하지만 여기서 주목할 만한 트렌드를 언급할 필요가 있다. 2021년 7월 유럽은 2035년 연료 자동차 판매를 중단하는 규정을 제정할 것을 제안했

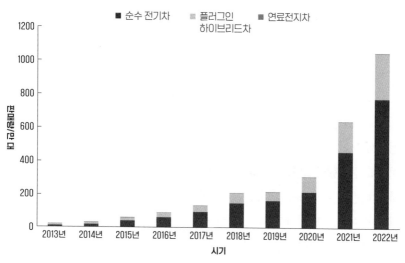

그림 5-2 2013~2022년 전 세계 기술 형태별 신에너지차 판매량

중국 전기차가 온다

고, 2023년 2월 14일 유럽 의회는 '2035년 유럽 내 연료 구동 승용차 및 소형 밴의 신규 판매에 대한 제로 배출 협약'을 공식 채택해 연료 자동차 판매 금지 타임 테이블을 발표함과 동시에 연료 자동차에는 모든 형태의 내연기관을 사용하는 자동차가 포함된다는 것을 명확히 했다. 즉, 내연기관이 장착된 자동차가 포함된다는 의미다. 주행거리 확장 병렬형 하이브리드와 플러그인 하이브리드는 모두 유럽의 금지 대상에 포함된다. 그림 5-2는 2013년부터 2022년까지 다양한 기술 경로를 가진 신에너지차의 전 세계 판매량을 보여준다.

2 _____ 주력 부대: 순수 전기차PEV

새로운 에너지 차량의 기술 경로 선택 측면에서 볼 때, 초기 순수 전기차 기업은 기본적으로 기존 연료 차량 플랫폼을 수정하는 방법을 채택했다. 일반적으로 "석유에서 전기로의 전환"으로 알려진 방식이다. 기존 플랫폼의 한계로 인해 제품에는 일반적으로 짧은 주행 거리, 공간 점유, 핸들링 불량 및 기타 문제가 있다.

이후 비야디, 지리 및 기타 새로운 자동차 제조업체는 신에너지 차량용 특수 플랫폼을 다수 개발해 차량 성능을 근본적으로 개선했다. 신에너지차 분야에서 동일한 플랫폼이 다양한 모델로 확산되는 것은 기업들이 신에너지차를 장기적인 발전 방향으로 보고 더 이상 임시방편으로 여기지 않고 전폭적인 투자를 결심했음을 보여준다. 그림 5-3은 2013년부터 2022년까지 중국의 다양한 기술 경로별 신에너지차 판매량을 보

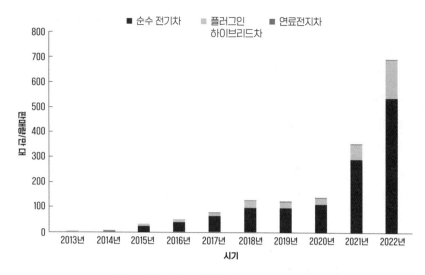

정수차/플러그인 (legend shown in chart)

■ 순수 전기차   ■ 플러그인   ■ 연료전지차
　　　　　　　　하이브리드차

그림 5-3 2013~2022년 중국 기술 형태별 신에너지차 판매량

여준다.

　초창기 순수 전기차의 개발은 정부 정책의 추진에 의존해 발전했다. 그중 가장 중요한 것은 재정 보조금 정책이었다. 정부 부처는 제품의 기술 수준, 가격 및 인프라 조건에 따라 보조금이 없으면 개별 '마니아' 외에 시장의 선택에만 의존하면 거의 아무도 신에너지 차량을 선택하지 않을 것이라는 공감대를 형성했다.

　그러나 보조금은 신에너지차 개발에 도움을 줄 수 있는 외부적인 요소일 뿐이다. 기업의 자체 노력과 시장 돌파 없이 재정 보조금만으로는 지속 가능한 발전이 불가능하다. 실제로 많은 외국 정부가 중국보다 먼저 신에너지차 구매에 대한 보조금을 제공했으며, 그들의 보조금은 일반적으로 중국 보조금보다 크지만 신에너지차의 시장 판매가 급격히 증가하지 않았기 때문에 자동차 회사는 무리해서 서두르지 않았다. 순수 전기차는 전기 모터를 동력으로 사용한다. 전기 모터의 특징은 에너지 변환 효율이 90퍼센트 이상인 반면 내연기관의 에너지 변환 효율은 30~40퍼센트에 불과하다. 2020년 9월 16일 '웨이차이파워濰柴動力°'는 세계 최초로 상용 디젤 엔진의 열효율 50.23퍼센트를 발표했다. 480일 후 웨이차이파워의 디젤 엔진 열효율은 처음으로 51.09퍼센트에 도달해 세계 기록을 갈아치웠지만 전기 모터의 에너지 변환 효율과 내연 기관의 에너지 변환 효율 사이에는 여전히 큰 격차가 있다.

전기모터의 또 다른 특징은 내연기관과 달리 출력 토크가 높고 회전 속도에 따라 크게 변하지 않는다는 점이다. 이는 속도에 따른 출력 토크의 변화가 커서 다양한 작동 조건에서 토크 변화에 적응하기 위해 기어박스를 사용해야 하는 내연기관과는 다르다. 사용자에게 직관적인 느낌은 전기차의 가속 성능이 특히 좋고, 엑셀을 밟으면 연료 자동차가 계속 기어를 변속해야 하는 것과 달리 전기차는 그 즉시 속도를 높일 수 있다는 점이 다르다(내연기관 자동차는 자동 변속기를 사용해 사람이 조작할 필요가 없는 경우에도 실제 기어 변속은 필요하다).

게다가 중국에서는 전기가 석유보다 훨씬 저렴하다. 지난 몇 년간 중국의 휘발유 가격과 가정용 전기 가격을 보면 같은 거리를 달릴 때 차량의 크기와 무게에 따라 석유가 전기보다 4~10배 비싸기 때문에 2025년에 두 종류의 차량 판매 가격이 수렴하면 전기 사용의 장점이 더

○ 웨이차이파워濰柴动力는 중국 산둥성 웨이팡시濰坊市에 본사가 있는 중국 디젤엔진 제조 분야 1위이자 최대 자동차 부품 기업이다.

욱 부각될 것이다. 물론 순수 전기차는 연료 차량에 비해 탄소 배출 제로라는 사회적 편익 측면에서 압도적인 우위를 점하고 있다.

전기차 개발 초기에는 충전 인프라 구축이 늦어져 충전이 큰 문제로 대두됐다. 버스와 관용 차량의 경우 비교적 운행 노선이 고정돼 있고 유지보수 능력이 뛰어나며 중앙에 충전소를 구축할 수 있는 고정된 부지가 있기 때문에 충전 인프라 구축이 비교적 쉽지만 택시는 운행 노선이 가변적이고 충전 시간이 길면 영업 수익에 영향을 미치기 때문에 충전이 큰 문제였다. 이런 점 때문에 택시 업계가 나중에 배터리 교환 방식을 처음 도입하게 됐다.

개인이 구매한 자가용의 경우 충전의 어려움은 큰 문제가 된다. 당시 한 컨설팅 회사의 조사에 따르면 1선 도시(베이징, 상하이, 광저우, 선전)에서 자체 충전기를 설치할 수 있는 가구는 약 4분의 1에 불과했다. 또한 지역 분포 관점에서 볼 때 초기 개인 사용자는 주로 일부 주요 도시의 자동차 구매 제한 시행으로 인한 영향을 받았다. 내연기관 자동차의 번호판은 추첨을 통해 얻을 수 있어 취득하기 어렵거나 매우 높은 가격을 지불해야 했다. 급하게 자동차가 필요한 사용자라면 차선책으로 신에너지차를 선택할 수밖에 없었다. 충전의 불편함으로 인해 사용자들은 특히 순수 전기차의 주행거리에 대해 우려했고, 그들에게는 일반적으로 '주행거리 불안'이 존재했다.

당시 배터리 기술도 비교적 뒤처진 상태라 2013년에 도입된 보조금 정책은 순수 전기 승용차의 최소 주행 거리를 150킬로미터로 규정했다. 이를 통해 당시 배터리의 에너지 밀도가 매우 낮았다는 것을 알 수 있다.

재정 보조금 정책은 주행 거리가 길수록 보조금이 더 높아지고 최고 수준은 400킬로미터 이상이라고 규정했다. 당시 나는 문서 초안을 작성한 동료들에게 왜 450킬로미터나 350킬로미터가 아니라 400킬로미터냐고 물었다. 그들의 답변은 이랬다. 당시에는 주행 거리가 400킬로미터 이상인 차량이 없었고, 이 주행 거리는 주로 모든 사람이 목표를 향해 노력할 수 있도록 벤치마크를 설정하기 위한 것이었다. 다른 한편으로는 내연기관 자동차가 연료가 가득 찬 탱크로 400킬로미터를 달릴 수 있는 요구 사항과도 일치했다.

호기심에 내연기관 승용차의 주행거리 400킬로미터가 어떻게 설정됐는지 기원을 찾아봤다. 그 결과 내연기관 승용차의 연료 탱크 크기에 대한 설계 사양이라는 것을 알게 됐다. 1900년대 초 미국에서 자동차가 처음 대중화됐을 때 주유소는 고속도로에서 멀리 떨어져 있었다. 조사 결과 미국 어디에서든 자동차가 연료를 확보하기 위해서는 최대 400킬로미터까지 달려야 한다는 결론을 내렸다. 이에 따라 연료탱크 설계에서 그에 합당한 부피와 소비율이 결정됐다. 실제 사용 과정에서 일부 똑똑한 택시 운전사는 연료 절약을 위해 매번 연료탱크의 절반만 사용해 수십 그램의 중량을 줄이고 수년에 걸쳐 조금씩 소비를 줄였는데 그 양도 상당했다. 현재 주유소의 분포 밀도에 따라 연료탱크의 설계 사양을 변경해야 하지만 연료탱크의 총 부피가 수십 리터에 불과하기 때문에 10리터 또는 8리터를 줄이는 것은 의미가 없어 계속돼온 자연스러운 결과일 뿐이다.

그림 5-4는 2016년부터 2022년까지 순수 전기 승용차와 전기 버스의 평균 주행거리를 보여주는 그래프다. 현재 많은 순수 전기 승용차

가 600킬로미터, 800킬로미터 심지어 1000킬로미터까지 주행할 수 있는 모델을 출시한다고 주장하지만, 실제로는 전혀 필요하지 않은 목표다. 첫째, 배터리 에너지 밀도 향상에 기반하지 않은 채 높은 주행 거리를 달성하려면 더 많은 배터리에 의존할 수밖에 없다. 그럴 경우 차량 무게가 증가해 에너지 소비가 증가하기 때문에 비용 면에서 고려할 가치가 없다. 둘째, 배터리 에너지 밀도를 높여 높은 주행 거리를 달성하더라도 배터리와 차량 가격이 늘어나야 한다. 배터리만으로도 차 가격은 이미 충분히 비싸기 때문에 차라리 비용을 절약해 소비자에게 혜택을 주는 것이 좋다. 셋째, 신에너지차 보유가 늘어나면서 충전 인프라 구축도 가속화될 것이다. 특히 운영 수익을 실현할 수 있는 상황에서는 더 많은 자본이 충전 인프라 건설에 투입될 것이다. 이제 사용자들의 관심사가 '주행거리 불안'에서 '제품 안전성'으로 이동한 만큼, 주행 거리를 늘리

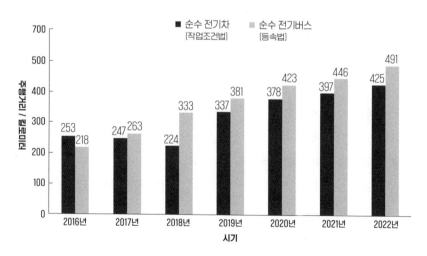

그림 5-4 2016~2022년 순수 전기차와 순수 전기버스의 평균 주행거리

중국 전기차가 온다

는 방식으로 사용자의 주행거리 불안을 해소할 필요는 전혀 없다.

그동안 사람들은 신에너지차의 전력 소비에 대해 크게 신경 쓰지 않았다. 개인에게는 전기가 석유보다 저렴하기 때문에 높은 전력 소비가 큰 문제가 되지 않지만, 사회 전체로 보면 신에너지차가 늘어날수록 큰 문제로 대두될 것이다. 따라서 순수 전기차의 전력 소비량에는 제한이 있어야 하며, 명확한 요건을 설정해야 한다.

2018년에 발표된 '전기차의 에너지 소비율 제한값(GB/T 36980-2018)'과 그에 따른 시험 방법은 전기차가 내연기관 승용차와 동일하며, 전기차를 차량의 전체 무게에 따라 16개 등급으로 분류하고 1단계와 2단계의 한계 값을 결정한다고 명확하게 규정하고 있다. 이는 세계 최초로 신에너지 차량에 대한 에너지 소비지수 요구를 다룬 기술 표준이 됐다.

1단계의 에너지 소비율 제한치는 100킬로미터당 13.1킬로와트시에서 21.9킬로와트시이며, 2단계의 제한은 11.2킬로와트시에서 18.8킬로와트시다. 2017년 중국 순수 전기차 판매량의 가중 평균에 따르면 에너지 소비량은 100킬로미터당 16.42킬로와트시이며, 1단계는 평균 15.32킬로와트시, 2단계는 평균 13.85킬로와트시다.

동시에 '전기차 에너지 소비량 환산법'에 따르면 중국의 화력발전 비중, 송변전 효율, 연료석탄 배출 계수와 같은 영향 요인을 전력 산업의 미래 발전 추세와 결합하여 2017년부터 2025년까지 전기차가 소비하는 1킬로와트시당 이산화탄소 배출량은 2017년 소비되는 1킬로와트시당 0.799킬로그램에서 2025년까지는 0.719킬로그램으로 감소할 것으로 예상된다.

그림 5-5는 2016년부터 2022년까지 순수 전기 승용차의 100킬로미터 평균 전력 소비량을 보여준다. 2017년부터 국가 재정 보조금을 신청하는 모든 순수 전기차는 중량에 따라 분류되는데, 중량이 1000킬로그램 미만인 차량은 100킬로미터당 전력 소비량이 14.5킬로와트시 이하, 중량이 1000~1600킬로그램인 차량과 1600킬로그램 이상인 차량의 경우 100킬로미터당 전력 소비량이 21.7킬로와트시를 넘지 않아야 한다는 요건을 충족해야 한다. 이후 2018년과 2019년에는 국가 재정 보조금 신청 요건이 더욱 강화돼 버스와 트럭에 대한 요구가 명확해졌다.

전 세계 신에너지차 시장은 순수 전기차가 주도하고 있고, 시장 점유율은 꾸준히 성장하고 있다. 한편으로는 볼보, 르노, 폭스바겐 및 기타 유럽 자동차 기업이 플러그인 하이브리드 차량의 레이아웃을 강화하고 중국의 리샹 원, 비야디 친 플러스-DM-i 및 기타 모델을 대량 생산하면서 플러그인 하이브리드 차량의 글로벌 판매가 증가하기 시작했다. 다른 한편으로 일부 유럽 자동차 기업은 2026년 이후 플러그인 하

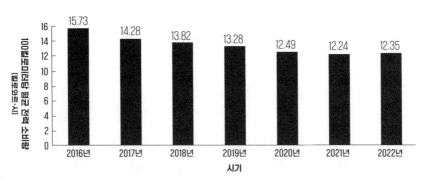

그림 5-5 2016~2022년 순수 전기 승용차 100킬로미터 평균 소비 전력량

중국 전기차가 온다

이브리드 차량을 더 이상 생산하지 않겠다고 분명히 밝혔다. 2021년 순수 전기차, 플러그인 하이브리드차, 연료전지 자동차의 글로벌 판매량은 전년 대비 각각 117퍼센트포인트, 93퍼센트포인트, 76퍼센트포인트 증가해 시장 점유율은 각각 71.9퍼센트, 27.9퍼센트, 0.2퍼센트를 기록했다. 제품 개발 경로의 다변화는 중국의 신에너지차 시장에 충분히 반영돼 적용 범위가 확대되고 있다.

최근 몇 년 동안 중국의 순수 전기차 기술 발전은 두드러졌다. 차량 제어, 파워 트레인 매칭 및 통합 설계 등 기타 핵심 기술을 통해 돌파했고, 전기차 배터리의 주행거리, 충전 인프라를 더욱 개선해 순수 전기차 기업의 브랜드와 제품에 대한 사용자의 수용도가 크게 증가했다. 중국의 순수 전기차 판매량은 지속적으로 증가해 2022년에는 전년 대비 81.6퍼센트포인트 성장한 565만 대에 달했다. 전 세계 전기차 판매량의 60퍼센트 이상을 차지하며 중국 신에너지 승용차 총 판매량의 77.9퍼센트를 차지하는 폭발적인 성장을 이룰 것으로 예상된다.

신에너지 시대의 자동차 경쟁에서 순수 전기차는 주력일 뿐 아니라 무적이라고 해도 과언이 아니다.

3_____ 전진하여 탐험: 연료전지차

중국의 플러그인 하이브리드와 순수 전기차에 대한 보조금은 감소하고 있지만, 반대로 연료전지차에 대한 보조금은 6000위안/킬로와트로 변함없이 유지되고 있다. 승용차 보조금은 20만 위안, 경상용차는 30만 위안, 중대형 상용차는 50만 위안으로 상한선이 정해져 있다. 연료전지차에 대한 보조금이 순수 전기차 및 플러그인 하이브리드 차처럼 줄어들지 못하는 이유는 연료전지차 기술의 성숙도가 부족하고 시장 가격이 높으며, 제품 경쟁력이 현재까지 부족하기 때문이다.

타 산 지 석

2019년 가을, 나는 일본 쓰쿠바에서 열린 G20 디지털 경제 장관회의에 참석하기 위해 일본을 방문했고, 그 자리에서 세코 히로시게 일본 경제산업상(장관)과 수소 연료 및 연료전지차 개발 문제에 대해 심도 있고 진솔한 대화를 나눴다.

당시 세코 장관에게 도요타의 연료전지차 공급망에 대해 자세히 물어봤다. 세코 장관은 자신이 알고 있는 내용을 소개하면서 특히 도요타가 연료전지차를 시연하기 위해 도쿄에서 홋카이도까지 수소를 운반하기 위해 차를 빌렸다는 사실을 언급했다. 당시 홋카이도에는 수소 충전소가 없었고, 도쿄에도 수소 충전소가 얼마 없고 추가로 건설할 만한 넓은 공터를 찾기 어려웠다. 도요타의 연료전지 자동차의 주행 거리는 500킬로미터에 달하지만 세코 장관은 도쿄에서 수소를 충전하려면 왕복 이동거리가 100킬로미터는 보통이라고 농담조로 말했다.

나는 세코 장관에게 물었다. 그러면 도요타의 연료전지차는 어디에서 수소 충전을 해야할까요. 그는 도요타의 자동차 판매점이나 도요타가 건설한 수소 충전소에서 수소 연료를 충전한다고 대답했다. 세코 장관은 일본은 자원이 부족한 나라로, 액화천연가스와 이산화탄소를

중국 전기차가 온다

배출하지 않는 수소를 포함해 거의 모든 에너지원을 수입하고 있다고 솔직하게 말했다. 일본이 수입하는 수소는 호주가 갈탄으로 생산한 것으로, 냉각 가압하여 액화시켜 배로 일본에 운송한다. 일본은 국가 에너지 안보를 보장하기 위해 에너지 수입을 다변화해야 한다.

나중에 일본에서 연료전지는 주로 가정용 보조 전원으로 사용된다는 사실을 알게 됐다. 지진과 같은 자연재해로 정전이 발생하면 수소 연료전지를 통해 전기를 생산해 주민들의 비상 전력 수요를 충족시킬 수 있다. 통계에 따르면 일본의 가정용 분산형 연료전지 시스템인 Ene-Farm은 연료전지의 열을 이용해 가정에 전기와 온수를 공급할 수 있다. 파나소닉은 Ene-Farm 장치의 총 에너지 효율이 87.6퍼센트에서 97퍼센트에 달할 수 있다고 주장한다. 2018년 말까지 일본은 약 30만 대의 상업용 Ene-Farm을 출시했으며, 2016년 말 가정용 연료전지당 가격은 127만 엔(약 6만2230위안)이다. 일본 정부는 가정에서 천연가스를 대체하고 전력망에서 구매하는 전기량을 줄이고 연료전지를 백업 전원으로 사용하기 위해 최대 10년간 매년 약 5만 대의 Ene-Farm에 보조금을 지급하고 있다. 연료전지는 백업 전원으로도 사용할 수 있다.

일본의 접근 방식은 중국에게 큰 영감을 준다. 연료전지차에서 아직 극복해야 할 어려움이 많다면, 제품의 성숙을 가속화하기 위해 다른 분야에서 먼저 사용하고 기술이 성숙된 후 자동차에 사용하는 것을 고려할 수 있을까? 전 세계에서 연료전지차 분야에서 도요타, 제너럴모터스, 혼다, 현대차가 잘하고 있는 회사들로 꼽힌다. 이 시점에서 2021년 8월 연료전지 승용차 개발과 산업화를 중단하고 전기차로 전환하기로 한 혼다의 결정은 이 분야에서 극복할 수 없는 난관에 부딪힌 것으로 보이는데, 이는 이 분야의 공통적인 문제라고 할 수 있다.

시스템 분석

연료전지 시스템은 연료전지 스택 자체뿐만 아니라 주변 수소 공급시스템, 산소(공기) 공급시스템, 물 및 열 관리시스템, 전력 관리 및 제어시스템 등을 포함하며 주요 구성요소로는 공기 압축기, 수소 순환펌프, 가습기, 고압수소 저장탱크 등이 있으며 이들이 함께 연료전지 발전 시스템을 구성한다. 그림 5-6은 고온 연료전지 발전 시스템을 보여준다.

연료전지는 양극, 음극, 전해질, 외부 회로 등으로 구성된다. 수소

그림 5-6　2017년 청두 글로벌 혁신창업박람회에서 선보인 고온 연료전지 발전시스템

는 양극에서 들어와 수소 이온과 전자로 분해돼 외부 회로를 통해 음극으로 흐르고, 수소 이온(즉 양성자)은 양성자 교환막을 통해 음극으로 흐른다. 음극에서 공기가 유입되고 수소 이온이 산소와 반응해 물을 만든다. 공기 공급이 계속되는 한 전류는 지속적으로 생성된다. 이론적으로 연료전지의 에너지 변환 효율은 100퍼센트에 가깝지만, 실제로는 전극 위에 저항이 있어 열이 발생하기 때문에 변환 효율은 일반적으로 40~60퍼센트이며, 방전된 열에너지의 일부를 사용할 수 있다면 효율은 더 높아질 수 있다.

필요에 따라 여러 셀을 직렬 또는 병렬로 연결해 스택이라고도 하는 배터리 팩을 형성할 수 있다. 스택은 다층 멤브레인 전극과 바이폴라 플레이트로 구성된다.

자동차 연료전지 자체의 관점에서 볼 때 핵심 구성 요소는 양성자 교환막, 탄소 종이 및 촉매로 구성된 멤브레인 전극이다. 멤브레인 전극의 중간에는 수소 이온의 우수한 전도체이자, 전자를 전도할 수 없고 두 전극 사이의 가스를 차단할 수 있는 매우 얇은 막이 있다.

양성자 교환막 연료전지는 촉매로 금속 백금을 필요로 하며, 백금은 고가의 귀금속으로 2008년에는 한때 금 가격보다 두 배 이상이었고, 지난 2년 동안 기본적으로 금 가격의 약 절반 수준이었다. 2023년 2월은 약 220위안/그램이었다. 이것은 원료 가격일 뿐이며 촉매로 가공하면 비용이 훨씬 더 높다. 현재 국제 선진 수준은 100킬로와트의 연료전지마다 10그램의 백금을 사용하며, 업계는 연료전지의 비용과 가격을 크게 낮추기 위해 백금 사용량을 줄이려고 노력해왔다.

양성자 교환막 연료전지의 질량 에너지 밀도는 500~700Whr/kg,

체적 에너지 밀도는 1000~1200Whr/L에 달할 수 있다. 수소 연료전지는 30~90도씨에서 작동하고 20초 만에 최대부하에 도달할 수 있어 리튬배터리보다 훨씬 우수하다. 가장 중요한 것은 연료전지 반응이 완료된 후 물만 배출되기 때문에 무공해 발전 기술이라는 점이다. 연료전지에는 여러 가지 형태가 있으며, 자동차에 사용되는 연료전지는 양성자 교환막 연료전지다. 이 분야에서 국제적으로 유명한 연구기관으로는 캐나다의 발라드, 미국의 플러그파워 등이 있다.

갈 길이 멀다

연료전지 배터리는 R&D에서 중국과 선진국 사이에 여전히 큰 격차가 존재한다. 예를 들어 중국 내 파워 스택의 질량 전력 밀도와 체적 에너지 밀도는 여전히 선진국 수준에 비해 약 10퍼센트 정도 낮다. 일부 부품은 중국 내에서 생산할 수 없어 수입 부품으로 조립하고 있다.

발전 원자로 자체 외에도 공기 압축기 및 수소 순환펌프에서도 중국과 선진국 사이에 격차가 있으며 일부 기술 분야는 여전히 중국에서 공백 상태다. 공기 압축기를 예로 들면 윤활유가 없는 상태에서 분당 10만 회 이상의 회전을 달성해야 한다. 허베이 킹스톤, 베이징 세가 터빈 등 이런 종류의 장비를 생산하는 국내 기업이 많이 있다. 공기 압축기는 선상 수소 연료시스템에 일괄 적용됐지만 여전히 외국의 성능과 차이가 있다. 또 다른 예로 수소 순환 펌프는 전원 공급이 중단됐을 때 물이 얼지 않도록 하기 위해 특정 사용 조건에 따라 많은 테스트를 통해 데이터를 축적해 다양한 모델을 일치시켜 송풍량의 최적값에 도달해야 하며,

이는 어떤 회사도 돈을 주고 살 수 없는 귀중한 자원이다.

격차가 있다는 것은 무섭지 않지만 야심 찬 기업에게는 이것이 기회가 될 수 있다. 국제 선진 수준을 따라잡는 과정에서 응용 프로그램을 더 중요한 위치에 둬야 한다고 생각한다. 국산 제품이 한 번에 최고 수준에 도달할 수는 없지만 입찰 및 구매에서 불합리한 성능 요구 사항의 취소를 장려하는 정책을 수립하고 발생하는 문제에 대해 관용적인 태도를 취해야 한다. 연료전지 기업에 관한 한 주문을 받고, 사용자와 긴밀한 협력을 구축하고, 애프터서비스를 강화하고, 사용상의 문제를 드러내고, 목표를 향해 단계적으로 전진하기 위해 지속적으로 개선하는 것이 매우 중요하다. 중국인의 근면함과 지혜, 많은 기업의 인내와 끈기가 합쳐져 결국 어려움을 극복하고 더 큰 성공을 거둘 것이다.

연료전지차의 개발은 연료전지 외에도 수소 생산, 저장, 운송, 수소 충전소 건설 등 복합적이고 체계적인 프로젝트다. 앞에서 소개한 세 가지 수소 제조법 외에도 이 단계에서는 산업 부생 수소를 사용할 수 있으므로 전체적인 계획을 잘 세워야 한다.

연료전지차의 경우 대형 상용차와 버스에 우선적으로 적용해야 한다는 공감대가 형성돼 있다. 하지만 승용차에도 연료전지를 에너지원으로 사용해야 한다고 주장하는 사람들도 있다. 나는 이에 대해 몇 가지 우려가 있다. 중국은 20년 이상 청사진을 만들어왔고 전기 승용차 분야에서 세계 최고의 성과를 거뒀지만, 이러한 이점은 아직 견고하지 않고 전략적 안정성을 유지하지 못하면 신에너지 승용차 분야에서 중국의 입지를 언제든지 잃을 수 있다. 지금 가장 두려운 것은 무분별한 채널 변경이다. 혼다는 연료전지차를 포기하고 방향을 바꾸어, 우리에게 그

것이 어떤 결과를 가져오는지에 대해 경고해주었다.

대형트럭의 경우 화물을 운반하기 위한 운송 수단으로, 현재 리튬배터리 팩이 너무 무거워서 트럭에 장착해 트럭의 무게가 늘어나면 적재 용량은 감소한다. 이런 점에서 연료전지는 리튬배터리보다 더 많은 장점이 있으며, 비용을 더 줄일 수 있다면 적용 가능성이 있다. 그러나 수소 충전소 건설도 병행해서 고려해야 한다. 모두 알다시피 대형트럭은 전국을 누비고 다니기 때문에 모든 고속도로에 수소 충전소를 건설한다면 전기 충전소를 건설하는 것보다 더 어려운 일이 될 수 있어 잘 짜인 계획이 필요하다. 반대로 비교적 고정된 노선을 운행하고 대형트럭보다 경제성이 높은 버스는 한 발 앞서 나갈 수 있을 것으로 보인다.

전기차 보급과 적용은 초기에는 시범적으로 진행됐다. 현재 5개 도시 클러스터에서 연료전지차의 보급 및 적용을 위한 시범 사업을 진행하고 있다. 이러한 시범도시들은 더 넓은 지역에서 연료전지차의 적용을 촉진하기 위해 복제 가능하고 확장 가능한 선진적 경험을 계속 쌓아나갈 것으로 기대한다.

4_____ 표준화: 저속 전기차LEV

저속 전기차는 2013년경부터 중국의 일부 지역에서 증가 추세에 있다. 초기의 2륜 오토바이로 시작해 점차 삼륜, 사륜, 사륜차, 승용 및 화물차로 발전해 사람과 물건을 모두 운반할 수 있게 됐다. 사람을 태우는 저속 전기차는 "노인 스쿠터" "삼륜차" "저속 전기 삼(사)륜차" 등 다양한 이름으로 불린다.

이런 종류의 자동차는 길이가 일반적으로 3.5미터 미만이며, 초기에는 대부분 납축배터리를 전원배터리로 장착했으며, 최근에는 리튬배터리 가격이 하락함에 따라 리튬배터리를 전원배터리로 장착하기 시작했다. 3~4명이 탑승할 수 있으며 일반적인 속도는 시속 약 40킬로미터에 불과하다. 관리 대상 차량의 범위에 포함되지 않기 때문에 차량은 자동차 면허를 취득할 수 없으며, 운전자는 운전면허증은 말할 것도 없고 도로 교통 관리에 대한 교육을 받지 않았기 때문에 잠재적으로 큰 문제를 내포했다. 실제 사용에서는 이런 차가 자동차 차선을 달리는 경우도 있고, 비자동차 차선을 달리는 경우도 있어 역주행, 신호 위반이 비일비재해 대중의 불만이 매우 높다. 2018년 공안 교통관리부서의 통계에 따르면 5년간 전국에서 저속 전기차의 도로 교통사고가 총 83만 건 발생해 1만8000명이 사망하고 18만6000명이 부상했으며 사고 건수와 사망자 수는 해마다 증가하고 있다.

이런 모델의 생산은 주로 산둥성, 허난성, 허베이성, 장쑤성 등의 지역에 집중돼 있으며 연간 생산 능력은 200만 대 이상, 2018년 연간 최대 생산 및 판매량은 140만 대에 달했다. 지역 이익을 고려해 기업이 위치한 곳의 지방정부는 종종 개발을 적극적으로 지원하고 일부 여론은 이를 조장한다. 일부 전문가는 이런 종류의 자동차는 소형화, 저렴한 가격이라는 특징을 가지고 있어 국민들의 소비 수요에 적응하고 대중을 위한 차량이 될 수 있어 중국이 외국과는 다른 신에너지차 개발의 길을 택할 수 있다고 지적하기도 했다. 원래 이 같은 유형의 자동차 생산은 여전히 생산 면허의 품질 감독 및 관리 부서에서 발급해야 하지만 정부의 분권화로 생산 면허가 크게 줄어들었고, 이런 유형의 자동차 생산은 더 이상 생산 면허를 취득할 필요가 없어 시장에서 이런 유형의 자동차가 점점 더 인기를 얻고 200개 이상의 기업이 진입해 초고속 성장을 이뤘다. 이 유형의 자동차는 가정용 전원을 사용하고 전선을 뽑아 충전할 수 있으나 감전 및 화재의 위험이 매우 크다. 공안 교통관리부서는 법규 위반 행위를 시정하는 과정에서 항상 사용자와 모순이 발생하는데, 사용자는 늘 질문한다: 당신들은 이런 저속 전기차가 위법 제품이라고 하는데 왜 생산·판매를 허가합니까?

2015년에 공업정보화부와 공안부는 국무원에 '일괄 업그레이드, 일괄 규범화, 일괄 폐지'라는 아이디어를 제안하는 요청을 제출했고, 같은 해 9월 국무원의 승인을 받았다. 2018년 공업정보화부는 국가발전개혁위원회, 과학기술부, 공안부, 교통부, 시장감독총국 등 6개 부처와 함께 '저속 전기차 관리 강화에 관한 통지'를 발표해 저속 전기차 생산 및 판매 기업에 대한 정리를 실시했다. 저속 전기차 생산 및 판매 기업을 정리 및 시정하고, 새로운 저속 전기차 생산 능력을 추가하는 것을 엄격히 금지하고, 지방 각급 인민 정부에 저속 전기차 개발 장려 관련 정책의 수립 및 발표를 중단하고, 저속 전기차 진입 조건의 공식화 및 발표를 중단하고, 저속 전기차 투자 프로젝트의 승인 또는 제출을 중단하고, 새로운 저속 전기차 기업 및 생산 공장 확장과 같은 기반 시설 프로젝트를 중단하고, 새로운 저속 전기차 모델을 중단했다. 통지는 새로운 공장과 새로운 생산 능력을 억제하는 역할을 했으며 '증산'을 통제한 다음 '재고' 문제를 연구하고 해결하려는 원래 목적을 달성했다.

기존 저속 전기차 문제를 해결할 때 '일괄 업그레이드'라는 아이디어는 신에너지차 제조업체의 엄격한 진입 요건과 충돌했다. 당시 신에너지차 산업은 이미 낮은 수준의 중복 건설 현상을 보였고 지방정부와 기업은 100개 이상의 기업이 시장에 진입할 준비가 돼 있을 정도로 열광적이었다. 과도한 경쟁을 피하기 위해 국가발전개혁위원회는 신규 진입자 수를 엄격하게 통제하고 진입 문턱을 지속적으로 높였다. 그 결과 많은 '규정을 준수하는' 자동차 기업이 아직 자격을 획득하지 못했으며 표준 기반이 없는 저속 전기차 회사는 시장 진입이 더욱 어려워졌다.

기업 입장에서는 저속 전기차 기업이 기존 시장을 포기하고 일반 자동차 기업과 경쟁하기 위해 자신이 잘하지 못하는 분야로 전환하는 것은 꺼린다. 또한 이런 기업이 표준화 관리 대상에 포함되면 사용자는 차량을 구매할 때 차량 구매세와 소비세를 지불해야 한다. 따라서 '배치 업그레이드'라는 아이디어는 실제로 비실용적이 돼 '속이 빈 찹쌀밥(이름만 그럴듯하고 실질적인 이익이 없거나 실행하기 힘든 약속)'이 됐다. '일괄 폐지'는 최후의 수단이며, 절대적으로 필요한 경우가 아니라면 어떤 기업도 스스로 제거하기 위해 주도권을 잡지 않을 것이다. 따라서 거의 모든 기업이 '표준화된 배치'에 진입하기 위한 싸움에 집중하고 있다.

이때 먼저 표준이 있으며, 표준을 설정하는 과정에서 여러 정부 부처의 생각을 통일하는 것이 첫 번째 과제가 된다.

중국은 차량의 종류를 정의하는 것부터 시작했다. 원래는 승객 또는 화물 운송 여부와 관계없이 모든 삼륜 및 사륜 저속 전기차를 규제 대상으로 삼을 예정이었다. 이에 대해 일부 부서에서는 화물 운송용 삼륜 저속 전기자동차의 대다수가 택배 배송 차량으로 사용되고 있는데, 이 부분을 규범 관리 대상으로 포함할 경우 부서 간 관리 책임 분담이 복잡할 뿐만 아니라 택배 운송에 부정적인 영향을 미칠 수 있다는 이유로 이의를 제기했다. 이를 연구해본 다음에는 우선 사람을 태우는 저속 전기차를 규범에 포함하기로 결정했으며, 물건을 운반하는 저속 전기차는 나중에 규제하기로 결정했다.

다음은 저속의 '입구'를 열 것인지, 얼마나 열 것인지에 대한 문제였다. 고속도로의 경우 저속 자동차는 속도가 너무 낮고 다른 차량에 영향을 미치며 교통사고를 일으키기 매우 쉽고, 비동력 차량들이 다니는 도로는 반대로 저속 자동차의 속도가 너무 높고 이로 인해 다른 차량과 교통사고를 일으키기 쉽다. 반복적인 협의 끝에 마침내 모든 당사자가 자동차도로에서 저속 차량이 달리기 위한 조건으로 시속 70킬로미터 이하로 속도를 제한하고, 시속 70킬로미터를 초과할 때는 자동으로 경보가 울려야 한다는 것에 합의했다. 어떤 사람들은 이 규정의 의도를 오해하여 속도가 시속 70킬로미터가 돼야 한다고 생각하는데, 이것은 오해다. 최고 속도가 시속 40~70킬로미터 범위에 있으면 된다. 동시에 제로에서 40킬로미터까지의 가속 시간은 10초 이하로 규정돼 있다. 이후 이런 차종은 반드시 자동차도로를 주행해야 한다.

표준을 제정하는 과정에서 중국은 전문가의 의견을 충분히 수렴했으며, 어떤 유형의 배터리를 장착할지에 대한 통일된 규정을 만들지 않고, 논의 초안에서 납축전지의 사용은 허용하지 않는다는 조항을 삭제하고, 시장에서 선택할 수 있도록 했다.

안전성 측면에서 이 표준은 차량 탑승자의 안전뿐만 아니라 도로상의 다른 차량과 사람의 안전을 보호하기 위해 시속 40킬로미터 정면 충돌 테스트 외에 측면 충돌 테스트를 수행해야 한다고 규정하고 있다.

차체 치수의 경우, 이 표준은 길이 3.5미터 이하, 너비 1.4미터 이하, 높이 1.7미터 이하로 기존 경차 치수 제한인 길이 3.5미터 이하, 너비 1.4미터 이하로 명시하고 있으며 다른 특별한 요구 사항은 언급하고 있지 않다. 탑승 인원은 4인 이하로 제한된다.

자질, 기준, 번호판, 운전면허, 보험 등 5가지 요건을 충족하는 저속 전기차만 도로 주행이 허용된다.

2021년 6월, 5년이 넘는 노력과 여러 차례에 걸친 협의와 수차례의 공론화 과정을 거쳐 마침내 여러 분야의 의견이 합의에 도달했다. 이 표준을 제정하는 데 실제로 5년이 걸렸다는 건 예상 밖의 일이었다. 이것은 통일된 인식의 어려움을 설명할 뿐만 아니라 공감대를 도모할 필요를 설명한다. 동시에 각 방면의 의견이 통일되지 않을 때에는 서로 긴밀히 소통하고 입장을 바꿔 생각해야 하고, 부득이하게 일치할 것을 강요해서는 안 된다. 그렇지 않으면 표준이 채택되더라도 원활하게 구현될 수 없다. 또한 주요 모순을 파악하려면 타협할 것은 타협하고 포기할 것은 포기해야 하며 그렇지 않으면 난마처럼 얽히고설켜 정리도 흐트러지게 된다.

지방정부(주로 시 정부)가 지역 상황에 따라 자체적으로 결정하지만, 표준에 따르면 저속 전기 차는 고속도로에서 주행할 수 없다.

베이징시 정부는 2017년부터 저속 전기차의 판매를 규제하고 있다. 국가 요구사항을 충족하는 제품만 판매할 수 있고 충족하지 않는 제품은 즉시 판매를 중단하게 했다. 사용 중인 저속 전기차는 3년의 전환 기간이 주어진다. 전환 기간이 지나면 제품의 국가 요구 사항을 충족해 다양한 절차를 보완하고 제품의 요구 사항을 충족하지 못하는 제품은 퇴출된다. 그 후 많은 지방정부에서도 오랫동안 존재해온 이 '이상한 종류'의 제품이 명확한 규범적 거버넌스를 갖도록 다양한 과도기적 조치를 취했다. 이후 공공 교통관리부서와 대중의 오랜 골칫거리 문제가 해결됐다.

5_____ 무한한 잠재력: 신에너지 상용차

위에서 언급한 승용차 외에도 중국 차량의 약 5분의 1은 대형 및 중형 버스와 다양한 유형의 상품 차량을 포함한 상용차로 구성되어 있다. 지난 몇 년 동안 상용차에서 신에너지 동력 적용에 대한 탐색과 추진은 주목할 만하다.

신에너지 버스: 괄목할 만한 성과

앞으로 오랫동안 중국의 대중 여행은 주로 대중교통에 의존할 것이다. 대형 및 중형 버스의 시장 규모는 매우 크지만 과거 오랜 기간 중국의 버스 제품은 기술 수준이 낮고 연료 소비가 많다. 또한 오염 배출량이 높으며 종합적인 성능과 국제 수준 간의 격차가 매우 컸다. 개혁 개방 이후 국내 버스 기술 수준이 점차 향상돼 정저우 위통, 샤먼 진룽, 중통 버스 등과 같은 많은 현지 버스 회사가 치열한 경쟁에서 두각을 나타내고 있다. 중국의 차체 기술 수준과 외국 수입 제품은 대등한 수준이지만 가격에서 우위를 점하고 있다.

그러나 동력시스템에서 중국산 버스와 외국 제품 간에는 큰 격차가 있었다. 예를 들어, 2011년 7월 1일부터 중국의 디젤 차량은 국가 IV 배출 기준을 시행했지만 당시 유럽은 유로 VI 배출 기준을 시행했다. 중국의 버스 회사 중 유로 VI 배출 기준에 부합하는 엔진 기술을 습득 한 회사는 없었다. 또한 다중기어변속기 기술도 중국의 약점이며, 중국 대형 및 중형 버스의 동력시스템 기술과 국제 수준 간의 격차는 차체 기술의 격차보다 훨씬 크다. 전통적인 연료 동력시스템을 신에너지 동력시스템으로 대체하는 것은 동력시스템 기술 격차를 좁히기 위한 불가피한 선택이 됐다. 2008년 베이징 올림픽과 2010년 상하이 세계 엑스포 기간 회의에 투입된 차량은 주로 대형 및 중형 신에너지 버스였다. 이후 대형 및 중형 신에너지 버스와 승용차가 함께 '세 가지 수직 및 세 가지 수평' 기술 경로를 구성하고 많은 국내 버스 회사가 신에너지 버스의 연구 개발에 착수했다. 많은 과학 연구 결과를 달성했으며 처음에는 차량과 일치하는 신에너지 파워 트레인 기술을 습득했다.

사물의 발전 법칙은 미성숙에서 성숙으로 이어져야 한다. 등장하자마자 고급 수준에 도달하는 제품은 없었다. 기업이 앞으로 나아갈 수 있도록 지원하기 위해서는 정부의 예비 보조금이 필수적이다.

중앙정부의 관련 부서는 선정된 시범도시에 대해 보급 수량의 요구를 제기하는 것 외에도 차체 길이 10미터 이상인 도시 버스에 대해 하이브리드 시스템을 채택한 대형버스에는 대당 5~42만 위안의 보조금을 지급하고 있다. 보조금 한도는 연료 절감율, 납축전지, 니켈수소전지, 리튬전지를 사용하느냐에 따라 달라진다. 순수 전기 및 연료전지 동력을 사용하는 버스는 각각 50만 위안과 60만 위안을 지원한다. 동시에 대부분의 시범도시에서는 중앙정부 보조금의 50~100퍼센트에 해당하는 지방 재정 보조금도 제공한다.

신에너지 버스 보조금 정책이 공표되자, 많은 도시는 버스를 즉시 교체했다. 이런 움직임은 즉각 버스 기업의 의심과 관망 태도를 변화시켰다. 많은 기업은 신속하게 행동해 R&D 투자와 산업화 투자를 증가시켰다. 중대형 버스를 많이 이용하는 관광버스 회사, 택시 회사들도 신에너지 버스를 구입해 운행하기 시작하면서 중대형 버스 발전의 수동적인 국면이 반전됐다.

당시 리튬배터리 기술은 미성숙하고 가격도 지금보다 몇 배나 높았다. 대형버스가 사용하는 동력배터리 수량도 많아 정부 보조 한도가 50만 위안에 달하고 지방정부가 다시 50만 위안을 보조하더라도 자동차 기업에 대한 매력은 40여만 위안의 하이브리드 버스에 미치지 못했다. 가장 실현 가능한 방안은 먼저 풀 하이브리드 버스를 발전시키는 것인데, 중형버스의 경우 최대 전기출력이 완성차 출력의 20퍼센트 이상에 도달하고 연료 절감율이 10퍼센트 이상에 도달하면 5만 위안의 보조금을 받을 수 있으며, 전기출력이 높을수록, 연료 절감율이 높을수록, 보조금액도 높아져 최고 10만 위안의 보조금을 받을 수 있었다. 이는 순수 전기버스가 받는 보조금 한도보다 낮은 수준이지만 제품은 상대적으로 쉽게 기준을 맞출 수 있다는 점은 분명하다. 한동안 풀 하이브리드 버스가 넘쳐났는데 당시 베이징자동차의 포톤, 안카이버스, 중통버스, 디이버스가 신에너지 대형버스의 보급 수량 상위권을 차지했다.

3년간의 시범 운행이 끝나갈 무렵, 재정부를 비롯한 4개 부처는 시범 실증 경험을 종합하여 2013년 말 '신에너지차 보급 및 적용 업무의 지속적 실시에 관한 통지'를 발표했다. 이 통지는 에너지 절약 및 신에너지차 산업 발전 규획(2012-2020)의 정신을 구현하고 신에너지차 지원 정책을 비교적 크게 조정했다.

첫째, 풀 하이브리드 승용차에 대한 보조금을 없애고 플러그인 하이브리드차와 순수 전기차, 연료전지 승용차에만 보조금을 주기로 했다. 둘째, 보조금을 신청할 수 있는 버스 차종의 범위를 조정해 과거 차체 길이 10미터 이상의 중대형 버스에서 6미터 이상의 버스까지 확대했다. 순수 전기버스는 6~8미터 미만, 8~10미터 미만, 10미터 이상의 3단계로 구분하고 연료전지 상용차는 차량 길이에 관계없이 50만 위안의 보조금을 신청할 수 있도록 했다. 이후 주무부처는 유가 상승으로 인해 시내버스에 부여된 연료보조금에 대해 2013년 실제 보조금액을 기준으로 매년 감소해 2015년부터 15퍼센트, 2019년까지 60퍼센트 감소한다는 문서를 발표했다. 위 정책은 순수 전기 구동 플러그인 하이브리드 버스, 특히 순수 전기버스의 발전을 촉진하는 데 큰 영향을 미치며 도시 버스회사는 더 이상 풀 하이브리드 버스를 구매하지 않고 신에너지 버스를 구매하게 됐다. 버스 보조금 범위가 차체 길이 6미터 이상으로 완화되면서 경형 신에너지 버스 발전도 촉진됐다. 이 기간 리튬인산철배터리, 대형 구동모터, 배터리 관리시스템, 모터 구동시스템, IGBT 등 전자부품이 모두 크게 발전했으며 국내 버스 산업 체인이 더욱 개선됐다.

그러나 보조금 정책의 등급이 너무 많기 때문에 기업은 종종 이익과 단점을 저울질해서 차체 길이가 등급을 나눌 때 더 쉽게 도달할 수 있고 가장 난이도가 낮은 조합을 선택한다. 심지어 차량이 신고한 배터리가 실제 사용하는 배터리와 일치하지 않거나 차량을 '판매했다'고 속여서 '보조금 사기' 문제가 발생하기도 한다. 당국은 여러 기업을 엄중하게 조사하고 처벌해 보조금을 회수하고 벌금을 물리는 한편, 신속하게 정책을 개정해 주행 거리와 에너지 소비량 요건을 높이고 운행 차량의 주행 거리가 2만 킬로미터 이상에 도달해야만 보조금을 신청할 수 있다는 요건을 추가하고 사후 보조금을 운행 후 보조금으로 개정했다. 2017년부터는 신에너지 버스에 대한 보조금이 줄어들기 시작했고, 각종 투기 행위를 규제하고 있다.

정책 조정은 또한 기술 진보를 촉진했다. 버스 동력시스템의 수준이 지속적으로 향상되고 전체 차량의 동력시스템 매칭도 더욱 완벽해졌다. 과거의 개별 부품을 순수 전기 구동 플랫폼으로 통합해 효율성, 품질 저하, 신뢰성이 크게 향상됐다. 리튬이온배터리의 성능 향상에 따라 순수 전기버스에도 배터리가 장착되기 시작하고, 전기버스에 배터리 장착이 늘어남에 따라 부수적으로 내연기관 버스에서 장기간 존재했던 일부 문제도 해결됐다.

일부 기업은 미래를 내다보고 신에너지 버스 R&D에 대한 투자를 늘리기로 결심하고 신에너지 버스 신공장 건설을 시작했다. 2018년 중국의 신에너지 버스 판매량은 10만4700대로 전체 버스 판매량의 23.1퍼센트를 차지했다. 현재 중국의 시내버스 95퍼센트 이상이 신에너지 버스다. 베이징, 상하이, 광저우, 선전 등 1선 도시의 거의 모든 버스가 순수 전기버스로 전환됐고, 다른 도시에서도 신에너지 버스가 빠르게 도입되고 있다. 중국의 전기버스는 양적인 측면뿐만 아니라 기술 개발 측면에서도 세계를 선도하고 있다. 통계에 따르면 중국에서 생산 및 판매되는 전기버스의 수는 전 세계의 90퍼센트 이상을 차지한다. 특히 전기

버스의 시장 확대와 기술 발전 측면에서 볼 때 버스 대수는 승용차보다 훨씬 적지만 설치된 배터리의 양이 승용차보다 훨씬 많기 때문에 객관적으로 전력 배터리 산업의 발전을 촉진한다는 점은 중요한 가치가 있다. 자동차용 리튬인산철배터리LFP의 산업 생태계는 처음에는 전기버스 개발을 기반으로 했다.

갑작스러운 코로나19 확산으로 인해 신에너지 버스 판매가 감소했지만 중국 버스 산업은 강한 회복력과 큰 잠재력을 보여줬다. 2022년 6미터 이상 신에너지 버스 판매량은 6만1539대로 전년 대비 21.9퍼센트 포인트 증가했으며 상위 3개 회사는 정저우 위퉁, 샤먼 진룽, 중퉁 버스였다. 신에너지 버스 시장은 다시 빠르게 반등하고 있다. 코로나19가 완화되면서 신에너지 버스 시장은 다시 정상 궤도에 오르고 더욱 개선될 것으로 예상된다. 신에너지 버스를 계속 보급하면 버스를 개선하는 것 외에도 장거리 버스, 도시 비非대중교통 및 미니버스 분야에서 미래 잠재력을 발굴할 수 있다. 중대형 버스의 동력 전환은 또 하나의 가능성이 있는데, 바로 수소연료전지 동력을 사용한다는 것으로, 이미 수소연료전지에 관해 일부 기업이 움직이기 시작했다. 앞으로 순수전기 기술이 주가 될지, 연료전지 기술이 주가 될지는 아직 불투명한데, 두 기술의 발전과 관련 제품의 경쟁력에 달려 있다고 볼 수 있다.

계속해서 신에너지 버스를 홍보하고 있으며, 장거리 버스, 도시 비非 버스, 경 버스에서 미래는 여전히 잠재력으로 차 있다. 대형 및 중형 버스 전력 변환, 즉 수소 연료전지 전력의 사용 가능성이 있으며, 수소 연료전지의 일부 회사가 행동하기 시작했다. 미래가 순수전기 기술 또는 연료전지 기술에 의해 지배될지 여부는 두 기술의 발전과 관련 제품의 경쟁력에 따라 아직 불분명하다.

기후 변화와 탄소 감축에 대한 전 세계적인 관심 속에서 탄소 감축의 핵심 분야 중 하나인 운송 산업은 신에너지차 보급을 위한 현실적이고 실현 가능한 분야다. 국내 시장뿐만 아니라 중대형 신에너지 버스의 수출 시장도 유망하다. 중국은 신에너지 버스의 미래 발전 전망에 대한 확신을 가져야 한다.

새로운 에너지 지원 대형트럭:
지속적인 추진력 확보

대형트럭의 동력 변환에 있어 순수 전기 구동은 실현하기가 더 어렵다. 그 이유는 대형트럭의 적재 용량을 늘리려면 무게가 더 가벼워야 하기 때문이다. 기존 대형트럭의 공차 중량 대 적재 중량 비율은 약 1 대 1로, 경량화를 통해 이 비율을 낮출 수 있다. 하지만 배터리-전기 모터를 전체 동력원으로 사용하는 경우 배터리 팩의 무게만 300킬로와트시에 약 2톤에 달하며, 전기모터와 엔진의 질량 차이를 고려하지 않고 달성할 수 있는 최선은 1.2 대 1의 비율이다. 같은 출력 수준에서 공차 중량이 증가하는 문제는 주행 안전을 위해 적재중량을 줄여야만 해결할 수 있는데, 이는 주로 운행 목적으로 사용되는 대형트럭의 경우 사용자가 받아들이기 꺼리는 변화다. 견인차는 적재 용량의 문제는 없지만 출력과 주행 거리에 대한 요구 사항이 높고, 무게를 줄여야만 더 빨릴 달리 수 있어 피하게 된다. 또한 충전 시간이 길다는 점도 대형트럭 사용자들에겐 받아들이기 어려운 문제다.

중국 전기차가 온다

따라서 수년에 걸쳐 국내외에서 대형트럭은 일반적으로 새로운 에너지 전환의 시작으로 하이브리드 동력시스템을 사용했다. 이 하이브리드 동력시스템에서 디젤 엔진이 부담하는 전력은 전기 모터가 부담하는 전력보다 훨씬 크다. 하지만 실제로 디젤 엔진만 사용하는 것과 비교하면 약 10퍼센트의 연료 절약 효과가 있어서 이러한 차량 시스템을 사용하는 것은 더 무겁고 비용이 많이 드는 과도기적 해결책일 수 있다. 새로운 에너지 대형트럭의 미래 개발은 두 가지 방향으로 전환될 것이다.

한 가지 방향은 연료전지를 동력원으로 사용하는 것으로, 실제로는 수소를 첨가하고 차량의 연료전지에서 전기를 생성한 다음 전기모터로 차량 전체를 구동하는 방식이다. 이 방식을 채택한 연료전지 차량에도 전력 저장을 위한 배터리 팩이 필요하지만 배터리 팩의 용량은 순수 전기차보다 훨씬 작다.

여기에는 네 가지 장점이 있다. 첫째, 수소 충전에 몇 분밖에 걸리지 않아 주유 시간과 맞먹는 수준으로 충전 시간이 크게 단축된다. 둘째, 주행거리가 길어서 수백 킬로미터에 쉽게 도달할 수 있고, 1000킬로미터의 주행거리도 머지않은 반면 순수 전기 대형트럭은 주행거리가 150킬로미터 정도밖에 되지 않아 더 이상 끌어올리기 어렵거나 비경제적이다. 셋째, 배기가스가 전혀 배출되지 않는다는 점으로, 연료전지를 채택하면 배기가스는 물론 발전 과정에도 이산화탄소 배출 없이 물만 배출하게 된다. 넷째, 차량의 자체 중량은 순수 전기 대형트럭보다 훨씬 낮고 기본적으로 내연기관 대형트럭과 같거나 약간 무거운 수준이다.

그러나 동시에 단점도 두드러진다. 첫째, 높은 비용. 연료전지 시스템 외에도 차량용 수소 저장 시스템의 비용이 낮지 않다. 상대적으로 순수 전기 대형트럭의 가격은 연료전지 대형트럭의 2배 이상이며 연료전지 대형트럭의 가격은 같은 종류의 내연기관 대형트럭의 3~4배다. 둘째, 운전석과 객실 사이에 수소 저장 탱크를 장착해야 하기 때문에 부피 활용률이 떨어진다. 안전을 위해 수소 저장 탱크도 내부에 설치하기 때문에 화물칸의 부피를 차지하며, 때로는 적재 및 하역에도 영향을 미친다. 셋째, 연료전지는 귀금속인 백금을 사용해야 하며 자원 확보와 금속 가격에 제약을 받는다. 연료전지 대형트럭의 산업화를 위한 전제는 연료전지 스택의 비용이 디젤 엔진과 동등하고, 수소 연료의 비용이 디젤 엔진과 비슷하며, 동시에 사용 범위 내에서 수소의 수송 및 공급시스템이 구축되는 것인데, 아직 갈 길이 멀다.

또 다른 방향은 순수 전기 방향으로 가는 것이다. 순수 전기 대형트럭의 가장 큰 문제점은 주행거리가 짧고, 더 늘리기가 쉽지 않으며, 충전시간이 길다는 점이다. 일부 업체들도 배터리 교체 모델을 모색하고 있지만 순수 전기 대형트럭의 판매량이 적어 배터리 교환소 운영이 어려운 상황인데, 향후 통일된 배터리팩 표준화와 계열화가 이뤄질 것으로 기대된다.

20여 년 전 신에너지차 개발 전략을 연구하기 시작했을 때와 비교하면 현재 외부 환경의 가장 큰 변화는 탄소 배출량 감축 목표가 제시된 것이며, 운송 산업은 탄소 배출량을 줄여야 하는 핵심 산업 중 하나다. 승용차 부문에서는 이미 달성한 유리한 위치를 유지하고 순수 전기차와 플러그인 하이브리드차에 대한 노력을 계속하며 확고한 자신감과 결단력으로, 이 방향으로 흔들림 없이 계속 전진해야 한다고 생각한다. 상용차 분야에서는 장기적으로 수소 연료전지 개발에 집중해야 하며, 국가는 이미 시범도시에서 테스트에 나섰고 이런 경험을 통해 산업화의 조기 실현을 위해 노력하고 있다.

최근 몇 년 동안 신에너지 대형트럭의 판매는 느린 성장 추세를 보이고 있다. 2018년 이전에는 연간 판매량이 1000대 미만이었지만 2020년에는 1333대에 달했다. 이 1333대의 대부분은 순수 전기트럭으로 이 중 덤프트럭이 절반 이상을 차지하지만 2022년 신에너지 대형트럭 판매량은 전체 대형트럭 판매량의 0.08퍼센트에 불과했다. 2022년 중국의 신에너지 대형트럭 판매량은 2만 5000대에 달했고 보급률은 3.72퍼센트로 상승했으며 성장 추세는 계속 가속화될 전망이다.

수소 연료전지 연구에 있어서 상하이차SAIC 산하의 제트 수소테크놀로지는 1만 시간 내구성 테스트를 통과하고 영하 30도씨의 저온에서도 시동이 가능한 연료전지 시스템 PROME PX3를 출시했다. 제트 수소테크놀로지는 양성자 교환막, 촉매, 탄소종이 등의 소재 국산화를 위해 노력하고 있으며 차세대 연료전지 스택인 P5도 개발 중이다.

창청자동차는 2016년부터 연료전지차 및 관련 부품 R&D에 투자해 연료전지차, 연료전지 발전 장비, 수소 저장 장비에 주력하는 웨이시에너지기술유한회사를 설립하고 타입 IV 수소 저장 병용 탄소섬유 권선 장비를 개발했으며 2021년 6월에는 49톤급 연료전지 견인차를 출시했다.

2021년에 세계에서 가장 수명이 긴 연료전지는 3만 시간이었고, 일부 테스트 중인 제품은 6만 시간에 도달했다는 보고도 있었다. 6만 시간 이상의 수명을 가진 연료전지 스택은 자동차를 사용하는 동안의 수명 요건을 충족할 수 있을 것이다. 남은 가장 큰 문제는 비용과 가격이다.

연료전지 스택의 가장 높은 원가는 막전극접합체로 스택 원가의 60~70퍼센트를 차지하며, 양성자 교환막, 탄소종이, 백금 촉매가 원가 절감의 관건이다. 현재 전 세계에서 양산되는 연료전지 스택의 가격은 약 40달러/킬로와트로, 전문가들은 이 가격을 30달러/킬로와트 이하로 낮춰야만 순수 전기트럭과 가격 경쟁이 가능할 것으로 보고 있다.

연료전지의 또 다른 문제점은 낮은 출력이다. 대형트럭의 경우, 도요타의 FCET 모델은 114킬로와트 연료전지 스택 2개를 사용하며 주행거리는 480킬로미터에 달하며 주로 항구에서 컨테이너 운송에 사용된다. 한국 현대차의 연료전지 대형트럭은 95킬로와트 연료전지 스택 2개를 장착하고 있으며 주행거리는 400킬로미터다. 중국에서는 시노트럭中國重汽, 샨시자동차陝汽, 다윈자동차大運汽車 등도 연료전지 대형트럭을 연구하고 있으며, 보도에 따르면 샨시자동차는 주행거리 712킬로미터의 162킬로와트 수소 연료전지 대형트럭을 시장에 출시한 것으로 알려졌다.

순수 전기 대형트럭의 경우 디이자동차FAW, 둥펑자동차, 비야디, 시노트럭, 샨시자동차, 화링싱마華菱星馬 등의 완성차 기업이 모두 제품을 시장에 출시했다. 카이보 이지컨트롤이 제어하기 쉽게 개발한 트럭의 전기 구동 시스템은 이미 일부 대형트럭 제품에 적용됐으며, 상하이 징진전기 과기유한공사의 영구자석 모터와 4단 자동변속기도 이미 일부 차종에 사용하고 있다. 순수전기 대형트럭은 내연기관 대형트럭의 엔진, 급유 시스템, 흡배기 시스템 등을 없앴지만 토크가 너무 커서 여전히 자동변속기를 유지하고 제어 측면에서만 전기 제어를 사용하고 있다.

신에너지 경량 물류 차량: 넓은 공간

중국의 물류 차량은 전자상거래 등 인터넷 애플리케이션이 보편화되면서 발전했다. 국내 물류는 간선, 지선, 지역 내(일반적으로 도시 내를 지칭) 물류로 나눌 수 있다. 간선 물류는 일반적으로 시간 요구 사항과 비용에 따라 항공 운송, 철도 운송, 도로 운송 등을 사용한다. 지선 물류는 일반적으로 도로로 운송된다. 도로로 운송하는 경우 주로 대형트럭, 중형 트랙터(컨테이너 등 무거운 화물을 운반하는 특수 자동차), 중대형 밴트럭(우편물 운송업체도 이 범주에 포함), 창고 트럭 등이 있다. 지역 내(도시 내) 물류는 경형 트럭과 미니트럭을 포함해 비교적 작은 자동차를 사용하며, '라스트 마일(택배)'은 많은 수의 삼륜 및 이륜(주로 음식 배달용) 오토바이를 사용한다. 다양한 요구에 따라 다양한 운송 수단이 전국 각지를 아우르는 물류 운송 네트워크를 형성한다고 할 수 있다.

물류 운송의 말단에서 볼 때 이륜 오토바이든 삼륜 택배 트럭이든 이미 10년 전에 전동화가 시작됐지만 초기 대부분의 생산 기업은 비용을 고려해 납축전지를 선택했다. 이후 LFP 배터리의 원가가 대폭 하락해 이 제품들을 리튬전지로 바꿨다. 이러한 간단한 형태의 전기차는 사용자의 편의를 도모하고 수백만 명의 고용 문제를 해결하는 동시에 교통 관리 방면의 많은 난제를 가져왔다.

2014년, 국가우정국은 업계에서 권장하는 표준인 '택배 전용 전기 삼륜차 기술 요구사항'을 발표해 택배 전용 전기 삼륜차의 최고 속도, 계속주행 거리, 택배 통일 표지, 화물칸 등에 대해 명확한 기준을 명시했다. 이 표준은 2016년에 추가 개정됐으며 2017년 4월에 사회의 의견을 수렴했다. 이 표준은 전기 삼륜차의 건전한 발전을 촉진하는 데 긍정적인 역할을 했다. 현재 중국의 택배 전용 전기 삼륜차의 보유량은 약 300만 대이며, 연간 생산·판매량은 전체 전기 삼륜차 1000만 대 중 약 20퍼센트를 차지한다.

이륜 전기차 분야에는 모호한 영역이 존재한다. 오랫동안 이륜차는 자전거와 오토바이로 나뉘었는데, 자전거는 동력장치를 사용하지 않는 제품이고, 오토바이는 동력장치를 사용하는 제품이다. 두 종류의 제품은 각각 경공업과 기계공업의 관리에 속하며, 서로의 영역에서 간섭하거나 피해를 주지 않는 분야였다. 그러나 사람들의 생활수준이 향상되고 일부 도시에서 '오토바이 금지령'이 시행됨에 따라 국내 오토바이 제품 판매량이 크게 감소한 반면 자전거 제품은 동력을 추가하기 시작해 대중으로부터 보편적으로 사랑을 받게 됐다.

'중화인민공화국 도로교통안전법'은 자동차와 비非동력 자동차 모두를 관리하는 법률로, 비동력 자동차에 대해 다음과 같이 명확하게 정의하고 있다.

'비동력 자동차'란 사람의 힘 또는 동물의 힘으로 구동돼 도로를 주행하는 차량과 동력장치로 구동되지만 최대 속도, 공차 품질, 외형 치수가 관련 국가표준에 적합하도록 설계된 장애인용 전동 휠체어, 전기 자전거 등의 교통수단을 말한다. 전기자전거에 관한 국가표준은 1999년에 공포된 '전기자전거 일반기술조건(GB 17761-1999, 2019년 4월 15일 폐지)'이며, 당시 전기자전거의 최고 속도는 시속 20킬로미터 이하, 전체 차량의 중량은 40킬로그램 이하, 양호한 페달링 기능을 지녀야 한다고 규정했다. 반면, 오토바이의 속도는 시속 50킬로미터 미만이어야 했다. 동시에 오토바이에는 식별 코드, 차량 표시, 조향 장치 제어 등이 필요하지만 전기자전거는 이와 유사한 요구 사항이 없다.

그런데 어느 순간 전기자전거가 잇달아 스쿠터와 흡사한 경량 오토바이로 바뀌기 시작하더니, 차의 속도가 시속 20킬로미터를 훨씬 넘어섰고, 많은 제품이 이미 자전거의 외관과 다른 스쿠터형 오토바이와 같게 되었다. 더구나 완전히 전통적인 이륜 오토바이 구조를 채택하고, 전체 차량 장비 품질이 표준을 초과하지만 여전히 '전기자전거 제품'이라고 불리며, 번호판을 달 필요가 없고, 라이더는 운전면허증을 취득할 필요가 없는 상황에 이르렀다. 이런 종류의 전기자전거는 비자동차 도로에서 좌충우돌하며 때로는 자동차 도로에서도 주행해 도로 교통안전 문제를 야기했다.

중국 국가표준화관리위원회는 전기오토바이에 대한 표준 및 사양 개발을 주관해왔으며, 2009년 6월 25일 '전기오토바이 및 전기오토바이의 안전 요구 사항(GB 24155-2009)' '전기오토바이 및 전기오토바이의 동력 성능 시험 방법(GB/T 24156-2009)' '전기오토바이 및 전기오토바이의 에너지 소비율 및 주행 가능 거리 시험 방법(GB/T 24157-2009)' '전기오토바이 및 전기오토바이의 일반 기술 조건(GB/T 24158-2009)'을 발표했다. 이 표준은 2010년 1월 1일 이후부터 시행됐다.

전기오토바이 국가 표준이 발표된 후 사회에 큰 반향을 불러일으키며 반대파와 찬성파가 첨예하게 대립하며 열띤 논쟁을 벌였다. 2009년 12월 7일, 중국자전거협회는 자전거 산업을 대표해 국가표준화관리위원회에 공식적으로 전기오토바이 국가 표준의 시행을 연기할 것을 요청했다. 2009년 12월 15일 국가표준화관리위원회는 이 의견을 받아들여 이 네 가지 국가 표준의 시행을 유예하기로 결정한 공고를 발표했다.

여러 차례의 정부기구 개혁을 통해 경공업의 자전거 관리와 기계공업의 오토바이 관리 기능이 공업정보화부로 이관돼 통합 관리되고 있다. 2011년 공업정보화부는 주도적으로 이러한 표준 개발을 조정하고 조직화했으며, 표준을 개발하는 과정에서 더 이상 전기오토바이와 전기스쿠터를 구분하지 않고 전기자전거의 국가 표준 개정을 언급하는 등 사고방식을 전환했다. 7년 동안 많은 논쟁과 갈등을 겪은 끝에 마침내 2018년에 새로운 버전의 '전기자전거 안전 기술 규범(GB 17761-2018)'을 발표했다. 이에 따라 기존의 전기자전거는 두 가지 범주와 세 가지 유형의 제품으로 나뉜다. 첫 번째 범주는 무동력 전기 자전거로, 속도가 시속 25킬로미터를 초과할 수 없고 차량의 질량이 55킬로그램을 초과할 수 없으며 페달을 밟을 수 있어야 한다고 규정하고 있으며 개조 방지, 화재 예방, 방염 성능 및 충전기 보호에 대한 조항을 추가했다. 두 번째 범주는 전기오토바이와 전기스쿠터로 구분되는 동력 차량이다. 이로써 20년에 걸친 표준 분쟁이 마침내 종결됐고 관리하기 어려운 혼란도 마침내 통제됐다. 공안 교통관리부서는 마침내 관리 및 법 집행에서 표준화되고 신뢰할 수 있는 기준을 달성할 수 있었다.

이륜차와 삼륜차에 비해 경상용차와 초소형차의 전기화는 뒤처져 있다. 2022년 중국의 중형, 경상용 및 초소형트럭 판매량은 222만 1100대에 달했으며, 이 중 신에너지 차량은 7만1400대에 불과해 전체 판매량의 약 3.2퍼센트를 차지한다. 신에너지 경상용차와 초소형트럭의 발전 잠재력은 엄청나다.

2021년 7월, 베이징시 공안국, 베이징시 교통위원회 등은 공동으로 '위반 전기 삼륜차 관리 강화에 관한 통지'를 발표했다. 발표일로부터 불법 전기 삼륜차 생산, 판매를 금지할 것을 요구했으며, 어떠한 회사나 개인도 불법 전기 삼륜차, 사륜차를 새로 추가할 수 없으며, 공업정보화부의 허가 없이 생산돼 '도로 자동차 생산기업 및 제품 공고'에 포함되지 않았으며, 차량 성능이 자동차 안전기술표준에 부합하지 않고, 전기 구동을 사용해 승객을 태우거나 화물을 싣는 삼륜차는 모두 위반 제품으로 규정했다. 이 통지가 발표되기 전에 이미 구입한 불법 제품에 대해 2023년 말까지 사용을 중지할 것을 요구했다. 이에 앞서 선전, 광저우, 상하이, 정저우 모두 전기 삼·사륜 택배차 관리를 강화하기 위한 조치를 취했다.

징둥京東, 메이퇀美團, 차이냐오菜鳥 등과 같은 기존 회사들은 모두 자율주행 배송 트럭을 연구 개발하고 있으며, 이는 반드시 미래의 발전 방향일 것이다. 그러나 현 단계에서는 도로 혼잡 문제, 차량 안전 문제, 지원 법률 법규 개정 문제 등 해결해야 할 문제가 아직 많이 남아있다. 무인 택배 차량이 기존 택배 차량을 대체하기는 당분간 어려울 것으로 보인다.

6장

자동차 업계
혁신 경쟁 방아쇠

자동차 산업은 규모의 경제 특성을 지닌다. 초기엔 대규모 자본 조달에 의존해 자동차 모델을 개발하고, 연이어 공장 건설에도 투자해야 한다. 양산에 들어간 뒤에도 시장의 검증 절차가 남아 있다. 손익분기점에 도달하지 못하면 차를 팔 때마다 손해다. 성공한 자동차 기업은 모두 이런 피 말리는 과정을 겪었다. 처음 차량 생산 대오에 뛰어든 신세력이든, 경로를 바꿔 가속 페달을 밟는 전통 완성차 업체든 모두 이런 발전 법칙을 거스를 수 없다.

2014년부터 자동차 생산 경험이 없는 민영 기업들이 자동차 업계에 진출했다. 웨이라이蔚來, 샤오펑小鵬, 리샹理想, 웨이마威馬, 러스樂視, 뤼츠綠馳, 유공遊供, 네타NETA, 哪吒, 첸투前途, 바이텅拜騰, 헝다恒大 등 일일이 셀 수 없을 정도로 많다. 이런 새로운 역량이 모두 신에너지 자동차 분야에 집중돼 사람들의 이목을 끌고 있다. 이른바 'PPT 차량'°과 '자본 게임'°°에 대한 의문 속에 지난 몇 년 동안 이 기업들은 냉·온탕을 드나들었다. 일부는 자본시장에서 비구름을 몰고 다녔고, 일부는 제품 시장에서 큰 수확을 거뒀다. 소송에 휘말려 실패하거나 반짝 스타가 된 곳도 있다.

이들의 성공 경험과 실패의 교훈을 요약하면, 경영대학원 MBA 과정의 교재로 삼기에 충분하다.

해외를 보면, 많은 인터넷 기업이 속속 신에너지 자동차 시장 진출을 선언하고 기존의 판을 휘젓거나 심지어 뒤집어버리기도 한다. 중국에서도 이와 비슷하게 분야를 뛰어넘는 자동차 제조 추세가 나타나고 있다. 이 점은 특히 관심을 두고 깊이 연구할 가치가 있다.

이와 동시에 신에너지 자동차 발전의 큰 흐름에 직면한 전통 완성차 업체들도 끊임없이 앞날을 모색하고 있다. 새로운 영역에서 기존의 장점을 최대한 발휘해 새로운 길을 개척하려고 시도 중이다. 깊은 내공을 바탕으로 차량 연구 개발과 기술 축적, 생산 품질 관리 방면의 이점을 최대한 활용하고, 새로운 시장에서 점유율을 계속 확대하고 있다.

그들은 신흥 자동차 제조 세력에 빼앗긴 영토를 되찾을 수 있을까? 그들은 어떤 혁신 아이디어와 돌파 전략을 갖고 있을까? 자동차 업계는 물론 사회 전체가 주목하는 이슈다.

---

o 신차 발표회 때 파워포인트를 잘 만들어 자금을 조달받지만, 결국 양산엔 실패하는 경우를 일컫는 말
o 시장 또는 기업 분석을 통해 자본을 투자하고 수익을 얻는 일체의 행위

1_____ 신흥 강자 '웨이샤오리'의 고지 선점

새로운 자동차 제조 세력 가운데 웨이라이蔚來, 샤오펑小鵬, 리샹理想 세 곳은 합쳐서 '웨이샤오리蔚小理'라 불린다. 이미 미국 시장에 상장돼 있어 관련 경영 재무 정보를 찾아보기 쉽고, 국내 시장에서도 신에너지차의 도시 공략 의도에 맞는 제품을 내놓으며 치열한 경쟁 속에 기선 제압을 하고 있다.

웨 이 라 이 : 패 러 다 임   혁 신

웨이라이蔚來, NIO자동차는 2018년 미국에서 먼저 상장됐다. 창업자 리빈 李斌은 상장이 성공적이지 못했다고 회고했다. 당초 20억 달러를 모으려 했지만 11억 달러에 그쳤다. 2020년 리샹과 샤오펑도 미국에 상장됐는 데, 각각 14억7300만 달러와 15억 달러를 모금했다. 자동차 업계의 신흥 주자들은 자금 조달이 생사의 최우선 과제. 먼저 상장하는 쪽이 치열 한 경쟁에서 우위를 점하게 된다.

　웨이라이는 2014년 11월에 설립됐다. 당시 본사는 상하이에 있었 다. 많은 사람은 웨이라이의 발전 경로가 테슬라와 비슷하다고 생각한 다. 그러나 기자의 관련 질문에 리빈은 테슬라와 경쟁자로서의 지위를 교묘하게 피했다. "테슬라는 함께 전기차를 개발하는 전우에 가깝고, BBABMW, Benz, Audi를 웨이라이의 맞수로 생각한다"고 대답한 것이다. 현재 웨이라이 자동차는 ET5, ET7, ES6, EC6, ES7, EC7, ES8 등의 모델을 출 시했다. 가격은 대부분 30만 위안 이상이다. 최고 사양인 ES8은 60만 위

　　　　　　　　　　　　　　　　　　중국 전기차가 온다

안에 달한다. 기본적으로 BBA의 평균 판매 가격과 같다. 시장 위치 선정은 고급 브랜드 이미지를 유지하는 것이었다. 물론 BBA와의 비교는 판매 가격뿐만이 아니다. 제품력과 브랜드 평판, 신에너지차 경주에서 웨이라이를 포함한 국내 신생 자동차 업체에 달성 목표를 제시한다.

중고 전기차는 가치 보존율이 떨어진다. 이는 신에너지 자동차의 공통적인 문제다. 웨이라이는 배터리를 교환할 수 있는 새로운 사용 방식을 개척했다. 새 차를 살 때 '빈 차'만 구매한 뒤 배터리를 빌려 쓰도록 한 것이다. 이 방식은 전기차의 배터리 충전 시간이 너무 길다는 문제를 해결했다. 또 배터리 교체 때 전문적인 유지·보수가 가능했다. 이를 통해 배터리 수명을 연장하고, 배터리 성능 저하로 인한 중고차 감가상각 문제를 피할 수 있었다.

또한 웨이라이는 업계 최초로 위탁 생산 모델을 채택했다. 장화이자동차江淮汽車의 제조 경험을 활용해 허페이合肥[o]에 새로운 공장을 건설하고, 현대화된 생산 기술을 적용했다. 웨이라이는 업계에서 경량화를 중시하는 몇 안 되는 기업 중 하나이기도 하다. 강철 대신 알루미늄 차체를 사용해 공차 중량[oo]을 낮췄다. 알루미늄 차량은 강철 차체보다 동적 에너지 흡수와 충돌 방지 성능이 우수하다.

웨이라이는 알루미늄 차체를 만들기 위해 원래 스폿 용접을 레이저 용접으로 대체하고 리벳 접합[ooo]까지 사용해 차체 연결을 완성했다.

o 중국 동부 안후이성安徽省의 성도省都
oo 운전자와 승객의 무게를 빼고 주행 가능한 상태의 차량 무게를 말한다.
ooo 버섯 모양의 못(리벳)을 이용해 얇은 금속판을 이어 붙이는 공법이다. 볼트와 너트를 쓰면 무게가 많이 나가고 미세한 떨림이나 진동으로 나사가 풀릴 위험이 있다. 혹은 강판의 상태에 따라 용접을 할 수 없는 경우도 있는데, 이럴 때 리벳 접합을 한다.

그림 6-1 장화이·웨이라이 자동차 제조기지

다 좋은데, 전반적으로 알루미늄 차체의 비용은 여전히 강철 차체보다 비싸다.

웨이라이의 발전 과정에서 허페이시 정부는 핵심적인 역할을 했다. 2016년 4월, 웨이라이와 장화이자동차는 전략 협정을 맺고 허페이에 장화이·웨이라이 자동차 제조기지(그림 6-1)를 건설했다. 처음 생산 능력은 5만 대, 후속 공장의 생산 능력 확대로 2021년 10월 현재 12만 대에 달한다.

2020년 2월, 허페이시의 중공업 부문은 웨이라이가 허페이 중심의 중국 본사 운영 체제를 마련하도록 계약을 체결하는 데 집중했다. 총 투자액은 1020억 위안이었다. 앞서 2019년 일부 매체로부터 그해 '가장 비참한 사람'으로 불렸던 리빈은 자신을 '중환자실ICU에서 나온 사람'이라고 불렀다. 웨이라이가 가장 어려울 때 중국 대표 국부 펀드인 중국개발투자집단SDIC, 国投招商, 허페이건설그룹, 안후이성 첨단산업투자공사 등이 70억 위안을 수혈하기로 결정했다. 웨이라이는 엄동설한을 견디고 기사회생할 수 있었다.

리샹: 위치 선정

리샹자동차理想汽車, Li Auto의 창업자 리샹李想은 자동차 업계와 씨줄·날줄처럼 얽히고설켜 있다. 그는 IT 제품 특화 웹사이트인 '피씨팝PCPOP, 泡泡網'을 창업한 지 5년 만에 자동차 산업을 전문으로 하는 인터넷 포털 '오토홈Autohome, 汽車之家'을 설립했다. 2013년 12월, 오토홈은 미국에 상장됐다. 2015년, 오토홈을 떠나 세 번째 창업으로 '차와 집車和家(나중에 리샹자동차로 개명)'을 차렸다. 리샹은 웨이라이 자동차가 1차 융자할 때 벤처 투자자로 들어갔고, 2016년 4월, 자신의 개인 웨이보에 리샹 자동차의 제품 계획을 발표했다. 하나는 소형 전기 자동차 SEVSmall Electric Vehicle로 도시의 1~2인 이동 수요를 만족시키는 단거리 승용차였다. 다른 하나는 가정의 장거리 이동 수요를 만족시키는 SUV 제품이었다. 그제야 사람들은 리샹이 1년 전 웨이라이에 투자하면서 자신의 차를 만들기 위해 더 큰 판을 짰다는 걸 알게 됐다. 2017년 6월, 리샹은 첫 번째 모델의 포지셔닝을 조정해 유럽 L6eº저속 전기차 표준을 충족하고 해외에서 공유 자동차 서비스에 사용되는 모델로 바꿨다. 하지만 이 모델은 성공하지 못했다. 2018년 초, 리샹은 SEV 프로젝트 중단을 선언했다.

○ 저속 주행 경량 4륜 전기차를 뜻한다. 유럽에선 2륜차와 4륜 경차 사이에 7가지 분류 기준이 적용되는데, L1eMoped(모터 달린 자전거), L2eThree-Wheel Moped(3륜 모터 자전거), L3eMotorcycle(오토바이), L4eMotorcycle with side car(사이드카를 장착한 오토바이), L5eMotor Tricycles(3륜차), L6eLight Quadricycles(경량 4륜차), L7eHeavy Quadricycles(중량 있는 4륜차) 등이 있다.

리샹의 이 모델은 시장 위치 선정에서 오차가 있었다고 본다. 국내 시장에서는 자동차 제품 기술 규정의 요구 사항을 충족하지 못해 출시할 수 없었다. 해외에선 시장 개척이 순조롭지 못했을 뿐만 아니라 공유 렌탈 시장을 뚫는 건 특히 더 어려웠다. 이런 상황에서 프로젝트를 적시에 중단한 것도 합리적인 선택이라고 할 것이다.

그러다보니 리샹이 가장 먼저 시장에 내놓은 차종은 SUV '리샹 ONE'이었다. 외부 접속 충전을 할 수 있고, 엔진을 돌려 전기를 만들 수도 있는 확장형 하이브리드 자동차였다. 내연 기관은 둥안東安 1.2T 3기통 엔진을 사용했다.

2022년 초 '중국 전기차 100인회'에서 리샹은 하이브리드 차량의 전기 구동 주행 거리 문제를 언급했다. 그는 국가에서 규정한 50킬로미터 이상이란 기준이 턱없이 부족하다고 생각했다. 다년간 자동차업계 경험을 통해 전기 이동 거리를 180킬로미터 이상으로 설정해야 한다고 봤다. 이는 사용자 90퍼센트 이상의 이동 요구를 충족시켰다. 리샹 ONE 모델은 주행 거리 문제에 대한 소비자들의 불안도 해소했다.

2018년 12월, 리샹은 충칭시° 리판力帆에 있는 생산공장을 6억 5000만 위안에 인수하면서 자동차 생산 자격을 따냈다. 그러나 리샹자동차는 실제 제조 경험이 부족한 탓에 2019년 말 제품이 출시된 직후 자동차 축이 부러지는 품질 문제가 발생했다. 이는 2020년 말 리샹 ONE 1만469대 리콜 사태로 이어졌다.

리샹자동차는 줄곧 자사 제품을 가정의 '세컨드 카'로 위치 선정

° 중국 서남부 쓰촨성과 인접한 대도시로 베이징, 톈진, 상하이와 함께 중국의 4대 직할시를 이룬다.

했다. 이른바 '아기 아빠 차'다. 충전 인프라가 완벽하지 않은 상황에서 하이브리드 차량을 선택한 건 나름 합리적이었다. 제품 가격은 30만 위안 이상으로 책정했다. 리샹은 이 단일 차종만으로 치열한 시장 경쟁에서 발판을 마련할 수 있었다. 자동차 신흥주자 판매량 3위 안에 여러 차례 비집고 들어갔다. 이는 중국 자동차 시장에 대한 리샹의 분석이 매우 깊고, 차량 이용자 체험에 대한 강한 장악력이 있다는 걸 보여준다. 이는 리샹의 이전 창업 경력과도 뗄 수 없는 관계에 있다. 2021년 리샹 자동차는 창립 6주년 기념회에서 2025년까지 160만 대 판매 목표를 세웠는데, 예정대로 이를 달성할 것으로 기대한다.

샤오펑: 기술 혁신

샤오펑자동차는 허샤오펑何小鵬, 샤헝夏珩, 허타오何濤 등이 2014년에 설립했다. 본사는 광저우에 있다. 이 회사도 벤처 투자 메커니즘을 통해 여러 차례 자금 조달을 거쳐 최종적으로 자본시장에 들어왔다.

허샤오펑과 그의 파트너는 2004년 UC를 공동 설립했다. 휴대전화통신·이메일·브라우저 등을 잇달아 개발해 시장에서 인정받았다. 2014년 6월, 알리바바는 40억 달러 이상의 가격으로 UC를 인수했다. 당시 중국 인터넷 업계에서 가장 큰 인수합병이었다. 허샤오펑도 알리바바의 임원이 됐다. 2014년 테슬라 CEO가 특허의 벽을 허물고 기술을 개방하겠다고 발표하면서 허샤오펑은 다시 창업할 수 있다는 자신감을 얻었다. 광저우차 신에너지센터의 샤헝, 허타오, 양춘레이楊春雷 등과 함께 샤오펑의 공동 창업자가 됐다.

2017년, 허샤오펑은 공식적으로 알리바바에서 사임하고 샤오펑에 정식으로 합류해 회장을 맡았다. 샤오펑은 일찍이 하이마자동차海馬汽車와 합작했다. 하이마를 이용해 정저우 공장에서 G3를 생산했다. 1단계에 20억 위안을 투자해 연간 15만 대의 완성차를 생산했다. 완성차 생산 자격을 취득한 후 샤오펑은 광둥성 자오칭肇庆에 처음으로 새로운 공장을 건설했다. 공장은 2019년 9월에 완공됐다. 연간 생산 능력은 10만 대에 달했다. 2019년, 샤오펑은 광저우 개발구 관리위원회로부터 4억 위안의 융자를 받아 광저우에 세 번째 생산기지를 건설했다. 2021년 4월, 샤오펑과 우한 경제기술개발구 관리위원회는 우한에 네 번째 생산기지 건설에 투자하는 계약을 체결했다.

샤오펑은 줄곧 기술 혁신을 회사의 지향점으로 삼고 있다. 임원진 대부분은 기술자 출신으로 그들은 항상 일부 선진 기술과 기능 사용에 적극적인 태도를 보인다. 예를 들어 P7의 날개형 출입문과 레이저 레이더 사용, 스마트 보조 운전 시스템에서 광범위한 찬사를 받은 자동 주차 기능 등이 있다.

웨이라이와 리샹 두 회사는 마케팅에서 직접 판매 모델을 채택해 소비자와 곧바로 연결했다. 일반적으로 도시 번화가에 다양한 제품 구성을 알아볼 수 있는 브랜드 전시장을 설치한다. 구매를 결정하면 온라인 주문 방식으로 소비자에게 자동차를 직접 전달한다. 이런 모델은 더 높은 마케팅 비용을 필요로 하지만 딜러점 수수료를 줄일 수 있다. 샤오펑은 제품의 적용 범위가 넓기 때문에 직접 판매와 중개 판매를 결합한 모델을 채택하고 있다. 아마도 과도기적 판매 형태일 것이다.

2021년 판매 순위에서 신흥 주자인 '웨이샤오리'의 3강 체제가 신에너지 자동차 시장의 활성화를 이끌었다. 2022년 웨이라이, 샤오펑, 리샹의 연간 판매량은 각각 12만2500대, 12만800대, 13만3200대로 모두 10만 대를 넘었다. 전년 대비 각각 34퍼센트, 23퍼센트, 47.2퍼센트 증가한 실적이다.

2022년 판매 실적은 언뜻 좋아 보이지만, 처음엔 높다가 나중엔 낮아져 차량 제조 신 세력을 긴장하게 만들었다. 2022년 말 샤오펑은 내부적으로 연간 총 결산회를 개최해 1년간의 득실을 복기하고 반성했다. 허샤오펑은 세 가지 부족한 점을 열거했다. 주가·판매량 저조, 고객 평판의 붕괴, 조직 비효율성 등이다. 이에 따라 허샤오펑은 내부적으로 대대적인 조직 개편을 단행했다. 미래 전략 계획을 명확히 하는 것을 포함해 순수 추천 지수Net Promoter Score, NPS°에 대한 더 높은 요구 사항을 제시했고, 깊이 있는 조직 구조조정을 추진하기 시작했다.

신에너지 자동차 분야의 신흥주자는 중국 자동차 산업의 면모를 일신하고 최근 몇 년 동안 산업 발전을 주도한 중요한 세력이다. 이 중 걸출한 몇 곳은 매우 가혹한 시장 경쟁에서 살아남았다. 고품질 신차를 번갈아 내놨고, 생산 능력 확장을 촉진하여 손익분기점에 점점 더 가까워지고 있다. 일련의 새로운 방법론을 축적하여 중국 자동차 산업의 경로 변경을 위해 국제 경쟁에 참여했다. 매우 유익한 탐색이다.

○ 고객 만족도 측정 지표로 -100에서 +100까지 숫자로 표시한다. 높은 점수일수록 높은 추천 의향을 나타낸다.

2_____ 진입 문턱에 걸린 '좀비기업'들

'웨이샤오리'는 만발한 봄꽃처럼 선두에 섰다. 천군만마가 질주하는 중국 신에너지 자동차 시장의 봄을 예고한 것이다. 급변하는 시장 변화는 산업 관리 부처에 새로운 과제를 남겼다.

2014년부터 국무원은 신에너지차를 전국적으로 계속 보급하고 보조금 정책을 지속할 것을 승인했다. 이는 많은 기업이 자동차 산업에 진출하고, 신에너지차 제품을 개발하려는 의욕을 자극했다. 바야흐로 신에너지차 개발 붐이 형성되기 시작한 것이다.

이전에 모든 자동차 사업은 과거 심사제審批制에서 허가제核准制로 변경됐다. 완성차 프로젝트는 국가발전개혁위원회의 허가를 받고, 자동차 조립과 부품 사업은 지방발전개혁위원회의 허가를 받는다. 국가발전개혁위원회가 승인한 기업 자격과 건설 프로젝트에 따라 공업정보화부는 국가 필수 기술 표준에 맞춰 제3자 기관을 조직해 검증을 수행한다. 요구 사항을 충족하는 기업과 제품만 허가 공고에 오를 수 있다.

관련 부처는 당시 실제 상황에 따라 공동 연구 후 결정을 한다. 완성차 생산 자격을 취득한 기업이라면 영업용 차량에서 개인 승용차 생산으로 다른 유형의 제품을 생산하지 않는 한 신에너지 자동차 생산 자격은 재신청할 필요가 없다. 생산 유형을 바꾸거나 새로 진입하는 기업은 여전히 규정에 따라 신청해야 한다.

2018년 말까지 국가발전개혁위원회는 총 18개 기업이 신에너지 자동차 생산·판매 자격을 취득하도록 승인했다. 이러한 기업의 투자 프로젝트도 동시에 승인됐다. 이 18개 기업은 몇 가지로 부류로 나눌 수 있다. 첫 번째 범주는 기존 자동차 생산 기업이다. 기본적으론 추가 승인이 필요 없지만, 여러 가지 다른 고려 사항에 따라 다시 자격을 취득하기도 한다. 베이징 자동차, 체리CHERY, 奇瑞, 장링江鈴, 충칭진캉重慶金康의 신에너지차 등이 여기에 포함된다. 두 번째는 저속 전기차를 업그레이드해 신에너지 자동차로 전환하는 기업이다. 란저우의 즈더우知豆, 루디팡저우陸地方舟, 캉디康迪자동차 등이 있다. 세 번째 분류는 자동차 부품 회사에서 신에너지 자동차로 확장한 기업들이다. 완샹萬象, 첸투前途, 창청화관長城華冠 등이다. 네 번째는 자동차 업종에 새로 진입한 사례들이다. 창장長江, 저장성의 호존HOZON, 合衆◦, 허난성의 쑤다速達, 윈두雲度, 궈넝國能, 궈신홀딩스國新控股, 썬위안森源자동차 등이다.

　　몇 년 동안 큰 파도가 모래를 씻어내는 혹독한 시련을 겪은 후, 몇몇은 웃고 몇몇은 울었다. 대부분은 예상 목표를 달성하지 못했다. 실제로 일부 기업은 현상 유지도 어려웠다. 오히려 직접 생산 자격을 얻지 못한 일부 기업은 비교적 강한 경쟁우위를 보이며 시장에서 입지를 굳혔다. 정성껏 기른 꽃은 시들고, 무심코 심은 버드나무가 무성하게 자란 격이다.

　　자동차 산업은 규모의 경제 특성을 지닌다. 초기에 대규모 R&D 투자를 통해 자동차 모델을 개발하고 또 해야 한다. 새로운 자동차 개발엔 걸핏하면 십 수억 위안, 심지어 수십억 위안이 들어간다. 여기에 더해 공장 건설에 투자해야 하고 생산된 모든 차종은 시장에서 검증을 받아야 한다. 생산·판매량이 손익분기점에 도달하지 못하면 차를 한 대 생

◦ 중국 저장성에 기반을 둔 전기차 스타트업, 2014년 10월에 설립됐고, 산하에 네타NETA, 哪吒라는 전기차 브랜드를 두고 있다.

산할 때마다 손실이 생긴다. 자동차 회사들 대부분 이런 피 말리는 과정을 겪는다. 짧으면 3~5년, 더 오래 걸리기도 한다. 손익분기점에 도달하기 전에 쓰러지는 경우도 많다. 손실은 치명적이지 않다. 경영자에게 핵심 문제는 현금 흐름이다. 일단 돈이 마르면 기업은 즉시 무너진다.

정부 승인 항목을 대폭 줄이라는 행정 관리 체제 개혁 요구에 따라 국가발전개혁위원회는 2018년 말 '자동차 산업 투자 관리 규정'을 발표했다. 지난 몇 년 동안 신에너지 자동차 프로젝트 승인의 실제 효과를 결합해 허가 사항을 수정한 것이다.

이 규정은 과거 국가발전개혁위원회가 허가하던 완성차 프로젝트를 지방발전개혁위원회로 넘기도록 했다. 전통적인 자동차 신규 프로젝트를 계속 엄격히 관리하면서도 신에너지차 기업은 다시 허가받을 필요 없이 접수만 하도록 했다. 다만, 새로 생긴 신에너지 자동차 회사는 성省 정부의 신에너지 자동차 프로젝트 생산 능력의 총합에 따라 다르다. 생산 능력 활용률이 80퍼센트 이상인 성에서만 새로운 프로젝트의 신청을 받을 수 있다. 승인된 신에너지 자동차 프로젝트에 문제가 있는 경우 '좀비기업'의 처분과 자산 정리 작업을 모두 완료한 뒤에만 새로운 프로젝트를 접수할 수 있다.

기업은 12개 성에 분포돼 있었다. 일각에서는 현재 최소 10개 성에서 당분간 신에너지차 기업과 프로젝트를 등록할 수 없다고 분석했다. 그렇다고 아무런 방법이 없는 건 아니다. 조건 중 하나는 전체 자동차 보유량에서 신에너지차 보유량의 비율이 전국 평균보다 높아야 한다는 것이다. 두 번째 조건은 충전 인프라 건설이 비교적 완벽하고 충전소 대 차량의 비율이 국가 평균보다 높아야 한다. 위의 두 조건이 충족되어야만 새로운 기업과 프로젝트를 등록할 수 있다.

이런 방식을 두고 일각에선 '연좌죄'라는 비판이 나온다. 성에 신에너지 자동차 '좀비기업'이 하나라도 있다면, 다른 기업은 들어오기 매우 어렵다. 그러나 이는 어쩔 수 없는 조치다. 제한이 없으면 혼전을 일으켜 신에너지 자동차 시장의 효과적인 육성과 건전한 발전에 영향을 미칠 수 있다. 풀어주면 혼잡해지고, 관리하면 죽어버리는 걸 방지하기 위해 효과적인 관리 방법을 찾는 것이 중요하다.

근 10년간 신에너지 자동차의 발전 과정에서 새로운 자동차 제조사들의 성공 경험과 실패의 교훈을 곱씹어볼 가치가 있다. 이쯤에서 모두가 참고할 만한 몇 가지 아이디어를 제안해본다.

신에너지 자동차 투자 열풍 속에 어떤 기업은 진정 차를 만들고 싶어 한다. 반면 자동차 제조를 핑계로 다른 상업 목적을 달성하려는 기업도 있다. 예를 들어 대형 프로젝트 명의를 빌려 지방정부에 필요 이상의 부지를 요구하는 것이다. 일부는 자동차 제조라는 깃발 아래 공급망 투자를 유치해 토지의 '모집, 경매, 등록' 절차를 우회한다. 직원 숙소 건설을 명목으로 부동산 개발에 나서는 것이다. 또 다른 기업들은 같은 수법으로 동시에 여러 지역에서 비슷한 수작을 벌인다. 지방정부는 이런 기업들을 면밀히 걸러내야 한다. 투자 유치를 하겠다고 무턱대고 바구니에 주워 담아선 결코 안 된다.

벤처 투자는 중국에서 끊임없이 성장해 새로운 자동차 제조 기업에 새로운 자금 조달 방법을 열었다. 이는 시장 지향적인 선택의 결과라는 데 의심할 여지가 없다. 문제는 각급 정부도 다양한 규모의 산업 투자 기금을 조성했다는 것이다. 일부 산업투자펀드는 신생 업체들을 도와 성공을 거뒀지만, 일부는 지방정부의 명령에 따라 신에너지 자동차 사업을 맹목적으로 지원했다가 뒷걸음질 쳤다.

이익을 좇고 손해를 피하려면 어떻게 해야 할까? 이런 기금은 반드시 시장 지향적인 운용 원칙을 견지해야 한다는 걸 정부가 분명히 알아야 한다. 벤처 투자는 위험이 큰 만큼 투자 수익률도 일반 공공 인프라 투자 프로젝트보다 커야 한다. 정부는 이러한 총 투자 수익률을 평가해야 한다. 또한 지역 간 울타리를 치지 말고 다른 지방에 좋은 프로젝트가 있으면 기업의 지역 간 투자를 지원해야 한다. 이런 기업들을 정부 대신 돈을 내는 '금고'로 삼아선 안 된다. 투자한 프로젝트 가운데 산업 투자기금은 최대 주주로 나서지 말고, 러닝메이트 역할에 머물러야 한다. 그리고 다원 위험투자의 소유제 역시 다원화하는 게 가장 좋다. 기존의 국유 산업투자기금에 민간·외자 산업투자기금이 아우러진 이런 구조가 더욱 건강하고 이상적이다.

일부 지역에선 지방정부가 신에너지 자동차 프로젝트에 대신 투자하는 현상이 나타난다. 더욱 바람직하지 않다. 정부가 기업 대신 이런 일을 해선 안 된다. 월권 행사는 역효과를 낼 뿐이다. 말로가 좋지 않은 프로젝트의 문제는 대개 여기서 비롯된다.

3____ 끈질긴 실천, 비야디의 역전 발판

전통 자동차 회사는 견고한 기반을 갖고 있다. 차량 연구 개발, 기술 축적 및 제품 품질 관리, 제어 측면에서 이점이 있다. 신에너지 자동차가 대세를 이루면서 전통 완성차 업체는 기존의 장점을 최대한 활용하고 새로운 길을 개척하기 위해 계속 전진하고 있다.

초기 전환 대열에 합류한 완성차 업체 중엔 중국디이자동차를 비롯해 둥펑, 베이징차, 상하이차, 창안, 비야디, 장화이江淮, 체리, 지리 등이 있다. 이제부턴 비야디가 신에너지차를 개발하기 위해 대외 협력하는 과정에서 수행한 시도와 노력에 중점을 둔다. 전통 완성차 업체가 신에너지차로 차선 변경을 하면서 어떤 힘든 과정을 거쳤는지, 또 어떻게 풍성한 수확을 거뒀는지 살펴본다.

충전 배터리 생산으로 출발한 비야디는 2003년 세계 2위의 2차전지 생산업체가 됐다. 그해부터 비야디는 승용차 생산 자격을 갖춘 회사를 인수하여 자동차 산업에 진출하기 시작했다. 중국 자동차 시장이 빠르게 확장되는 유리한 시기를 잡아 내연기관차로 마침내 자리를 잡았다. 비야디가 신에너지 자동차 개발을 결심할 수 있었던 건 리튬인산철 배터리LFP, LiFePO₄를 자체 생산하면서 쌓은 노하우를 활용했기 때문이다. 비야디는 초기 신에너지 자동차를 생산할 때, 모두 자체 생산한 배터리를 사용했다. 동력배터리를 독자적인 장점으로 삼아 외부엔 공급하지 않았다. 비야디는 전 세계 자동차 업체 중 드물게 완성차와 동력배터리를 모두 생산한다. 비야디는 2022년이 돼서야 배터리 외부 공급을 시작했다.

비야디는 신에너지차 연구개발과 시장 개척을 과감하게 모색하고 있다. 2008년 플러그인 하이브리드 세단 F3DM을 선보였다. 주행 거리를 늘린 전기차 모델로, 실제로 시장에 내놓은 건 2010년이었다. 이 차에 이어 순수 전기 승용차인 e6를 내놓자 선전시 택시들은 대부분 이

그림 6-2 2018년 상하이 푸둥 국제자동차 박람회에 전시된 '덴자 500'

모델을 택했다. 비야디는 신에너지 자동차에 '베팅'해 성과를 거뒀다. 2012년 말까지 비야디는 선전에서 800대 넘는 e6 순수 전기 택시와 K9 순수 전기 구동 버스 200대를 납품했다. 2012년에는 B2C 하이브리드 모델인 '친秦'을 출시하여 국내 신에너지 자동차 판매량 1위를 차지했다.

같은 해 3월, 비야디와 다임러Daimler AG°는 공동으로 23억 6000만 위안을 출자해 합작사인 '선전 비야디·다임러 신기술 유한회사DENZA, 騰 勢'를 설립했다. 비야디는 순수 전기 구동 동력시스템의 개발을 맡았고, 다임러는 차량 플랫폼과 차체 개발을 담당했다. 2014년 합작회사는 최초의 자동차인 덴자 400 순수 전기차를 출시했다. 그 뒤 2018년엔 덴자 500을 선보였다.(그림 6-2)

다임러는 세계적으로 유명한 자동차 회사다. 그룹 산하에 다임러

---

o 독일의 자동차 제조사, 2022년 '메르세데스-벤츠'로 사명을 변경했다.

트럭, 메르세데스-벤츠 승용차, 경량 상용차 등의 제품이 있다. 벤츠는 전 세계에 널리 알려진 브랜드다. 최근 몇 년 동안 다임러는 전기차와 연료전지차 기술에서 획기적인 발전을 이뤘다. 많은 독점 기술이 국제적으로 선도적인 위치에 있다.

비야디와 다임러의 합작투자를 돌이켜보건대 '꿈은 아름답지만, 현실은 뼈아팠다'고 말할 수 있다. 덴자 브랜드의 첫 번째 제품인 덴자 400은 주행거리가 거의 400킬로미터에 달하는 B급 순수 전기 차량이었다. 특히 이 차량은 B필러°를 처음으로 없앴다. 즉 차량 앞뒷문이 서로 마주 보는 방식이다. 이런 구조는 당시 연례 전시회의 콘셉트카에서만 볼 수 있었다. B필러를 없애는 것은 분명히 승하차하는 데 도움이 되지만 차체의 강도가 안전 표준을 충족하는 데 큰 어려움이 따른다. 그러나 덴자는 뜻밖에 양산 모델에서 이런 구조를 실현했다. 오늘날에 와서 보더라도 획기적인 일이 아닐 수 없다. 아쉽게도 이후의 덴자 모델은 더이상 이 구조를 채택하지 않았다.

처음에 덴자 브랜드 모델은 모두 새로 문을 연 전문 매장을 통해 판매했다. 그러나 2018년엔 덴자 매장이 60곳 남짓에 불과했다. 차종이 하나뿐이고, 판매량도 많지 않아서 네트워크 구축이 매우 어려웠다. 2017년 다임러는 덴자 브랜드 모델을 벤츠 매장에 들여와 판매하기로 결정했다. 2014년부터 2017년까지 4년 동안 덴자 브랜드의 연간 판매량은 수천 대에 불과했다. 4년 누적 판매량도 1만 대 미만이었다. 같은 기

○ 필러Pillar는 자동차의 탑승 공간의 천장을 받치는 기둥을 일컫는 말이다. 차량 운전석 앞부터 뒷면까지 순서대로 A필러, B필러, C필러, D필러로 부른다. B필러는 차량 앞뒤 좌석 출입문 사이의 기둥을 가리킨다.

간 비야디의 e5는 2017년에만 2만4000대가 팔렸다.

2014년부터 2017년까지 합자회사의 누적 손실은 26억 1000만 위안이었다. 현금 흐름이 빠듯하고 경영을 지속하기 어려운 상황이었다. 2017년 양측은 10억 위안을 증자해야 했다. 2019년, 합작회사는 순수 전기차 외에 플러그인 하이브리드 모델인 덴자-X라는 새로운 SUV 모델을 출시했다. 이전 모델보다 제품 설계 및 공정에서 큰 발전을 이뤘다. 가격을 약간 낮췄지만, 기본적으로 30만 위안 안팎을 유지했다. 이때쯤 중국 자동차 시장의 고속 성장 시기는 끝났다. 신에너지 자동차는 성장세를 유지했지만, 경쟁은 더욱 치열해졌다. 덴자-X 출시 후에도 판매량은 여전히 부진했다. 월 수백 대에 불과했고, 2020년 연간 판매량은 4000여 대에 그쳤다. 어떤 사람들은 이 모델이 실제로 비야디 '탕唐' 시리즈의 업그레이드판이라고 생각했다. 하지만 가격은 그보다 훨씬 비쌌다.

최초의 신에너지차 럭셔리 모델로서 덴자는 출발부터 좋지 못했고, 번번이 좌절을 겪었다. 벤츠가 도움의 손길을 내밀었지만 소용없었다. 반면, 비야디의 신에너지차 독자 브랜드는 갈수록 선전했다. 새로운 모델이 끊임없이 출시되고 생산 판매량이 해마다 증가했다. 줄곧 중국 신에너지차 발전의 선두그룹을 지켰다.

덴자의 신에너지 자동차를 평가한 기사는 많다. 서로 다양한 측면에서 문제를 분석했다. 모두 나름의 일리가 있다. 가장 근본적인 원인은 시장 위치 선정이 부정확했고, 브랜드 구축에 힘이 없었기 때문이라고 생각한다. 고급 제품군에 진입하려면 디자인부터 완전히 새로워야 한다. 처음부터 '블랙테크놀로지'◦ 적용을 고려해야 하고, 자금 조달, 브랜드

홍보, 마케팅 모델 및 A/S 측면에서 전통 자동차와 완전히 달라야 한다. 만약 내연기관차를 따라간다면, 가성비로 첫 발을 내딛는 게 좋다. 바로 이 점에서 비야디의 발전 경로는 모범 사례다. 새로운 브랜드를 육성할 때 브랜드 함축성이 뚜렷해야 하고, 기존 비야디 브랜드와 구별되어야 한다.

2022년 7월, 덴자자동차의 지분과 인사에 큰 변화가 생겼다. 비야디와 다임러는 각각 50퍼센트씩 갖고 있던 지분을 비야디 90퍼센트, 다임러 10퍼센트로 조정했다. 왕촨푸王傳福가 직접 회장을 맡았다. 그해 덴자 D9가 등장했다. 가격은 33만5800위안부터였다. 비야디는 덴자 D9을 위해 e플랫폼 3.0°°, DM-i 하이브리드 기술°°°과 블레이드 배터리°°°° 등 신기술을 도입했다. 주행 거리가 짧고 동력이 떨어지는 덴자 브랜드의 여러 문제를 개선해 판매량이 가파르게 상승했다. 다용도 자동차 MPVMulti-Purpose Vehicle의 MVPMost Valuable Player가 됐다. 덴자 브랜드는 마침내 쇠퇴에서 벗어나 비야디가 신에너지 자동차 고급 시장에 충격을 주는 예리한 무기가 됐다. 2023년 상하이 모터쇼에서 덴자 스포츠 SUV 새 모델이 사전 주문을 받았는데, 7일 동안 누적 주문량이 1만569대에 달했다.

o black technology, 현재의 기술을 훨씬 넘어서는 수준의 첨단 기술
oo 비야디가 2021년에 도입한 순수 전기 전용 플랫폼이다.
ooo DM-i 하이브리드는 비야디가 처음 개발한 '듀얼모드 플러그인 하이브리드Dual-Mode Plug-In Hybrid' 기술의 줄임말이다. 전기 동력 위주, 엔진은 보조 역할로 설계해 차량을 순수 전기차에 더 가깝게 만들었다.
oooo 블레이드 배터리刀片电池, The blade battery는 비야디가 2020년 3월 29일에 발표한 배터리 제품이다. 칼날처럼 얇고 긴 셀을 배터리 팩에 끼워 넣는 형태로 공간 활용도를 높였다. 비야디 '한漢' 전기차에 탑재된 블레이드 배터리의 에너지밀도는 145Wh/kg에 달해 전 세계적으로도 앞서가고 있다. 항속거리도 최대 600킬로미터까지 높일 수 있다.

2019년 11월, 비야디와 도요타는 50 대 50의 지분 비율에 따라 순수 전기 자동차의 합작사인 '비야디·도요타 전기차 과학기술유한회사'를 설립한다고 발표했다. 초기 등록 자본금은 3억 4500만 위안, 양측은 각각 1억 7250만 위안을 출자했다. 순수 전기차와 전동 플랫폼 설계 개발에 초점을 맞춘 이 회사는 도요타가 디이차, 광저우차에 이어 중국에 설립한 세 번째 합작회사다. 비야디는 이번 협력을 통해 순수 전기차 시장에서 경쟁력과 연구개발 능력에서 도요타와 품질·안전 등의 연대를 이룰 수 있을 것으로 기대한다고 밝혔다. 양측이 공동 개발한 새 모델은 도요타 엠블럼을 채택하고, 첫 모델은 2025년까지 시장에 내놓을 예정이다.

도요타는 오랜 역사를 가진 일본 자동차 기업으로 국제 자동차 시장에서 생산·판매량 선두를 달린다. 최근 몇 년 동안 하이브리드 자동차 판매량 세계 1위를 달성했다. 연료전지차 방면에서도 세계 시장을 선도하고 있지만, 순수 전기 자동차 분야에선 많은 성과를 거두지 못했다. 도요타와 비야디의 합작 투자는 이러한 단점을 보완하기 위한 것이다. 합작 계약에 따라 새 모델은 비야디의 e플랫폼을 기반으로 개발한다.

비야디와 도요타의 합작에 앞서 디이차와 도요타는 이미 톈진에 20만 대의 신에너지 자동차 생산 능력을 갖춘 새 공장을 착공했다. 그리고 2023년 4월, 비야디의 블레이드 배터리를 탑재한 bZ3 모델을 정식 출시했다.

비야디는 중국 전통 자동차 업체 가운데 처음으로 신에너지차 전용 플랫폼을 개발한 곳이다. 다임러와 도요타가 비야디와 협력을 원하는 것도 바로 이 점을 중시했기 때문이다. 비야디는 신에너지차 플랫폼

개발에서 풍부한 경험을 축적했다. 새로운 플랫폼에 탑재된 일련의 신에너지차는 중국 자동차 시장에서 테스트를 통과했고, 많은 모델이 소비자의 인정을 받았다.

그러나 2017~2020년, 보조금 감소의 영향과 코로나19 발병의 충격으로 여러 브랜드의 전면 적용 전략을 채택한 비야디는 판매 감소와 고비용의 어려움과 맞닥뜨렸다.

하지만 비야디는 보폭을 좁히지 않고 조용히 기술 연구개발과 산업체인 공급망 우세를 두텁게 축적해나갔다. 블레이드 배터리는 배터리팩의 공간 활용도를 높이고 안전 성능과 에너지 밀도를 향상시켰다. e플랫폼 3.0은 구동 모터, 감속기, 구동모터 제어기, 고압 배전함, 고저압 직류변환기, 충전 포트, 차량 제어장치와 배터리 관리시스템 등 '8가지 모듬'을 통해 많은 양의 고압 전선 묶음과 일부 부품을 절약할 수 있었다. 부피와 질량도 10퍼센트씩 줄어들었다. 비야디는 또한 상류의 리튬, 코발트, 니켈에서 중류의 배터리셀°, 배터리팩, 모터, 전기 제어, 심지어 출력 반도체까지 전체 산업체인 배치를 실현했다. 지난 몇 년 동안 원자재 가격이 상승하고, 공급망이 막히는 시장 환경에도 거의 영향을 받지 않았다.

전통적인 완성차 업체 가운데 비야디는 신에너지 자동차의 확고한 실천자다. 2022년 3월, 비야디는 내연기관차의 생산과 판매를 즉시 중단한다고 발표했다. 전 세계 많은 기업이 비슷한 발표를 했지만 대

° 배터리 내에서 양극판과 음극판으로 조합된 1조로, 하나의 격실로 된 케이스 내에서 전해액 속에 담가 다른 셀과 분리돼 있다. 차량용 배터리의 1셀은 2볼트의 전압을 나타낸다. 따라서 12볼트용 배터리는 6개의 셀이 있다.

부분 2030년 또는 2035년까지 시행할 계획이었다. 발표 직후 내연기관 차 생산·판매를 중단한 건 비야디가 처음이었다. 2021년 비야디는 59만 3700대의 신에너지 차량을 판매했다. 전년 대비 231.6퍼센트 증가한 숫자다. 2022년에는 184만7700대(비야디의 연간 전체 차량 판매량 186만 5500대의 약 99퍼센트)로 전년 대비 211퍼센트 증가했다. 단숨에 테슬라 (131만4000대)를 제치고 전 세계 신에너지 차량 판매 1위 자리에 올라 명 실상부한 선두 기업이 됐다. 2022년 순이익은 166억 위안을 기록했다. 국내 최초로 대규모 흑자를 달성한 신에너지 저비용 자동차 회사이기도 하다. 그해의 월간 판매량 변화는 그림 6-3에 나와 있다. 2022년 비야디 의 신에너지차 판매 순위는 표 6-1에 나와 있다.

2022년, 비야디 승용차 수출은 5만5916대로 전년 대비 307.2퍼센 트 증가했다. 해외 시장에서도 기념비적인 순간을 맞이했다.

시장 수요를 정조준하고, 기업의 인재, 제품과 기술 우위를 구축

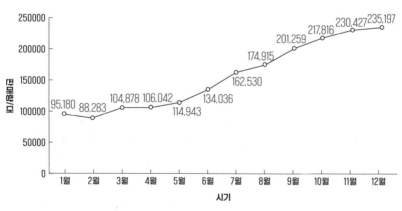

그림 6-3 비야디 자동차의 2022년 월간 판매량 변화

표 6-1 2022년 전 세계 신에너지 승용차 부문 판매 순위 Top 20

	기업	2022년 연간 판매량 / 대	2022년 연간 점유율 / %
1	비야디	1,847,745	18.31
2	테슬라	1,314,330	13.02
3	상하이GM우링	482,056	4.78
4	폴크스바겐	433,636	4.30
5	BMW	372,694	3.69
6	벤츠	293,597	2.91
7	광둥자동차	271,557	2.69
8	상하이자동차	237,562	2.35
9	창안	237,429	2.35
10	체리	230,867	2.29
11	기아	224,784	2.23
12	지리	224,601	2.23
13	현대	222,500	2.20
14	둥펑	204,774	2.03
15	볼보	203,144	2.01
16	아우디	191,644	1.90
17	호존	149,791	1.48
18	포드	148,520	1.47
19	리샹	134,409	1.33
20	푸조	129,910	1.29
	TOP 20 합계	7,555,550	74.87
	기타	2,535,614	25.13
	전 세계 총계	10,091,164	100.00

출처: Clean Technica (순수 전기차 및 플러그인 하이브리드 포함)기업

하는 것은 비야디의 일관된 장기 추구 전략이다. 초창기 비야디는 '엔지니어 인해전술'에 기대어 배터리 주문자 위탁 생산 OEM°의 급속한 발전을 실현했다. 자동차 산업에 진입한 후 '캥거루 이론'°°를 채택하여 발전을 가속화했다. 신에너지 자동차 분야로 전환한 뒤엔 '기술이 왕이고, 혁신이 근본이다'라는 이념을 고수했다. 동력배터리에서 신에너지 자동차에 이르기까지 점차 전체 산업 사슬 '기술풀'을 형성해 풍부한 신에너지 기술을 비축했다. 시장에서 끊임없이 검증과 개선을 거쳐 연구 개발 능력을 향상시켰고, 기술 혁신을 통해 산업 시스템의 고점을 차지했다.

4_____ 베이징차, 과잉생산과 실적 널뛰기

21세기에 들어서면서 베이징은 초기 신에너지 자동차 시범도시 가운데 하나가 됐다. 그래서 베이징자동차는 이른바 '10개 도시 1000대의 차량' 시범사업에 적극 참여했다. 2009년 이 기회를 빌려 그룹 산하에 신에너지 회사를 설립하고, 체제 혁신과 기술 혁신을 통해 새로운 발전의 길로 들어섰다.

맨 처음 신에너지차 대열에 합류한 기업들은 전통 내연기관차 플랫폼 기반 아래 연료를 전기로 대체해나갔다. 대개 B2B°°°사업 위주였

° OEMOriginal Equipment Manufacturer, 주문자의 의뢰에 따라 주문자의 상표를 부착하여 판매할 상품을 제작하는 업체를 의미한다.
°° 긴 다리로 도약하고, 주머니에서 새끼를 육성하고, 스스로 달리는 캥거루의 특성에 빗댄 비야디의 발전 전략
°°° B2BBusiness-to-Business, 기업과 기업 사이의 거래를 기반으로 한 사업을 뜻한다. B2B와 반대되는 개념으론 기업이 소비자를 겨냥한 B2CBusiness-to-Customer가 있다.

다. 이후 두 번째 대열은 순수 전기차 구동 플랫폼을 개발했다. 플러그인 하이브리드와 연료전지차 등도 포함된다. 사업 방식도 B2B에서 B2C 위주로 바뀌면서 새로운 영업 모델을 창조했다. 그리고 일부 기업은 브랜드 가치를 높이기 위해 노력했다. 요컨대, 신에너지 자동차로 적극 전환하는 내연기관차 회사들이 점점 늘어가고, 시장도 끊임없이 확대되고 있다.

베이징자동차신에너지北京汽車新能源 회사는 베이징과 다른 여러 도시에서 택시를 전기차로 교체하는 기회를 잡았다. 가장 먼저 B2B 사업의 단맛을 본 것이다. 아쉬운 점은 B2C 사업으로 전환하는 과정에선 낙오됐다는 것이다.

2012년 베이징차신에너지는 일부 도시 택시 사업을 대상으로 E150EV 모델을 출시했다. (그림 6-4) 그 뒤로는 온라인 차량 호출 시장을 개척했다. 중앙과 지방의 재정 보조금의 지원 아래 베이징에서 먼저 시

그림 6-4 베이징자동차 E150EV 모델 (베이징자동차신에너지 사 제공)

장을 열었다. 이 업체의 발전을 지원하기 위해 베이징시는 다싱 경제개발구에 신에너지차 산업발전단지를 건설했다. 완성차, 부품, 물류 등 기업들이 속속 단지 안으로 몰려왔다.

베이징자동차신에너지 사의 발전은 베이징시 정책에 의존했고, 이익도 거기서 챙겼다. 국가 차원의 신에너지 자동차 재정 보조금에 더해 베이징시 정부도 보조금을 줬다. 스모그 통제를 이유로 오랜 기간 순수 전기차에만 보조금을 지급하고, 다른 친환경 자동차 모델에는 지급하지 않았다. 플러그인 하이브리드 자동차에 존재하는 연료 조건 때문에 수많은 소비자는 해당 차종을 내연기관차로 간주했다. 플러그인 하이브리드 자동차는 여전히 매연을 배출해 베이징의 대기 오염 방지 요구사항을 충족하지 못했기 때문에 재정 보조금을 받을 수 없었다. 업계의 일부 기업은 이런 조치가 베이징차신에너지 회사를 보호하는 셈이라고 불평했다.

택시를 겨냥한 시장은 지방정부가 현지 업체에서 생산한 자동차 사용을 우선시하기 마련이다. 베이징뿐만이 아니다. 중국 남부 선전시의 초기 택시 교체 사업이 비야디의 e6 순수 전기차를 전량 구매한 게 전형적인 사례다.

당시 베이징의 택시 교체는 기본적으로 E150EV 제품을 사용했다. 이는 베이징차신에너지에 좋은 일이었지만, 부작용도 있었다. 베이징 택시 교체 물량을 대느라 몇 년 동안 주문 걱정을 할 필요가 없었다. 이후 베이징시에서 차량 번호판 발급을 제한한 후, 베이징자동차신에너지는 2015년에 시간제 렌탈 시장을 개척했다. 한순간에 '그린고GreenGo, 綠狗' 자동차가 베이징의 거리와 골목 곳곳에 퍼졌다. 회사의 발전을 위해 지속 가능한 시장을 연 셈이다. 그러나 해외 시장을 개척하는 데엔 한계가 있었다.

사람들은 웨이라이NIO자동차의 배터리 교환 모델을 더 잘 알지만, 사실 베이징차의 전지 교환 모델은 몇 년 전 택시 시장에서 실현됐다. 택시는 시간이 돈이다. 긴 충전 시간을 단축하기 위해 베이징차는 19개 도시에 209개의 배터리 교체소를 잇달아 건설했다. 시장에 투입된 배터리 교체형 순수 전기차는 1만8000대를 넘었다. 당연히 가장 많은 곳은 베이징이었다.

3년 동안 '10개 도시 1000대의 차량' 프로젝트의 시범 사업이 끝난 뒤 1년간의 총결을 거쳐 국가는 2014년부터 시범도시의 범위를 확장하고 자동차 구매 보조금을 계속 지급하기로 결정했다. 보조금 대상도 과거 대중교통 사용자 중심에서 민간 사용자로 바뀌었다. 이때부터 전국 범위의 신에너지차 업종은 도입기에서 성장기로 진입했다. 이 전환 과정에서 새로 생겨난 자동차 제조사들이 일군을 이뤘다. 비야디와 같은 소수 기업이 이런 변화에 적응했지만, 대부분의 선행 기업들은 적응력이 좋지 못했다. 이런 변화는 단번에 발생하지 않았고 일부 외부 요소들이 작용했지만, 의심할 여지없이 내부 요인이 결정적인 역할을 했다.

2013년부터 2019년까지 베이징자동차신에너지는 7년 연속 국내 순수 전기차 판매량 2위를 유지했다. 2017년에는 테슬라 자동차의 글로벌 판매량까지 앞질렀다.

그러나 자동차 산업의 전동화와 지능화 변혁이 깊어지면서 많은 전통 자동차 회사의 완성차 대량 생산 능력과 전통적인 구동 시스템 생산 능력은 발전에 거대한 걸림돌이 됐다. 또한 지능형 네트워크 기술 관련 인재들이 심각하게 부족하고 전통적인 자동차 회사의 관료 조직 구조, 수직형 산업체인 관리와 마케팅 모델은 급변하는 시장 수요에 적응하기 어려웠다.

2019년 신에너지차 판매량 1만5601대를 달성한 후 베이징차신에너지 회사는 산업 대변혁의 조정 과정에 들어갔다. 2020년 신에너지차 판매량은 2만5914대로 전년 같은 기간보다 약 82.79퍼센트 줄었다. 연간 생산량은 1만3200대에 불과해 전년 동기 대비 70.17퍼센트 감소했다. 생산량이 판매량보다 현저히 적다는 건 당시 재고가 너무 많아 소화 중이라는 걸 보여준다. 2021년 베이징차의 신에너지차 연간 누적 판매량은 2만6127대로 전년 대비 0.82퍼센트 소폭 증가했다. 2022년 연간 누적 판매량은 5만179대로 전년 대비 92.06퍼센트 증가했다. 2013~2022년 베이징자동차신에너지의 판매량 변화는 그림 6-5에 나와 있다.

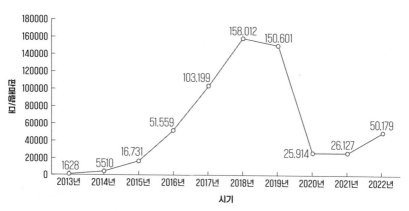

그림 6-5 베이징자동차신에너지 2013~2022년 판매량 변화

왜 이렇게 큰 기복이 생겼을까? 전 세계 자동차 산업은 100년이라는 큰 변화를 겪고 있다. 어떤 자동차 회사도 이러한 변화를 피할 수 없고, 그에 따라 발전 방향과 전략을 조정해야 한다. '유아독존'은 불가능하다. '변치 않는 것으로 모든 변화에 대응한다以不變應萬變'는 건 죽음의 길에 더 가깝다. 자동차 회사는 전략 방향과 제품 브랜드 구축, 제품 시장 위치 선정, 마케팅 전략 등을 세밀하게 분석해야 한다. 논증 후 큰 방향이 틀리지 않았다면 이를 악물고 버텨야 한다. 마지막 성공은 때론 포기하지 않는 데 있다. 여명 직전의 하늘이 가장 어두운 법이다. 논증을 통해 문제가 발견되면 과감하게 시정 조치를 취해야 한다. 과감하게 자신을 부정하는 건 때론 과감히 버티는 것보다 어렵다. 베이징자동차가 눈앞의 어려움을 극복하고 신에너지차와 스마트 커넥티드카의 발전에서 다시 영광을 되찾길 바란다.

5 ___ 보조금 벗어난 우링훙광의 차별화

전통 자동차 기업의 변혁과 발전에 대해 말할 때, 뇌리에 가장 먼저 스치는 업체는 류저우º의 '우링훙광五菱宏光'이다.

류저우 우링은 줄곧 중국 소형 '빵차'ºº와 화물차 제조업계의 선두주자였다. 시장 상황이 좋을 때도 그랬고, 침체기에도 마찬가지였다.

º 류저우柳州는 중국 서남부 광시 좡족자치구에 있는 공업도시로 자동차, 기계, 철강 등이 산업 체인을 형성하고 있다.
ºº 식빵 모양을 닮았다고 해서 중국어로 몐바오처麵包車라고 불리는 미니밴, 우리나라의 '봉고차'에 비유할 수 있다.

많은 기업이 흔들려도 이 회사는 변함없이 대중의 요구에 맞는 가성비 높은 제품을 만들었다. 실제 21세기의 첫 10년 동안 숱한 미니밴 업체들이 구조 조정 과정에서 흔적도 없이 사라졌다. 류저우 우링의 경우 기복은 있었지만 끝까지 살아남았다.

국유기업 개혁의 전반적인 요구사항 등에 따라 류저우 우링은 먼저 상하이자동차와 협력 관계를 구축했다. 2년 후 제너럴모터스가 합류해 '상하이·GM우링' 회사를 설립했다. 이른바 '중중외中中外(중국 본토 기업 2곳에 해외 기업 1곳)' 새로운 합자 방식을 연 것이다. 상하이차는 합자회사의 지분을 50.1퍼센트 보유했다. 광시자동차그룹주식유한회사를 비롯한 지방 기업들이 5.9퍼센트, 제너럴모터스가 44퍼센트의 지분을 갖고 있다. 2002년 합자회사 설립 이후, 자금과 기술, 제품, 경영 등 여러 방면에서 새로운 주주의 지지를 확보하며 경쟁력이 크게 높아졌다. '중중외' 합자 방식은 또한 나름의 독립성을 지니게 했다. 과거 중외中外 합자회사가 생산품 대다수를 해외 모기업에서 들여오던 방식을 바꾸어서 GM의 일부 모델을 빼곤 대부분 합자회사에서 스스로 개발했다. 게다가 소형차 전략을 꾸준히 유지해서 큰 성공을 거뒀다.

2014년부터 상하이·GM·우링은 소형 전기차를 생산하는 쪽으로 방향을 잡고 연구개발에 착수했다. 우링홍광의 내연기관차 토대 위에 동력시스템을 교체하는 방식으로 '바오준寶駿' E100, E200, E300 등의 순수 전기차 모델을 속속 내놨다. 하지만 일부 지역에서 판매량이 나쁘지 않았을 뿐 큰 인기를 끌지는 못했다.

상하이·GM·우링은 자동차 시장에 대한 연구를 멈추지 않았다. 시장 조사 결과 저속 전기차가 너무 많은 것으로 나타났다. 또 이런 차들이 국가 의무 기준에 따라 관리되지 않은 탓에 교통사고에서 인명과 재산 피해를 키우는 요인이 됐다. 관련 부처에선 '교통정리'에 나섰다.

시장의 요구는 객관적으로 존재한다. 시장 정돈 작업 후 빈 곳을 무엇으로 메울 수 있을까? 상하이·GM·우링은 여기서 사업 기회를 발견했다. 자동차업계의 기업 대부분이 고급화를 향해 나아가고 있을 때, 자동차 생산 표준에 부합하고 일반인이 구매할 수 있는 제품을 돌파구로 선택했다. 우링훙광 MINI(그림 6-6)는 이런 맥락에서 나왔다. 시작부터 상하이·GM·우링은 정부 보조금 없이 시장 경쟁력이 있는 순수 전기차 제품으로 자리매김했다.

정부 보조금은 각국에서 통용되는 관행이다. 보조금 없이 시장에만 의존했다면 신에너지 자동차는 아예 발전하지 못했거나 적어도 오늘

그림 6-6 우링훙광 MINI(상하이·GM·우링 제공)

날과 같은 개발 성과는 없었을 것이다. 그러나 보조금 관행 자체는 '양 날의 검'이다. 보조금 정책엔 일부 부정적인 면이 있다. 예를 들어, 일부 전기차의 목표는 최대한 많은 보조금을 받아내는 것이고, 보조금에 따라 사업 계획을 세운다. 소비자의 필요에 맞춰 제품을 만드는 게 아니라 최대 보조 금액에 가까운 요구 사항을 향해 설계된다. 시장의 법칙에 어긋난 투자는 결국 시장에서 폐기되고, 이렇게 생산된 차량은 시장의 외면을 받는다.

경차 영역에서 일부 기업들은 보조금 액수에 따라 가격을 책정한다. 중앙이나 지방 재정에서 보조금을 받으면 제품은 거의 공짜로 소비자에게 넘어간다. 이런 기업은 차를 만드는 원래 의도마저 의심받게 된다. 돈을 한몫 벌고 도망치는 투기꾼에 가깝다. 편법으로 보조금만 챙기는 한 유형이다. 사용자 역시 '공짜'로 차를 얻어도 소중히 여기지 않는다. 일부는 진짜 구매자가 아니라 기업의 바람잡이다. 정부가 보조금 정책을 발표할 때 예상하지 못했던 부작용이다.

상하이·GM·우링은 이런 투기 관행과는 완전히 반대되는 방식으로 전기차를 개발했다. 장기적인 전략을 채택했고, 보조금의 감소는 생산과 판매에 영향을 미치지 않았다.

2019년 우링훙광은 MINI의 출시 준비를 이미 끝냈다. 연료 자동차를 기초로 동력만 바꾼 차가 아니라 완전히 새로운 디자인으로 개발한 모델이었다. 그러나 아직 때가 무르익지 않았다. 신에너지차에 대한 수요가 높지 않았고 주행 거리에 대한 염려도 그대로였다. 충전은 여전히 번거로웠다. 게다가 그해 재정 보조금도 확 줄었다. 상하이·GM·우링은 신차를 곧바로 출시할 생각이 없었다. 기회를 엿보며 단번의 성공을

중국 전기차가 온다

노렸다.

2020년 초, 코로나19가 발생했다. 각지에서 전염병 통제 조치에 나섰다. 사람들은 재택근무를 시작했다. 이러한 생활환경은 온라인 사회의 발전을 촉진했다. 수많은 전자 상품과 소프트웨어가 잘 팔렸다. 마스크 같은 방역 상품은 공급이 달렸다. 상하이·GM·우링은 즉시 일부 생산라인을 마스크 생산 공장으로 바꿨다. 마스크 대란을 돈벌이 수단으로 삼으려는 게 아니었다. 전국 각지에 마스크를 공짜로 공급해 방역 업무를 지원하면서 좋은 평판을 쌓았다. 많은 사람이 마스크를 통해 이 회사를 알게 됐다. 매우 똑똑한 마케팅 전략이었다.

동시에 상하이·GM·우링은 코로나19 영향으로 사람들이 대중교통 이용에 매우 신중해졌다는 것을 발견했다. 저가형 전기자동차엔 천재일우의 기회였다. 시중엔 오라ORA의 블랙캣과 화이트캣, 체리자동차의 엔트ANT 등이 이미 나와 있었지만, 이런 제품의 최저가는 6만 위안이었다. 상하이·GM·우링은 기회를 놓치지 않고 3개월 만에 모든 생산 준비를 완료했다. 상표도 바꾸지 않았다. 자체 브랜드의 좋은 사회적 이미지를 바탕으로 2020년 7월 우링홍광 MINI라는 순수 전기차 모델을 출시했다. 가격은 2만8800~3만8800위안, 시장에 나와 있는 유사 모델의 절반 값에 불과했다. 저속 전기차 시장의 차원을 바꾸는 공세였다.

출시 첫 달에 7300대가 팔렸고, 그해 12월엔 한 달 판매량이 3만 5000대에 달했다. 회사가 사전에 충분한 준비를 해두지 않았다면 이렇게 높은 생산량을 소화할 수 없었을 것이다. 2020년 연간 12만7600대, 2021년의 경우 월별 판매량은 변화가 있지만, 기본적으로 3만 대 수준을 유지했다. 가장 높을 땐(8월) 4만 대를 넘어섰다. 연간 판매량은 42만

6000대에 달했다. 2022년엔 이 모델의 연간 판매량이 55만 대를 넘어 중국 신에너지차 단일 모델의 연간 판매량 1위를 차지했다.

1선 도시° 가운데 이 차종은 상하이에서 가장 많이 팔렸다. 상하이시는 일찍이 자동차 번호판 경매 제도를 시행하고 있는데, 번호판 하나에 7~9만 위안 이상이 든다. 하지만 신에너지차 번호판은 경매할 필요가 없다. 그만큼의 보조금을 주는 것과 같다. 그런데 2선부터 5선까지 도시에서 이 모델은 더욱 잘 팔렸다.

류저우시는 앞으로 도시의 모든 가정이 전기차를 한 대씩 갖도록 할 구상이다. 물론 우링홍광 MINI를 위해 특별히 설계된 정책은 아니다. 류저우시의 산성비 오염이 매우 심각하기 때문이다. 연료 자동차 배기가스에서 배출되는 황산화물, 질소산화물은 산성비의 중요 원인 중 하나다. 전기차 보급은 환경오염 해결에 도움이 된다. 어쨌든 이 정책이 시행되면 우링홍광 MINI가 가장 큰 정책 수혜자가 될 것은 확실하다.

상하이·GM·우링은 2020년 신차 발표회에서 앞으로 100일 안에 전국 100개 도시에 100개의 체험 매장을 열겠다고 발표했다. 구매자들은 체험 매장에 가서 제품이 어떤지 자세히 알아볼 수 있다. 판매는 완전히 새로운 온라인 주문 방식을 채택한다. 새 차는 원스톱으로 고객 손에 넘어간다.

우링홍광 MINI는 설계 단계부터 '기계 공간을 최소화하고 탑승

○ 중국의 1선 도시는 통상 베이징, 상하이, 광저우, 선전 등 4곳을 가리킨다. 행정구역 상 4대 직할시인 베이징, 상하이, 톈진, 충칭과 별개의 개념이다. 2005년부터 중국 통계국에서 70개 도시를 선정해 부동산 시장 규모에 따라 제1, 2, 3선 도시로 분류한 것이 시작이다. 이런 분류를 바탕으로 경제지인 '제일재경'이 점수를 매기는 방식으로 2006년부터 매년 발표하다 보니, 지금은 제5선 도시까지 분류가 확장됐다.

공간을 최대화한다'는 개념을 내세웠다. 앞좌석은 최대한 편안한 스타일로 승차감을 보장하고 뒷좌석은 접어서 눕힐 수 있도록 간단하게 만들면서도 자녀용 카시트를 장착할 수 있는 2개의 접속구를 남겨놨다. 그러나 안전 부품의 채택은 전혀 간단치 않았다. 브레이크 잠김 방지 설비ABSAnti-lock Braking System, 옆 방향 미끄러짐Side slip 방지 체계, 안전벨트, 타이어 공기압 모니터링, 충돌 방지 장치 등을 포함하여 조금도 소홀하지 않았다. 원가 절감을 위해 후진 영상 대신 후진 레이더를 적용했고, 저사양 모델엔 심지어 에어컨조차 없었다. 수납 가능한 충전기를 증정해서 가정에서 사용하는 220볼트 전원으로도 충전할 수 있다. NEDC 표준°에 따르면 이 모델은 완충 시 120~170킬로미터를 주행할 수 있다. 배터리팩의 에너지는 9.3kWh, 13.9kWh이고, 충전 시간은 6.5시간이다. 이 모델엔 전기 가열과 스마트 보온 기능이 있고, 앞좌석엔 앱을 다운로드해서 인터넷에 연결할 수 있는 작은 조종 시스템도 있다.

역사적으로 포드가 개발한 모델 T, 폴크스바겐의 비틀은 자동차를 대중이 살 수 있는 제품으로 만들었다. 2003년 체리가 출시한 QQ도 반향을 일으켰다. 오늘날 전기차의 보급과 대중화에 있어서 MINI의 공헌은 위의 제품들 못지않다. 대세를 따르지 않고 거꾸로 가는 건 선도기업의 필수 덕목이 되곤 한다. 우리는 우링훙광의 후속 모델이 신에너지차 발전 역사에서 진정한 '국민차'가 되기를 기대한다.

물론 지속가능성과 수익성을 우려하는 목소리도 있다. 기왕에 순

° NEDCNew European Driving Cycle는 1970년대 도입이 된 주행거리 측정 방식이다. 급가속, 에어컨, 주행모드 등은 측정에 반영하지 않고, 단순히 주행을 시작해서 멈출 때까지 달린 거리를 측정하는 방식이다.

수 전기차 플랫폼을 완전히 새롭게 만든 만큼 MINI 한 모델에 그칠 순 없다. 아직 발표하지 않았을 뿐 우링홍광은 반드시 일련의 후속 모델을 계획하고 있을 것이다. 수익성에 관해서는 현재 차종의 원가 판매 가격으로 볼 때, 그리 높지 않을 것이다. 그러나 우리가 모든 신에너지차 제품과 기업을 살펴볼 때 실제로 수익성을 실현한 곳이 몇이나 될까?

현 단계에서 모든 기업은 시장 점유율을 확대하기 위해 노력하고 있다. 상하이·GM·우링은 영리 기업이고 우링홍광 MINI의 출발은 상당히 순조롭다. 후속 모델이 출시되면 같은 플랫폼에 탑재된 제품의 생산·판매량은 더 증가할 수 있다. 기존 모델은 감가상각과 할부 완납에 따라 고정 비용이 줄면서 수익성이 개선될 것으로 보인다.

실제로 자동차 업계엔 '더블 포인트'⊙ 제도가 시행됐기 때문에 남는 포인트를 팔아 영업 외 수익을 올릴 수도 있다. 앞으로 탄소 거래가 시행되면 자동차 업계는 이런 산업 내 기업 간 거래를 모든 산업계 기업 간 거래로 전환할 수 있다. 그러면 신에너지차 분야에서 돌파구를 마련한 자동차 회사는 숨통이 트일 것이다.

⊙ 중국어로는 쌍지펀雙積分, 두 개의 점수라는 뜻으로 중국 업체들의 내연 기관 자동차 생산량을 제한하는 동시에 신에너지차의 생산을 유도하는 투트랙 제도다. 1차적으로 2019년까지 친환경 자동차 생산량이 전체 자동차 생산량의 10퍼센트를 넘도록 했다. 스스로 점수를 채우지 못한 자동차 제조사들은 다른 업체의 남는 포인트를 구매해 할당량을 채워야 한다.

6____ 현실 안주는 금물, 독립 브랜드 아이온

주류 브랜드가 신에너지 자동차로 집단 전환하는 건 산업의 발전 추세일 뿐만 아니라 기업의 전략적 선택이기도 하다. 그들은 각자 자신만의 신에너지 자동차 이야기를 써내려가는데, 여기에선 광저우자동차의 '아이온Aion'을 대표 사례로 소개하려고 한다.

광저우자동차그룹GAC은 광저우 푸조자동차를 재편하고 혼다와 합작해 1997년에 세운 지방 국유 자동차지주회사다. 광저우차는 10년 동안 여러 외국 자동차 회사와 잇달아 합작회사를 설립했다. 2007년부터 광저우차 그룹은 트럼치Trumpchi, 傳祺라는 독자 승용차 브랜드를 개발했다. 판매량은 2010년 1만7000대에서 2016년 37만대로 증가해 좋은 성과를 거두었다.

광저우차는 이미 달성한 성공에 도취하지 않고, 오히려 위기를 생각했다. 신에너지차가 미래 발전 방향이라는 걸 인식하고, 과감하게 신에너지 자동차 회사를 설립하기로 결정했다. 이 회사는 처음부터 30억 위안을 투자해 완전히 새로운 순수 전기차 플랫폼 'GEP' 개발에 썼다. 47억 위안을 분할 투자해 지구촌을 선도하는 스마트공장 건설을 계획했다. 그리고 마침내 20만 대 생산 능력을 갖췄다. 광저우차는 다른 기업과 함께 450억 위안을 투자하여 500만 제곱미터 면적의 신에너지 자동차 산업단지를 건설했다. 신에너지 자동차 연구개발, 생산, 상업, 문화, 관광, 금융 등 모든 산업 체인을 포괄하는 산업 클러스터를 만들었다.

이 모든 것이 오늘날 보기엔 특별한 점이 없는 듯하지만, 2017년으로 돌아가면 확실히 광저우차라는 기업이 선견지명이 풍부하고 결심이 확고하다는 걸 알 수 있다. 신에너지차 개발을 망설이고 걱정이 많아서 적기를 놓친 다른 지역 자동차 기업과 비교하면 우열이 뚜렷하다.

광저우차 신에너지차가 내놓은 첫 모델은 아이온S(그림 6-7)다. 2019년에 시장에 출시된 준중형 순수 전기차 세단으로 곧 같은 유형의 세분화 시장에서 새 판을 열었다. 이후 중형 SUV '아이온LX', 준중형 SUV '아이온V', GEP2.0 플랫폼에서 개발된 준중형 SUV '아이온Y' 등 몇몇 라인업을 연이어 선보였다. 아이온S와 아이온LX는 차체와 차대 Chassis에 알루미늄 합금 소재를 많이 사용했지만, 아이온V는 비용 절감을 위해 차대에 강철 소재를 더 많이 사용하는 걸로 바뀌었다.

2010년부터 중국 자동차 시장에서 SUV가 인기를 끌면서 일부 전통 세단을 대체했다. 내연기관차 SUV 모델은 10년 동안 꾸준히 팔리고 있다. 그래서 광저우차를 비롯한 국내외 신에너지차 업체들은 이에 편

그림 6-7 광저우차 아이온S(광저우차 신에너지 자동차 제공)

중국 전기차가 온다

승해 첫 차종을 SUV로 채택했다. 제품 계열화에서도 SUV는 매우 중요한 위치를 차지한다. 대세를 따라 성공률을 높이는 것도 중국 신에너지차 발전의 경험이다.

2020년 말, 광저우차 그룹은 신에너지차 브랜드인 아이온이 독립적으로 운영될 것이라고 발표했다. 광저우차 신에너지자동차회사는 '광저우차 아이온 신에너지자동차유한회사'(이하 아이온)로 이름을 바꿨다. 같은 해 12월 24일 광저우차는 뉴욕 타임스퀘어 전광판에 '아이온 이즈 커밍Aion is Coming'이라는 광고를 크게 내기도 했다.

아이온은 2022년 4월에 공식 출범과 동시에 시스템과 메커니즘에서 돌파구를 마련했다. 다원 주주가 지분을 지닌 유한책임회사 시스템을 구현하고 일부 직원이 회사의 지분을 보유하고 있다. 회사는 비교적 독립적인 의사 결정 및 운영 메커니즘을 구축했다. 아이온 브랜드는 광저우차 신에너지 자동차 제품에만 사용된다.

2020년 광저우차 그룹의 신에너지차 판매량은 6만 대를 넘어섰다. 2021년엔 신에너지차 대세 상승의 좋은 기회를 만나서 고속 성장을 이어갔다. 연간 생산·판매량 12만4000대, 전년 동기 대비 119퍼센트 늘었다. 2022년엔 한 걸음 더 나아가 전년 대비 116.7퍼센트 증가한 30만9600대를 판매했다. 광저우차 그룹의 신에너지차 플랫폼은 끊임없이 개선·보완됐다. 버전 1.0에서 버전 3.0으로 업그레이드하면서 화웨이, 텐센트, 아이플라이텍iFLYTEK, 科大訊飛 등 회사와 합작했다. 국내 신에너지차 플랫폼에서 최초로 풀스택Full Stack° 소프트웨어 구조를 실현해 기초 소

° 풀스택Full Stack은 웹 개발에서 사용자가 보는 부분인 '프론트엔드'와 서버나 데이터베이스 등 사용자에게 보이지 않는 '백엔드'를 모두 포괄하는 뜻이다.

프트웨어 국산화를 달성했다.

아이온은 이후에도 여러 움직임을 보였다. 일부엔 의문이 제기됐지만, 업계엔 깊은 인상을 남겼다.

2021년 초, '중국 전기차 100인회' 제1차 정례회의에서 부이사장인 중국과학원 원사 어우양밍가오歐陽明高°는 이렇게 말했다. "만약 누군가 자신의 전기차가 1000킬로미터를 달릴 수 있고, 몇 분 안에 완전히 충전할 수 있는 데다, 안전하고 원가마저 저렴하다고 말한다면, 믿을 필요가 없습니다. 왜냐하면 지금은 이런 것을 동시에 실현할 수 없기 때문입니다." 어우양 원사가 겨냥한 게 웨이라이인지, 아이온인지 사람들이 추측하고 있을 때, 아이온의 CEO 구후이난古惠南은 '자진 납세'를 했다. 얼마 전 아이온은 그래핀Graphene 초급속 충전지를 탑재한 모델을 예고하면서 8분 안에 80퍼센트 충전이 가능하고, 항속거리는 1000킬로미터에 달할 거라고 선전했다. 구후이난은 이렇게 받아쳤다. "여러분! 주의하세요. 어우양 원사의 말은 편향돼 있습니다. 그는 이것도 저것도 있고 저렴하기까지 하면 분명 만들 수 없다고 하는데, 8분 쾌속 충전은 배터리뿐만 아니라 충전소와도 관련 있습니다. 기술적인 문제와 보급·운영의 문제를 혼동해선 안 됩니다."

회의 후 1인 매체들은 세상이 시끄러워지지 않을까 걱정했다. 연설 도중 가운뎃손가락을 내밀고 있는 구후이난의 사진을 첨부하기도 했다. 나도 당시 현장에 있었다. 사실 포럼에서 서로 다른 의견을 발표하는 관례는 이미 여러 해 동안 지속돼 왔다. 그날 어우양 원사의 강연은 신

● 2017년 중국과학원 원사로 당선되었다. 신에너지 엔진 시스템 및 교통 전동화 분야 전문가다.

중국 전기차가 온다

에너지 자동차 발전의 모든 방면에 관한 것이었다. 특별히 그에게 강연 원고를 달라고 해서 연구를 했다. 그는 강연에서 실제 위와 언급한 말을 했지만, 두 사람 사이에 충돌은 없었다. 구후이난이 자신의 의견을 말할 때도 감정을 섞진 않았다. 가운뎃손가락을 세웠던 건 "이것도 있고, 저것도 있다"고 말할 때 습관적으로 엄지, 검지, 중지를 차례로 내미는 습관이 있었기 때문이다. 순서를 표현했을 뿐 굳이 과도하게 해석할 필요는 없었다.

아이온은 이전에 실제로 '5분 충전, 200킬로미터 주행'이라는 광고 문구를 내걸고 전국에 A480 급속 충전소(최대 충전 출력 480킬로와트)를 설치한 적이 있다. 그러나 이는 배터리가 30퍼센트 남았을 때의 '보충'을 의미한다. 또 장착된 배터리가 충분하고 주행 거리가 충분히 길면, 5분 충전으로 200킬로미터를 더 달릴 수 있다. 그리고 주행거리 1000킬로미터와 급속 충전은 같은 차종의 기능이 아니다. 이런 전제 조건을 숨기고 섞어서 말한다면 구매자를 속이거나 심지어 소송에 휘말릴 수도 있다. 이는 아이온이 주의해야 할 부분이다.

아이온은 또 다른 업계 분쟁 사건을 잠재우기 위해 적극적인 조치를 취했다. 2020년 동력배터리의 자연 발화 문제에 대해 비야디는 블레이드 배터리의 새로운 배터리팩 구조를 발표하는 동시에 인산철리튬배터리를 침으로 찌르는 시험 결과를 발표했다. 이는 어쩌면 삼원계 리튬 동력배터리가 안전하지 않다는 뜻을 내포할 수 있었다. 아이온은 주로 삼원계 리튬배터리를 사용하고 있었다. 배터리 안전성에 대한 사회적 우려에 대응해 2021년 3월 차세대 탄창 배터리 시스템의 안전 기술을 발표했다.

탄창 배터리 시스템은 배터리를 탄창 모양의 안전칸 안에 꽂아두는 형태다. 여기엔 네 가지 핵심 기술이 담겼다. 초고온 내열 안정화 싱글셀 배터리, 초고온 단열 배터리 안전칸, 3차원 냉각 시스템, 차세대 배터리 관리 체계 등이다. 탄창 배터리 시스템은 리튬인산철배터리뿐만 아니라 삼원계 리튬배터리에도 적용할 수 있다. 이는 비야디의 블레이드 배터리에 이어 배터리팩 구조에서 고안해낸 신기술이다. 이 기술을 채택하면 동력배터리의 안전성을 높일 수 있을 뿐만 아니라 배터리 팩의 부피와 질량을 줄일 수 있다. 앞으로 배터리 팩 표준을 형성하고, 통일된 규격도 만들 수 있는 일거양득의 쾌거다.

사회적 의혹에 대응해 아이온은 중국자동차기술연구센터를 제3자로 초빙해 탄창 배터리 시스템의 바늘 시험 결과를 발표하기도 했다. 인산철리튬 싱글셀 배터리와 삼원리튬전지를 각각 탄창팩에 넣고 8밀리미터 강철 침으로 전지 극편에 수직 방향으로 찔렀다. 인산철리튬전지의 탄창팩에선 연기가 나지 않았고 최고온도는 51.1도씨였다. 삼원리튬전지가 장착된 탄창팩에선 연기만 나고 발화나 폭발은 없었다. 최고온도는 686.7도씨에 달했다. 두 개의 탄창 배터리팩을 48시간 동안 방치하니, 싱글셀 배터리의 전압은 0볼트로 온도는 실온으로 떨어졌다. 이 시험은 구체적인 수치로 우려를 불식시켰다. 아이온 제품의 안전성을 증명했을 뿐만 아니라 업계에서 삼원계 리튬배터리를 사용하는 제품의 명예를 회복한 성공적인 실험이었다.

7 _____ "노병은 죽지 않는다" 다시 뛰는 '빅3'

자동차 산업이 신에너지 시대로 접어들면서 중국 자동차 브랜드는 급속한 발전 기회를 맞이했다. 다양한 신에너지 자동차 브랜드가 우후죽순처럼 등장했다. 그러나 얼마 못 가서 큰 파도에 씻겨가듯 사라졌다. 실제로 시장에서 입지를 굳힌 브랜드는 손가락으로 꼽을 만큼 적다. 주로 세 가지 범주로 나뉘는데, 첫 번째는 비야디, 광저우차 아이온, 우링홍광 같은 베테랑 자동차 기업이다. 장기적인 기술 축적과 실력 연마로 양호한 평판을 만들어냈다. 두 번째는 이른바 '웨이샤오리'로 대표되는 신세력이다. 스마트 운전 체험에 전념해 젊은 층의 각광을 받았다. 세 번째는 디이차, 둥펑차, 상하이차 등의 국영기업이다. 이들은 상대적으로 늦게 시장에 진입했지만, 두터운 자금력과 기술력으로 각각 홍치, 란투, 페이판 등 브랜드를 출시했다. 발전 속도도 매우 빨랐다. 내연기관차 시대에 결코 물러서지 않았던 '국가대표' 주전 선수 셋은 중국이 자동차 대국이 되는 데 큰 공헌을 했다.

가장 먼저 언급해야 할 것은 당연히 디이차의 홍치紅旗 브랜드다. 홍치는 중국인의 자부심이자 자동차 업계 1위 브랜드다. 홍치 브랜드는 국내 승용차 중 가장 오랜 역사를 갖고 있다. 제품도 국내 승용차의 최고 수준을 대표한다. 개발 과정에서 우여곡절을 겪었고, 그런 굴곡이 억만 국민의 마음을 움직였다.

2018년 1월, 홍치 브랜드는 인민대회당에서 전례 없는 브랜드 전략 발표회를 열었다. 거의 1000명의 기자가 현장에 와서 새로운 홍치 브랜드 제품의 탄생을 목격했다. 디이차는 홍치 브랜드의 의미를 이른바

'중국식 신고상주의新高尙精致主義'°라고 요약했다. 목표는 중국 제일, 세계 유명 '신고상 브랜드'가 되는 것이었다.

언론은 신훙치 브랜드가 문화적 자신감과 민족적 책임을 보여준다고 평가했다. 신훙치 콘셉트카는 떨어지는 폭포를 형상화한 전면 그릴, 그 사이를 관통하며 붉게 번뜩이는 기표, 날개를 펄럭이며 비상하는 모양의 전조등, 가슴을 펴고 깃발을 나부끼는 허리, 자동차 업계의 바다에 여의봉을 꽂는 듯한 훨 로고와 영원한 중화의 보물인 한자漢字로 새겨놓은 '훙치' 상표까지 통일된 조형 설계를 보여준다.

훙치 시리즈 가운데 L 시리즈는 '신고상 훙치 지존차', S 시리즈는 '신고상 훙치 쿠페', H 시리즈는 '신고상 훙치 주류차', Q 시리즈는 '신고상 훙치 비즈니스 드라이브'로 정의된다. 2025년까지 총 17개의 새로운 모델이 시장에 출시될 것으로 예상된다.

발표회에서 훙치 브랜드는 2020년까지 판매량 10만 대, 2025년 30만 대, 2035년 50만 대를 달성하겠다는 목표를 세웠다. 발표 전인 2017년 훙치 승용차의 연간 판매량은 4702대에 불과했다. 발표회 이후 새로운 모델이 지속적으로 출시돼 생산·판매가 크게 증가했다. 2018년 누적 판매량은 3만 대를 넘어섰고 2019년엔 10만 대에 도달해 발표회에서 설정한 2020년 판매 목표를 1년 일찍 달성했다. 2020년, 훙치 브랜드는 갑작스러운 코로나19의 영향을 극복하고 판매량이 20만 대를 돌파했다. 2021년엔 연간 판매량 30만 대를 돌파해 예약 판매 목표를 4년 앞당겼다. 특히 발표회에 전시된 콘셉트카를 기반으로 제작된 훙치 H9 모

○ 중국 나름의 우아함과 정교함을 추구한다는 뜻

그림 6-8 훙치 H9 모델 (디이차 제공)

델(그림 6-8)은 시장에서 많은 인기를 얻고 있는 '왕훙' 모델이다. 가격은 30만 위안 이상으로 중국 시장에서 BMW, 메르세데스벤츠, 아우디에 필적하는 중국 고급차 브랜드 이미지를 구축했다.

둥펑자동차의 신에너지차 개발은 새로운 조직, 새로운 메커니즘, 새로운 패러다임에 직접 접근해 독자 브랜드를 추진하는 경로를 따라갔다. 2019년 둥펑차는 h사업부를 설립하여 완전히 새로운 브랜드 '란투嵐圖'를 개발했다. 고급 신에너지 승용차의 선두주자가 되겠다는 뜻이었다.

브랜드 발표회에서 둥펑차의 해석에 따르면, 란투의 '란嵐'은 산골짜기에서 불어오는 시원한 바람을 의미하고, '투圖'는 새로운 것을 계획하고 지혜로 가득 차 있음을 의미한다. 란투 브랜드의 콘셉트는 구매자들이 아무런 걱정 없이 길을 떠나고, 현대의 격조 있고 아름다운 생활의 청사진을 그리는 것이다. 곤붕鯤鵬º이 날개를 펴는 듯한 엠블럼은 창의력으로 가득 차 있다. 영문 명칭 '보야VOYAH'는 영어의 'voyage항해·여행'란 말에서 따왔다. 사람들에게 항행을 떠올리게 만들고, 과학기술과 자연이 완벽하게 융합된 여행을 대표한다.

란투 브랜드엔 신에너지차에 대한 둥펑자동차의 꿈이 투영돼 있다. 내연기관차를 신에너지차로 전환하는 중책을 짊어지고 있을 뿐만 아니라 신에너지차와 스마트 그리드 연결 자동차 두 가지 발전 단계를 동시에 실현하는 목표를 가지고 있다.

2020년 12월 18일, 둥펑 란투 Free(그림 6-9)가 출시됐다. 대형 SUV 제품으로 하이브리드와 순수 전기차 두 가지 옵션이 있다. 예약 판매 가격은 각각 31만3600위안과 33만3600위안이다. 약 30만 위안 안팎의 하이브리드 자동차 가운데 리샹의 ONE만이 비슷한 가격대의 모델이다. 하이브리드 모델엔 1.5리터 증압식 4기통 엔진이 장착됐다. 엔진은 모터를 돌려 전기를 만들지만, 차량의 구동엔 참여하지 않는다. 이 차는 앞뒤 두 대의 교류 비동기 모터를 장착했다. 총 출력은 510킬로와트에 달하고 33킬로와트/시의 삼원계 리튬배터리를 장착했다. 주행 거리는 860킬로미터다. 순수 전기 모델은 모두 88킬로와트/시의 삼원계 리튬배터리를 장착하고 주행거리는 505킬로미터다. 2륜구동과 4륜구동 두 가지 형태가 있는데, 차이점은 교류 비동기 모터 한 대를 사용하느냐 아니면 두 대를 사용하느냐이다. 두 모델 모두 가정용 충전기로 충전 가능하고 공공 충전기를 사용하면 급속 충전할 수도 있다.

º 중국 고대의 경전 『장자莊子』에 나오는 전설의 새

그림 6-9 둥펑 란투 Free

앞으로 란투 브랜드는 SUV, 세단, MPV 등 9가지 새 모델을 잇달아 시장에 출시할 예정이다.

란투 브랜드는 직영 판매를 방식 채택했다. 2021년 3월 베이징, 상하이, 광저우, 청두, 우한에 '란투 공간'이 동시에 문을 열었다. 그 후 플래그십 스토어를 비롯해 배송 센터, 다용도 소비자 센터를 포함한 내수 시장에 완전히 새로운 마케팅 체계를 구성했다.

둥펑차는 2021년 6월 기존 사업부를 기반으로 회사화 체제를 선포했다. 둥펑차그룹 주식회사와 란투 직원들이 공동으로 참여했고, 핵심 직원이 회사 지분을 10퍼센트 이상 보유했다. 여기에 더해 전략적 투자자를 영입하면서 자본시장 상장 가능성도 염두에 두고 있다. 회사 내부에선 CEO를 비롯한 모든 직책에 임명제가 아닌 초빙제를 도입해 새로운 시스템과 새로운 메커니즘으로 내생적 활력과 동력을 충분히 끌어올렸다.

상하이차의 신에너지차 발전은 색다른 길을 걸었다. 원래 전통 연비 차량의 경우 상하이차의 메인 브랜드 세단인 '룽웨이榮威, ROEWE' '밍쥐名爵, MG'가 꾸준히 선전했다. 2020년 룽웨이는 연간 39만6000대, 밍쥐는 연간 31만 대를 판매했다. 신에너지차의 발전 방면에서 상하이·GM·우링의 홍광미니는 출시 6개월 만에 17만8000대 가까이 팔린 반면 같은 기간 상하이차 계열의 상하이 승용차는 7만8000대의 신에너지차를 판매했다. 이 가운데 밍쥐가 주력이 됐고 룽웨이의 몇몇 차종도 잘 팔렸다.

상하이차는 업계 최초로 전기화, 네트워크화, 지능화, 공유화 등 '신4대 현대화'를 제안했다. 여기에 더해 A/S, 시간별 렌탈, 인터넷 클라우드 서비스 등 방면에서 구체적인 서비스를 제공했다.

상하이차는 이미 2014년에 알리바바와 합작해 '얼룩말斑馬, Zebra' 네트워크 회사를 설립했다. 내연기관차 플랫폼에서 운전석 시스템을 추가해 룽웨이 RX5를 출시했다. 이제 막 자동차에 인터넷이 연결되기 시작할 때였는데, 시장 반응이 좋았던 룽웨이의 초기 모멘텀을 빌려 RX5는 단숨에 2만 대를 팔았다. RX5의 성공에 고무된 상하이차는 고급화로 나아갔다. 2018년 룽웨이 마블Marvel X를 출시해 테슬라의 비슷한 차종과 어깨를 나란히 하겠다고 선포했다. 가격도 과거의 20만 위안 상한선을 깨고 20~30만 위안의 가격대로 진격했다. 아쉽게도 시장 성과는 예상보다 훨씬 낮았다. 이 기간 룽웨이 계열의 세단, SUV, 레저용 차량 등의 모델은 속속 연료를 전기로 바꿔 변화 흐름의 막차를 탔다.

한동안 탐색을 통해 상하이차는 독자 브랜드의 포지셔닝을 연구하고 밍줴와 룽웨이 브랜드 사이의 구획을 지었다. 밍줴는 젊은 소비자를 유치하는 게 목표였고, 룽웨이는 패밀리카로 자리매김했다. 상하이차는 이 두 브랜드 외에도 프리미엄 전기차 브랜드인 'R'과 '아이엠IM, 智己'을 내놨다. R은 룽웨이에서 탈피했다. 연료를 전기로 바꾸는 과도기에서 철저히 벗어나 완전히 새로운 전기 구동 플랫폼에 기반을 뒀다. 아이엠은 최신 지능형 전기 구동 플랫폼에 많은 보조 운전 기능을 추가했다.

2021년 10월, 상하이차는 70억 위안을 투자하여 페이판飛凡자동차기술회사를 설립했다고 발표했다. 상하이차는 전체 지분의 95퍼센트를 갖고 나머지 5퍼센트는 직원들이 보유하고 있다. 페이판자동차는 독립회사 형태로 시장화 운영을 하고 있다. R 브랜드는 정식으로 페이판자동차로 개명했다. 포지셔닝 변화 없이 중고급 스마트 전기차 시장에 계속 집중하고 있다. 현재 페이판은 ER6와 마블R의 두 가지 모델을 판매하고 있다. 2021년 광저우 모터쇼에서 페이판은 브랜드 이미지를 대표하는 새로운 중형 모델 R7(그림 6-10)을 출시했다. 2022년 9월, 페이판 R7은 공식 출시됐다.

2020년 말, 상하이차 그룹과 푸둥신구의 장장가오커張江高科, 알리바바 세 업체는 공동으로 출자해 아이엠 모터스IM MOTORS, 智己汽車를 설립한다고 발표했다. 상하이차는 54퍼센트, 장장가오커와 알리바바가 각각 18퍼센트의 지분을 차지하고, 10퍼센트는 직원들이 보유했다. 등록 자본금은 100억 위안에 달한다. 아이엠 브랜드는 고급 순수 전기자동차로 자리매김하고, 2021년 4월 처음 예약 접수를 받았다. 2023년 2월 중대형 스마트 럭셔리 전기 SUV LS7 모델이 사양별 판매가를 발표하고 정

그림 6-10 페이판 R7 (상하이자동차그룹 제공)

식 출시와 함께 사전 예약을 받았다.

2020년 상하이차 그룹은 '14차 5개년 계획'을 발표하고 2025년까지 전 세계 신에너지 자동차 판매량 270만 대, 연간 복합 성장률은 90퍼센트 이상에 도달하겠다는 목표를 세웠다. 여기엔 자체 브랜드의 신에너지 자동차 판매량뿐만 아니라 합작회사의 중국 시장 신에너지 자동차 판매량도 포함된다. 즉 페이판과 아이엠은 물론 우링홍광 MINI, 다퉁大通까지 아우른다.

상하이차는 신에너지차의 동력배터리 시스템 방면에서 앞서나갈 뿐만 아니라 한발 더 나아가 배터리팩의 길이, 너비를 통일했다. 높이는 차종에 따라 다를 수 있는데, 배터리팩의 용량은 52킬로와트/시에서 135킬로와트/시로 발전했다. 동시에 인산철리튬배터리, 삼원계 리튬배터리, 하이니켈배터리, 규소혼합리튬보충배터리 등이 호환됐다. 안전성

중국 전기차가 온다

측면에선 모듈에서 시스템에 이르기까지 일련의 안전 기술을 채택하여 동력배터리 시스템이 불에 타지 않도록 했다. 상하이자동차 또한 배터리 교환 모듈의 기술 방면에서 새로운 구조를 채택해 5000번까지 교체 가능한 내구수명을 달성할 수 있도록 했다. 또 전고체 배터리의 경우 상하이차가 미국 전고체 배터리 기업 2곳에 투자해 2025년 상하이에 전고체 전지 생산 라인을 구축할 계획이다.

2022년, 상하이차는 신에너지 자동차와 해외 시장에서 최초의 '200만 대 기업'이 됐다. 자동차 수출은 최대 101만7000대로 전년 대비 45.9퍼센트 증가했다. 7년 연속 국내 자동차 기업 1위, 제품과 서비스는 전 세계 90여 개 국가 및 지역에 진출했다. 밍줴 브랜드는 '중국 단일 브랜드 해외 판매량 1위'에 이어 호주, 뉴질랜드, 멕시코, 타이, 칠레 등 거의 20개 국에서 단일 브랜드 Top 10에 올랐다.

디이차, 둥펑차, 상하이차는 중국 전통 자동차 산업 국가대표팀의 '3대 주력 선수'로, 내연기관차 시대의 한 장을 화려하게 장식했다. 신에너지 자동차로 전환 발전하는 과정에서 이들은 연료 자동차의 우세를 유지했다. 시장에서 최대의 이익을 얻고 신에너지 자동차의 발전 기회를 잡았다. 신기술과 시장 돌파구 사이의 미묘한 관계에서 균형을 이뤘다. 신에너지차 신세력처럼 가볍게 뛰어들 수 없고, 앞뒤 가리지 않고 새로운 발전 모델을 채택할 수도 없었다. '두 전선' 사이에서 작전을 하다보니 때론 양쪽에서 부딪히기도 했다. 그러나 신에너지 자동차로 발전 방향을 견지하면서 동요하지 않았다. 결국 연료 자동차 시장은 이미 쇠락했고, 신에너지 자동차는 급속한 시장 확장 단계에 있다.

신에너지 자동차 시장의 더 나은 발전과 '이중 탄소' 목표의 폭풍

속에서 주요 전통 자동차 회사의 전환은 더욱 가속화되고 시장 경쟁은
더욱 치열해질 것으로 예상된다.

산업화 발전의 전환점

중국 신에너지차 산업은 도입기와 성장기를 거쳐 규모의 경제를 이루는 산업화 단계와 고속 성장기에 도달했다. 때마침 고품질, 녹색 발전의 신시대도 함께 시작됐다. 자동차 산업의 대변혁이라는 천재일우의 기회 속에서, 중국 정부는 상황에 맞는 신에너지차 발전 전략을 수립하고 신시장 육성을 지원했다. 이를 토대로 중국 자동차 기업은 '뉴 레인'을 달릴 수 있는 좋은 기회를 잡았고, 신에너지차 기술과 시장에서 빠른 진전을 이뤄냈다. 이렇게 산업이 발전하는 과정에서 나타난 핵심 전환점마다 중국이 어떤 판단을 내렸고, 어떤 선택을 했는지 면밀하게 살펴볼 필요가 있다.

국가 전략과 산업화의 기점

쩡춘: 중국 신에너지차가 산업화 단계에 진입한 후의 발전 과정을 되짚어볼까요. 국가 전략에 신에너지차 산업 발전이 명시되고, 중국 신에너지차가 진정한 산업화의 길을 걷기 시작한 것은 언제부터인가요? 당시 기본 발전 방향은 무엇이었는지도 설명해주세요.

마오웨이: 글로벌 금융 위기에서 벗어나 경제를 활성화하기 위해 국무원은 10대 산업 조정·진흥 규획을 연구해 공포했습니다. 2009년 1월 '자동차 산

업의 조정·진흥 규획'을 통해 신에너지차 발전 전략의 시행을 제시했는데, 그 첫 번째가 신에너지차의 발전을 국가 전략 차원으로 끌어올리는 것이었죠. 2012년 국무원이 배포한 '2012~2020 에너지 절약 및 신에너지차 산업 발전 규획(이하 규획)'은 중국 신에너지차가 산업화 노선에 진입했다는 점을 명시하고 있습니다.

당시의 고민은 에너지 절약과 유해물질 배출 감소에서 출발했습니다. 신에너지차 발전은 수입 석유에 대한 의존도를 줄여주죠. 중국은 에너지 구조상 석탄은 많고 기름은 적으며, 가스는 부족합니다. 이 때문에 오랫동안 석유 사용량의 70퍼센트 이상을 수입했고, 이는 중국 에너지 안보가 맞닥뜨린 거대한 도전이었습니다. 신에너지차 발전은 이러한 리스크를 어느 정도 줄여줄 수 있죠. 또한 신에너지차 발전은 배기가스 배출량을 감소시켜 오염도를 낮춰줍니다. 중국은 자동차 보편화에 따라 대도시의 공기 오염이 갈수록 심화하고 있다는 우려를 안고 있었어요. 이 부분도 신에너지차 발전을 지원하게 된 이유 중 하나입니다.

당시 자동차 산업은 이미 국민 경제를 떠받치는 주요 산업이었습니다. 이 때문에 자동차 산업의 지속가능한 발전 추진, 자동차 산업의 전환 및 고도화의 가속화, 새로운 경제 성장 동력과 국제 경쟁력 우위 배양은 신에너지차 산업 발전을 추진하는 또 다른 시작점이었습니다.

'규획'이 발표됐을 당시, 중국 신에너지차는 약 10년의 연구개발R&D과 시범 운영을 거쳐 산업화 발전의 기초를 갖췄고, 배터리·모터·전자제어시스템과 시스템 통합 등 핵심 기술에서 중대한 진보를 이룬 상태였습니다. 순수 전기차와 플러그인 하이브리드차가 소규모로 시장에 공급되기 시작됐죠. 하지만 전체적으로 봤을 때, 중국 신에너지차와 일부 핵심 부품의 핵심 기술은 아직 진전을 이루지 못한 상태였어요. 제품 원가도 높았고, 사회 지원 체계도 완비되지 않았고, 산업화와 시장 발전도 제약을 받고 있었죠. 그 후 10년간 전 세계 자동차 산업 전환 및 고도화의 중요한 전략적 기회가 찾아왔습니다. 결국 그해 중국 자동차의 생산·판매 규모는 세계 선두를 차지했어요. 당분간은 자동차 생산·판매량이 성장세를 유지할 것으로 예상합니다. 이 기회를 놓쳐선 안 되고 지금의 우위를 꽉 잡아야 합니다. 신에너지차 산업의 육성과 발전을 가속화하고, 자동차 산업의 최적화와 고도화를 촉진하고, 자동차 공업 대국에서 자동차 공업 강국으로의 전환을 실현해야 합니다.

모든 일은 시작이 어렵다

펑춘: 2022년 말까지 중국 신에너지차 발전상 중요한 전환점들이 있었다면 소개해주세요. 그 전환점들은 각각 어떤 의미를 지니고 있으며, 각 전환점마다 가장 큰 도전 과제는 무엇이었나요?

마오웨이: 2009년 '10개 도시 1000대의 차량'◦ 시범 운영 단계부터 본다면, 중국 신에너지차 발전은 3단계를 거쳤습니다. 첫 번째 단계는 2009년부터 2012년 말까지입니다. 2009년 '10개 도시 1000대의 차량'이 시작되고, 뒤이어 시범도시가 20여 개까지 확장됐죠. 초기 목적은 택시를 포함한 대중교통

◦ 2009년 1월 국가발전개혁위원회와 공업정보화부, 과학기술부, 재정부가 공동으로 발표한 '10개 도시 1000대의 에너지 절약 및 신에너지차 시범 보급 및 응용 프로젝트'의 약자. 재정 지원을 통해 약 3년간 매년 10개 도시를 개발하고, 1000대의 신에너지차를 출시한다는 것이 골자. 중국 정부는 각 도시가 대중교통, 렌탈, 공공 서비스 등을 통해 신에너지차 시범 운영을 실시하고, 이를 통해 신에너지차의 보급 규모를 2012년 전체 차량의 10퍼센트까지 끌어올려야 한다는 목표를 제시했다.

에 신에너지차를 보급하는 것이었어요. 후기에는 6개 도시에서 신에너지차를 구매하는 개인에게 국가 재정 보조금을 지급하는 시범 사업을 실시했습니다. 일부 다른 시범도시들도 중앙정부와 같거나 그에 상응하는 보조금을 지급했습니다.

신에너지차 보조금 외에도 시범도시로 선정된 지방정부들은 충전소도 건설해야 했어요. 충전소 조기 건설을 위해 토지, 도시 규획, 건설 프로젝트 심사 허가 등에서 강력한 지원을 실시했죠. 중앙정부는 차량 구매세를 면제해줬고, 일부 시범도시는 번호판 경매나 번호판 추첨, 사용 제한 등에서 신에너지차 우대 정책을 실시했습니다. 이를 기반으로 신에너지차는 힘겨운 첫 발을 내딛었어요. 만약 이러한 조치 없이 시장 메커니즘과 기업의 노력에만 의존했다면 후기 효과를 거둘 수 없었을 겁니다.

펑춘: 모든 일은 시작이 어렵다고 하죠. 신산업 육성에 대한 이견들이 적지 않았을 텐데요.

먀오웨이: 당시 재정 보조금 정책에 대한 비판이 있었어요. 정부 재정으로 신에너지차 이용자를 지원해서는 안 된다는 내용이었죠. 특히 6개 도시에서 신에너지차를 구매하는 개인들에게 보조금을 지급하자, 극단적 관점을 지닌 사람들은 "차를 구매하는 사람들은 모두 부자인데 정부가 공공재정 돈으로 부자를 지원하는 것은 잘못이다"라고 생각했습니다. 이러한 의견은 사회 여론을 자극해 '부자 증오' 현상을 만들 수 있어요. 다행히 이러한 부정적 소식들이 국가 의사결정을 방해하지 못하도록 중국 주류 언론이 여론 선도 역할을 발휘했습니다.

2012년 말 '10개 도시 1000대의 차량' 시범 사업을 통해 신에너지차 총 2만 여대가 보급됐습니다. 주로 버스와 각종 승용차 등이 여기에 포함됐습니다. 제품 생명 주기 차원에서 보면, 이 단계는 제품 도입기라고 볼 수 있습니다.

성장기의 선택들

펑춘: 두 번째 단계는 제품 성장기겠네요.

마오웨이: 맞아요. 두 번째 단계는 2013년부터 2015년 말로 제품 성장기입니다. 2013년은 신에너지차 발전의 기념비적인 해입니다. 이해에 '10개 도시 1000대의 차량' 시범 사업이 마무리됐죠. 앞으로도 정부가 주도해 시장을 계속 육성해야 할지, 아니면 시장 주도로 전환해야 할지, 정부는 신에너지차 보조금을 계속 지급해야 할지 고민이 시작됐어요. 이는 모두 산업화의 핵심과 맞닿아 있습니다. 우리는 2011년부터 '규획' 초안을 작성하기 시작했는데, 이 과정에서 각 연관 부처와 위원회들의 의견을 통일할 수 있었습니다. 문건 초안 작성 과정은 모두의 공감대를 이뤄내는 단계였던 거죠.

'규획'은 2012년 국무원에서 문건 형식으로 발표됐습니다. '규획'에는 큰 줄기의 발전 목표와 사고의 방향이 명확히 드러나 있습니다. '삼종삼횡三縱三横(전기차, 플러그인 하이브리드차, 수소차)' 기술 발전 노선을 견지하겠다는 것을 거듭 천명하고 있는 것이 대표적이죠. 또한 신에너지차 중 순수 전기차의 정의를 제시했고, 2015년과 2020년까지의 발전 목표도 명시돼 있습니다. '더블 포인트雙積分'◦ 방법과 각 100킬로미터당 연료 소모 지표의 수립 등의 시행도 담겨 있죠.

마침 이때는 임기 만료로 정부가 교체되는 해였고, 새 정부가 이 사안에

◦ 자동차 제조기업이 기존 내연기관차의 연료 소모량을 줄이거나 신에너지차를 생산하면 포인트를 주는 제도

대해 어떤 시각을 갖고 있으며, 어떤 방법론을 제시할지가 굉장히 중요했습니다. 중국 신에너지차 발전 과정 중 생사를 결정하는 해였다고 해도 과언이 아니죠. 다행히 새 정부에서 이 프로젝트를 책임지는 국무원 지도자가 '규획'에 의거해 외부에서 조사 연구를 실시하고, 상황을 이해하고 의견을 수렴했습니다. 그는 정부 주도 방식을 종료할 것이 아니라, 오히려 강도를 지속적으로 높여야 중국 신에너지차 발전을 장기적, 안정적으로 견인할 수 있다는 판단을 내렸습니다.

국무원 지도자의 명확한 의견과 초기 부처·위원회의 통일된 이해 덕분에, 프로젝트는 매우 순조롭게 추진됐습니다. 지방정부와 자동차 기업은 중앙정부의 지원 기조에 따라 한층 더 자신감을 갖게 됐고, 신에너지차 발전은 계속 전진하게 됐죠.

2013년까지만 해도 중국 신에너지차 판매량은 연간 1만8000대에 불과했지만, 2015년에는 33만1000대에 달했습니다. 이 모든 것이 정책 덕분이라고 말할 순 없습니다. 기업들도 신에너지차 산업화 방면에서 중요한 역할을 했어요. 하지만 정책적 지원이 없었다면 절대 이러한 성과를 내지 못했을 겁니다.

생사 갈림길에서의 성장

쩡춘: 앞선 두 단계는 모두 산업 정책의 주도하에 진행됐습니다. 이후 기업 중심의 기술 혁신 체제가 점차 수립, 보완되면서 신에너지차 발전은 3단계에 접어들었어요. 여기선 어떤 특징이 나타나며 어떤 과제에 직면했나요? 어떤 내재적 모순이 나타났으며 어떤 성과를 거뒀나요?

마오웨이: 3단계는 2016년부터 2022년 말까지로, 고속 성장 단계입니다.

2015년 중국 신에너지차의 생산·판매량은 세계 1위를 기록했고, 이 세계 1위 자리를 2022년까지 8년간 유지했습니다. 신에너지차의 제품 유형과 종류도 크게 확장돼 승용차부터 상용차까지, 소형차부터 대형차까지, 내연기관차의 '개조'부터 완전한 신제품 플랫폼의 개발까지, 전통 자동차 기업부터 자동차 신기업까지, 다원화와 백화제방百花齊放 및 생기발발生机勃勃의 발전 국면이 나타났죠.

이 단계에서는 재정 보조금이 매년 줄어들었고, 급기야 2022년 말에는 관련 지원책이 모두 종료됐습니다. 우리는 이 재정 지원이 끝나기 전부터 '더블 포인트' 방법을 연구했어요. 이것은 재정 지원 종료 후에도 신에너지차 발전을 지원할 수 있는 일종의 후속 정책이었습니다. 정책의 설계와 운영상 모두 초기 성과를 거뒀습니다. 문제점이 일부 나타났고, 보완도 필요했지만 전반적으로 잘 자리를 잡았다고 생각합니다.

'폭발'의 동인

쩡춘: 3단계가 끝나자 중국 신에너지차 시장은 대폭발을 맞이했습니다.

마오웨이: 2020년 신에너지차는 각종 원인 때문에 '규획'에서 정한 연간 생산량 200만대 목표 달성에 실패, 136만7000대를 판매하는 데 그쳤습니다. 하지만 2021년 모든 사람의 예상을 깨고, 단번에 352만1000대의 판매량을 실현했어요. 1년 전보다 157.57퍼센트 늘어난 겁니다. 전체 승용차 중 신에너지차의 보급률도 15.6퍼센트까지 올랐어요. 같은 기간 중국을 포함한 전 세계 신에너지차 판매량이 650만~675만대였으니, 중국에서만 절반 넘게 판매된 거죠. 2022년에도 신에너지차 생산·판매량이 고속 성장해 각각 705만

8000대, 688만7000대에 달했습니다. 전년 대비 96.9퍼센트, 93.4퍼센트씩 늘어난 겁니다. 시장 점유율도 전년보다 12.1퍼센트포인트 상승해 25.6퍼센트를 기록했습니다.

신에너지 승용차만 보면, 2022년 중국 토종 브랜드의 시장 점유율은 79.9퍼센트에 달했습니다. 반면 외자 브랜드는 20.1퍼센트에 불과했어요. 전체 승용차 중에서 중국 토종 브랜드의 시장 점유율은 49.9퍼센트로 역사상 최고점을 기록했습니다. 이 같은 상승세는 신에너지차의 생산·판매량이 증가한 덕분입니다. 최근 몇 년간 신에너지차 판매량의 성장세가 전통 내연기관차보다 훨씬 빨라졌습니다. 제품 구조 조정 측면에서 이미 성과를 거뒀고, 중국 토종 브랜드도 이 기회에 신에너지차로 경쟁 노선을 바꿨기 때문입니다.

펑춘: 앞서 언급하신 중국 신에너지차 발전 3단계를 보면, 이 신생 시장은 정책이 시동을 걸었고, 정책과 시장의 쌍끌이 덕분에 성장, 이제는 시장 중심 체제까지 도달했네요. 이러한 변화를 가져온 상징적 사건이 있다면 소개해주세요. 자동차 소비 시장도 크게 변했을 것 같습니다.

마오웨이: 이러한 변화의 중심에는 재정 세제 정책을 앞세운 일련의 산업 정책이 어떤 역할을 할지에 대한 청사진이 있었습니다. 앞서 신에너지차 '10개 도시 1000대의 차량'을 시범 운영할 때, 중앙정부와 일부 시범 정부는 보조금 등 신에너지차 구매 관련 지원 정책을 실시했다고 이야기했습니다. 재정 보조금과 차량 구매세 면제를 통해 정책 드라이브를 건 것이죠. 시장 주도 체제에 도달하더라도 연료전지차에 대한 재정 보조금과 공공 충전 인프라 건설 지원 등 정부의 정책은 유지될 겁니다.

2013년 새로운 재정 보조금 정책이 발표됐을 때, 이미 보조금 한도가 점차 삭감될 것이란 정책 방향이 드러났어요. 재정 보조금과 자동차 구매세 면제

중국 전기차가 온다

정책은 신에너지차와 전통 내연기관차의 가격 차이를 좁혔고, 사용자의 신에너지차 수용도를 점차 높였습니다. 기업의 R&D 투자에 대한 자신감까지 상승했죠. 신에너지차의 성능과 품질이 전통 내연기관차에 비해 확연히 개선되고 충전 인프라도 확충되면서 신에너지차가 드디어 시장에 자리를 잡았습니다.

2015년부터 신에너지차의 발전을 위해 정부와 민간이 동시에 나서는 쌍끌이 단계가 시작됐어요. 구체적 특징 중 하나는 재정 보조금 한도가 매년 낮아졌다는 겁니다. 특히 2019년에 보조금 삭감 폭이 상당히 컸는데, 이는 한동안 신에너지차 판매량에 큰 영향을 미쳤어요. 이러한 흐름은 2020년까지 지속됐습니다. 당시 2020년 말까지 보조금 한도가 유지되다 일시에 종료될 경우, 생산에 미치는 영향은 더 클 수 있다는 점 역시 고려했습니다. 정책 종료 영향을 최소화하기 위해 2019년엔 절반을 삭감하고, 2020년엔 아예 종료한다는 기본 계획을 채택한 거죠.

2020년 초 코로나19가 전 세계적으로 확산되기 시작하면서, 사회 경제 발전에 부정적 영향을 미쳤습니다. 당 중앙은 과감한 정책을 통해 전염병을 예방 및 통제했고, 거듭 승리를 거뒀습니다. 하지만 공급망 운영 차질과 차량용 반도체 부족 등의 영향으로 신에너지차를 포함한 자동차 시장은 약세를 보였고, 결국 2020년 말 종료 예정이었던 재정 보조금은 2022년 말까지 연장됐어요.

만약 정책 지원을 재정 보조금만으로 한정한다면, 쌍끌이 단계는 2022년 말 종료됐다고 봐야 합니다. 2023년부터는 시장 주도 단계인 거죠. 2022년 말 보조금 정책이 종료되기 직전 많은 소비자가 신에너지차를 저렴하게 구매할 수 있는 마지막 기회를 잡으려다보니 시장이 활력을 띠기도 했죠. 2023년의 물보라와 파곡은 2019년 보조금 종료처럼 크지 않을 겁니다. 왜냐하면

2022년 보조금 한도는 2019년 삭감 전의 20퍼센트 안팎에 불과한 데다, 2023년 말까지 자동차 구매세 면세 기한을 연장했기 때문이죠.

쩡춘: 중국 신에너지차 발전을 촉진하는 데 있어 가장 중요한 산업 정책은 무엇인가요? 그 정책이 출범할 당시 지향점은 무엇이었고, 목표를 성공적으로 달성했나요?

마오웨이: 중국 신에너지차 발전은 4개의 기본 원칙에 따라 진행됐습니다. ▲산업 전환과 기술 진보 간 결합 견지 ▲자주 혁신과 개방 협력 간 결합 견지 ▲정부 인도와 시장 주도 간 결합 견지 ▲산업 육성과 조합 강화 간 결합 견지 등입니다. 이에 해당하는 몇 가지 정책을 구체적으로 살펴보겠습니다.

첫째, 표준 시스템 및 진출 허가 관리 제도를 개선합니다. 신에너지차 진입 허가 제도와 자동차 제품 공시 제도를 개선하고, 진출 허가 조건과 인증 요구를 엄격하게 집행합니다. 신에너지차 안전 표준의 연구와 제정을 강화하고, 응용 시범과 대규모 발전 필요성에 근거해 신에너지차 및 충전, 연료 주입 기술과 설비 관련 기준의 연구·제도 제정을 가속화합니다. 각 단계의 승용차, 소형 상용차와 중형 상용차의 연료 소모량 목표치 기준을 제정하고 실시합니다. 국가 표준 제정에 적극적으로 참여합니다. 산업 발전과 에너지 규획에 부합하는 신에너지차 표준 시스템을 구축합니다.

둘째, 재정 조세 지원 정책을 강화합니다. 중앙정부는 자금을 배정하고, 에너지 절약 실현과 신에너지차 기술 혁신 프로젝트를 적절하게 지원합니다. 기업이 기술 개발, 엔지니어링, 표준 제정, 시장 응용 등 부분에 대한 투자를 확대하도록 유도하고, 기업이 주도하는 산학연 기술 혁신 체계를 구축합니다. 공공 서비스 영역에서 신에너지차 민간 구매에 대한 시범 사업을 지원하고, 소비자의 신에너지차 구매 사용을 장려합니다. 정부 조달이 선도적 역할을 수행하고, 공공기관의 에너지 절약 및 신에너지차 구입 규모를 점진적으로 확대합니다. 자동차 연료 소모 수준에 근거한 상벌 정책에 대해 연구하고, 관계 법률·법규를 개선합니다. 신에너지차 시범도시는 반드시 자금을 배정해 충전 인프라 건립과 배터리의 단계별 이용 및 회수 시스템 등의 건립 지원에 중점적으로 사용합니다. 자동차 세수 정책을 개선합니다.

셋째, 금융서비스 지원을 강화합니다. 금융기관이 신에너지차 산업 발전을 장려하는 신용 대출 관리시스템과 대출 심사 제도를 구축할 수 있도록 유도합니다. 지식 재산권 담보 대출, 산업체인 대출 등 금융상품 혁신을 적극 추진하고, 재정 출자와 사회 자금 투자를 포함한 다층적 보증 체계를 구축하는 데 박차를 가합니다. 리스크 보상 등 정책을 종합적으로 운용하고, 금융 지원 강도를 높입니다. 조건에 부합하는 신에너지차 및 핵심 부품 기업의 국내외 상장을 지원하고, 채권을 발행하고, 적격 상장사의 리파이낸싱을 지원합니다. 정책 유도, 시장 운영, 관리 규범, 지원 혁신 등 원칙에 따라 에너지 절약 및 신에너지차 창업 투자 기금의 조성을 지원합니다. 적격조건(기업)은 규정에 따라 중앙 재정의 출자를 신청할 수 있도록 하고, 사회 자금이 다양한 방식으로 에너지 절약 및 신에너지차에 투자될 수 있도록 유도합니다.

넷째, 산업 발전에 유리한 환경을 조성합니다. 신에너지차 시장 규모 확대에 유리한 전문 서비스, 부가 가치 서비스 등 새로운 유망 업종을 대대적으로 발전시킵니다. 신에너지차 금융 신용대출과 보험, 리스, 물류, 중고차 거래, 동력배터리 회수 및 재활용 등을 비롯해 시장 마케팅과 애프터서비스 시스템을 구축하고, 신에너지차 및 핵심 부품 품질 안전 검사 서비스 플랫폼을 발전시킵니다. 신에너지차 주차요금 감면, 충전요금 혜택 등 지원 정책을 연구하고 실행합니다. 유관 지역에서는 요일별 차량 운행 제한, 번호판 한도 경매, 차량 구매 할당액 지표 등을 실시할 때, 신에너지차의 특수성을 고려해 시행해야 합니다.

다섯째, 인재 육성을 강화합니다. '인재 제일' 사상을 확고하게 수립하고, 다층적 인재 양성 시스템을 구축해 인재 양성 강도를 강화합니다. 국가 유관 전문 프로젝트에 의거해 신에너지차 핵심 기술 분야에서 국제적 선도 인재를 양성합니다. 전기화학, 신소재, 자동차 전자, 차량 엔지니어링, 메카트로닉스° 등 유관 학과 신설을 강화하고, 기술 연구와 제품 개발, 경영 관리, 지식재산권, 기술 응용 등 분야의 인재를 육성합니다.

여섯째, 적극적으로 세계와 협력합니다. 자동차 기업, 대학, 연구기관이 에너지 절약과 신에너지차 기초 및 첨단기술 분야에서 국제 협력 연구를 전개하는 것을 지원합니다. 세계 연구 개발 서비스의 아웃소싱을 진행하고, 해외에 연구개발 기관을 설립하며, 공동 연구개발과 국외 특허 출원 신청을 전개합니다. 각종 형식의 기술 교류와 협력을 전개할 수 있는 여건을 적극 조성하고, 참고할 수 있는 해외 선진 기술과 경험을 학습합니다. 수출 금융과 보험 등 정책을 개선하고, 신에너지차 제품, 기술과 서비스의 수출을 지원합니다. 기업의 해외 상표 등록, 해외 조달 등 방식을 지원하고 국제화 브랜드를 육성합니다. 각종 다자간 협력 메커니즘에서 역할을 충분히 발휘하고, 기술 표준과 정책 법규 등 방면의 국제 교류와 협력을 강화하고, 신에너지차 보급의 신형 상업화 모델을 탐색하기 위해 협력합니다.

이러한 산업 발전 정책은 신에너지차 발전을 촉진하는 중요한 역할을 하고 있습니다. 비교적 포괄적 내용을 담고 있고, 실행 효과도 전반적으로 양호

○ 기계공학과 전자공학을 통합한 분야.

합니다. 이중에서 가장 중요한 것은 재정 보조금 정책, 세수 감면 정책, 연료 소모량 제한 정책(더블 포인트 방법의 근거), 표준 시스템 구축 등입니다. 다만 열 개 손가락 모두 길이가 다르듯이, 어떤 정책은 주관적·객관적 원인 때문에 끝까지 철저히 실행되지 않았는데, 이 역시 피하기 어려운 부분이죠.

업계 관리 이해

펑춘: 정부는 배터리 충전 및 교환 인프라 건설과 자동차 안전 법규 개선, 기업의 연구 개발 적극성을 끌어올리는 데 중요한 역할을 했습니다. 사례를 들어 설명해주세요.

마오웨이: 충전 인프라 건설에서 가장 인상 깊었던 것은 장쑤성 창저우시의 '싱싱충전星星充電(스타차지)'으로, 이 책 3장에 자세히 소개돼 있습니다. 표준 방면에서 가장 눈여겨봐야 할 것은 2019년 슝안에서 열린 스마트 커넥티드카 발전을 위한 부처간 컨퍼런스에서 4개 업계 표준화위원회를 조직해 공동으로 표준화 작업을 추진하기로 한 것입니다. 저는 신에너지차 공통 기술 R&D를 위해 공업정보화부장 재직 시절 동력배터리 혁신 센터와 스마트 커넥티드카 혁신센터 건립을 추진했습니다.

펑춘: 신에너지차의 산업 클러스터와 공급망을 육성하는 과정에서 산업 관리는 어떤 역할을 하나요?

마오웨이: 계획경제 시대에는 각 방면에 투입할 수 있는 자원이 제한돼 있었고, 투자 주체 역시 정부가 유일했습니다. 산업 배치, 프로젝트 투자, 연계 지원 시스템의 구축 등 모든 부문에서 정부의 결정이 필요했죠. 중국은 개혁개방이라는 기본적인 국가 정책을 실행한 이후, 자동차 산업에 먼저 외국 자본

의 중국 진출을 허용했습니다. 외국계 자동차 기업이 대규모로 중국에 들어와 중국 자동차 기업들과 합작을 진행했어요. 이때 정부는 제품 국산화를 주로 요구했습니다.

중국 자동차 산업은 단순 자동차 조립 단계에서 멈추지 않았습니다. 처음부터 자동차 제조업의 발전 경로에 따라 움직였죠. 중국 자동차 부품 시스템은 개혁 개방 정책에 따라 빠르게 발전했어요. '3대3소$_{3大3小}$'$^{\circ}$ 자동차 프로젝트가 시행되면서 상하이 산타나$^{\circ\circ}$ 부품 클러스터와 창춘 제타$^{\circ\circ\circ}$ 부품 클러스터, 우한 푸캉$^{\circ\circ\circ\circ}$ 부품 클러스터가 조성됐습니다. 대형 생산 기지의 반경 내에 대규모의 공급망 시스템과 산업 클러스터가 자연스럽게 형성된 거죠. 이때부터 사실상 정부가 프로젝트 배치를 결정하는 관행이 깨진 것이나 마찬가지입니다.

2020년을 전후해 민영 자본이 대거 자동차 산업에 진출했습니다. 이때 자동차 산업에서 국가 투자 프로젝트는 찾아보기 어려웠어요. 국유 기업을 포함해 모두 자주 경영, 손익 자부담 체제로 전환했고, 정부는 산업 발전을 주도하기보다는 산업 정책을 통해 지원하는 방식을 보였습니다. 프로젝트의 배치, 투자의 허가 및 심사, 공급망 건설 등은 기본적으로 기업에 의해 결정되는 사항이죠.

이러한 전환에 적응하기 위해 전략, 규획, 표준, 정책 등 4개 수단을 통해

○ 1980년대 중국이 자동차 산업을 발전시키기 위해 내세운 주요 전략 중 하나로, 3개의 대기업과 3개의 중소기업을 육성하는 것이 골자. 3대 대기업은 창춘의 디이자동차그룹FAW, 우한의 둥펑자동차그룹DFAC, 상하이의 상하이자동차그룹SAIC. 3대 중소기업은 베이징지프, 톈진 샤리, 광저우 푸조
○○ 상하이자동차그룹 전신인 STAC와 독일 폴크스바겐의 합작 모델. 뷰익 엑셀과 함께 중국 국민차로 꼽힌다.
○○○ 창춘 디이자동차그룹과 폴크스바겐의 합작 모델
○○○○ 둥펑자동차그룹과 프랑스 시트로엥의 합작 모델

산업을 관리합니다.

갑작스러운 코로나19와 중·미 무역 갈등으로 중국은 과거의 발전 경로에서 벗어나 새로운 도전에 직면했습니다. 각국은 모두 공급망 안보 문제를 우려했고, 중국도 예외는 아니었어요. 하지만 자동차 산업의 경우, 저는 중국의 거대한 자동차 시장의 우위만 지켜낼 수 있다면 공급망에 큰 문제가 없을 것으로 보고 있습니다. 생산 기지 인근에 공급망을 배치하는 것은 자동차 산업의 특성인 '생산지 판매銷地産'〇에 따라 결정됩니다. 일부 외자 자동차 기업 역시 'In China, For China'〇〇의 경영 이념을 내세우고 있어요. 가까운 시장을 두고 먼 시장을 찾는 것은 바람직하지 않기 때문이죠. 하지만 중국 자동차 공급망의 단점과 약점은 반드시 보완해야 합니다. 여기서 가장 중요한 것은 차량용 반도체와 기초 소프트웨어입니다. 자율적으로 관리할 수 있는 반도체와 소프트웨어가 없다면, 신에너지차와 스마트 커넥티드카 발전 속에서 천신만고 끝에 얻은 약간의 우위를 잃을 수 있습니다. 다른 나라에 끌려가는 수동적 국면에 빠질 수도 있겠죠. 이 단점과 약점을 보완하려면 개방 협력과 국경을 초월한 융합이 필요합니다.

펑춘: 마지막 질문입니다. 중국 신에너지차 발전에 가장 큰 영향을 미친 인물은 누구인가요.

마오웨이: 앞서 말했듯이, 신에너지차 발전에 과학기술부가 중요한 역할을 했습니다. 저는 쉬관화徐冠華, 완강萬鋼 두 명의 부장(장관)에게 직접 신에너지차 발전 관련 방안을 보고한 적이 있고, 그들의 지원을 받으면서 자주 교류했습

〇 현지 생산·판매 방식. 물류 비용을 낮추고 지역 시장 수요를 활용한다.
〇〇 중국에서 생산해 중국 내수 시장에 판매하는 전략. 이전까지는 중국에서 생산해 제3국으로 수출하는 'In China for world' 전략이었다.

니다.

특히 완강은 2000년 독일에서 돌아온 이후, 과기부의 '863 계획'º 전기차 중대重大 특별 수석 과학자, 총괄팀 팀장으로 영입됐습니다. 당시 그는 연료전지차 프로젝트팀 책임자로 중국 첫 번째 연료전지차의 연구 프로젝트를 담당했어요. 완강은 둥제同濟대학 팀을 이끌고 연료전지 승용차인 '초월 1호'를 개발했습니다. 이 초월 1호에는 중국이 직접 개발한 30킬로와트 연료전지가 탑재됐습니다. 이후에도 '초월 2호' '초월 3호' 등을 개발하며 기술적으로 큰 돌파구를 마련했습니다. 그는 중국 신에너지차 발전 추진을 위해 굉장히 중요한 역할을 했습니다.

제가 완강을 안 것은 그가 독일에서 돌아온 후 전국 전기차 전문가 팀장을 맡고 있을 때였죠. 당시 저는 둥펑자동차에서 근무하고 있었어요. 둥펑자동차는 굉장히 어려운 상황 속에서도 둥펑전기차회사를 설립했는데, 완강은 우리의 연구와 실행을 초기에 발견해 우한에서 조사 연구를 하면서도 우리에게 매우 큰 격려와 지지를 보내줬어요. 이후 완강은 중앙정치국 집단 학습에서 강연자로 나섰습니다. 전기차 발전에 대한 강연을 마친 후, 중앙 지도자가 그에게 '산학연이 시작된 지 여러 해가 지났는데, 왜 여전히 성과가 없나'라고 물었다고 합니다. 완강은 둥펑자동차 사례를 그에게 알려주며 우리를 대신 홍보해줬습니다. 진심으로 완강에게 감사드립니다.

º 세계 수준을 따라잡기 위해서는 중국의 첨단기술발전이 필요하다는 과학자들의 건의에 따라 덩샤오핑의 지시로 수립된 '첨단기술연구발전계획'. 과학자들의 건의가 1986년 3월 3일에 있었고, 덩샤오핑의 방침도 1986년 3월에 내려졌기에 '863 계획'이라 불린다. '핵심분야에 역점을 둔다'는 방침 아래 생물공학, 항공우주, 정보기술, 레이저기술, 자동화기술, 에너지기술과 신소재 등의 7개 영역에서 15년 내에 국제수준을 따라잡아, 다른 나라와의 기술격차를 줄이고, 우수한 성과를 얻어, 20세기말 특히 21세기 초의 경제발전과 국방안전을 도모한다는 계획이다. 이후에도 다양한 산업 분야를 추가해 국가 중점 연구과제 등을 선정하고 있다.

이후에도 우리는 신에너지차라는 연결고리를 통해 지속적으로 친밀한 관계를 유지하고 있습니다. 문제에 부딪힐 때마다 저는 완강에게 가르침을 청하는데, 그는 진심을 다해 열정적으로 건설적인 의견을 제시해 큰 도움을 줍니다. 그는 과기부장을 맡은 뒤에도 지속적으로 중국 신에너지차의 발전에 큰 공을 세웠습니다. 제가 공업정보화부장에 취임한 후, 우리는 줄곧 서로를 이해하고 지지했습니다. 앞에서 언급한 그러한 질문을 받았을 때, 완강은 주도적으로 아이디어를 내고 방법을 강구할 뿐만 아니라, 공개적 장소에서 자신의 관점을 분명히 밝혀 제가 용감하게 앞으로 나아가고 일시적 어려움에 부딪혀도 멈추지 않도록 격려해줬습니다.

7장

안전 우려를
없애라

신에너지차가 빠르게 발전할수록 일련의 안전 문제가 따라오는 것은 피할 수 없는 일이다. 사람들은 화재, 누수, 감전 위험 등 안전 문제를 우려하고 있다. 심지어 전기차가 지나치게 조용하다는 점도 내연차에서는 볼 수 없었던 새로운 문제를 야기할 수 있다. 이렇게 안전성이 떨어지는 차는 성능이 아무리 좋아도 소비자의 선택지에서 제외될 수밖에 없다.

1_____ 바보야, 핵심은 배터리 안전이야

전기차 주행능력을 끌어올리기 위한 배터리 기술은 지속적으로 발전해 왔다. 주행거리 및 출력과 직결되는 배터리의 에너지 밀도는 배로 늘어났고, 각종 새로운 원재료를 사용한 배터리도 끝없이 나오고 있다. 하지만 일부 기업은 배터리의 에너지 밀도를 높이는 데만 치중하고 배터리의 품질에는 소홀했다. 이는 차량 화재와 폭발 등 사고를 유발할 수 있다. 배터리가 신에너지차의 핵심인 만큼, 배터리 안전은 신에너지차 전체 안전과 직결된다. 관심을 갖고 확실하게 해결해야 하는 이유다.

잠복한 안전 문제, 기술 진보로 해결

삼원계 배터리가 나온 이후 리튬인산철배터리와 삼원계 배터리 중 어떤 것이 더 안전한지에 대해 의견이 분분하다. 양측 모두 확실한 근거와 함께 탄탄한 지지층을 보유하고 있다. 사실 이 뒤에는 기업들이 있다. 이익을 위해 자신들이 사용하는 배터리가 다른 배터리보다 더 안전하다고 주장하는 것이다. 신에너지차 소비자들은 이와 관련한 수많은 의견 때문에 혼란스럽다. 어느 것이 옳다고 말하기 어려운 상황이다.

논쟁을 뒤로 하고 객관적으로 평가해보면 두 배터리 모두 장단점이 있다.

먼저 이론적으로 두 종류의 양극재를 보자. 에너지 밀도가 높은 배터리일수록 높은 열에너지를 방출한다. 리튬인산철배터리 양극재의 내열성은 삼원계 배터리보다 뛰어나다.

삼원계 배터리는 니켈과 같은 반응도 높은 금속을 첨가하기 때문에, 에너지 밀도와 출력이 높고 높은 배율°의 충전이 가능하다. 극저온에서의 시동 성능도 리튬인산철배터리보다 뛰어나다. 하지만 반응도가 높은 금속을 넣은 만큼 안전을 해치는 요소도 증가한다. 이 때문에 어

◦ 배율이 높을수록 충전 속도가 빨라진다. 예를 들어 충전 배율이 8C인 배터리의 경우, 8분의 1시간 만에 완충이 가능하다.

쩔 수 없이 안정제 작용을 하는 코발트를 추가해야 한다. 코발트는 희소 자원이고 가격도 굉장히 높다. 업계는 원가를 낮추기 위해 코발트의 용량을 줄이는 방법을 연구 중이다.

반대로 리튬인산철배터리는 삼원계 배터리 같은 단점이 없다. 게다가 순환(재사용) 횟수가 삼원계 배터리의 두 배 이상이다. 원가도 낮고 안전성도 더 높다. 시장 측면에서 보면 두 종류의 배터리는 막상막하인 셈이다. 삼원계 배터리의 에너지 밀도가 높다보니, 출력$_{GW}$ 기준에 따라 삼원계 배터리가 전 세계 시장에서 유리한 위치를 차지하고 있다. 하지만 시장 점유율은 리튬인산철배터리가 더 높다. 리튬인산철배터리는 2019년 전기차 탑재량 비율이 72.8퍼센트에 달했지만, 전체 시장 점유율은 25.1퍼센트에 불과했다. 하지만 신에너지차 보급 단계에 진입한 이후인 2021년부터 국제 원재료 가격이 대폭 오르면서 원가의 중요성이 커졌다. 중국의 리튬인산철배터리 시장 점유율은 이미 삼원계 배터리를 넘어섰다. 2023년 1분기, 국내 시장의 리튬인산철배터리 탑재량은 68.2퍼센트, 삼원계 배터리 탑재량은 31.7퍼센트다. 아직 글로벌 대기업들이 리튬인산철배터리를 비교적 적게 사용하고 있지만, 앞으로는 달라질 것이다.

배터리 안전은 단일 배터리부터 배터리 시스템까지 연결돼 있다. 단일 배터리부터 보면, 두 배터리 중 하나를 선택하는 것은 불가능하고, 각 약점을 개선하는 것만 가능하다. 예를 들어 비야디는 계속 리튬인산철배터리를 사용해왔고, 이는 그들 특유의 수완으로 자리잡았다. 비야디는 최근 들어 배터리 모듈 구조에도 노력을 들이고 있다. 블레이드 배터리 구조를 발명해 배터리팩 에너지 밀도를 끌어올린 것이다. 블레이

그림 7-1 2021년 4월 상하이 모터쇼에서 공개된 비야디의 블레이드 배터리

드 배터리가 탑재된(그림 7-1) 비야디의 '한EV' 판매량은 2022년 27만대를 넘어섰다. 삼원계 배터리는 코발트 용량을 줄여야 하는데, 현재 선진 제품은 이미 코발트 비율을 원료의 10퍼센트에서 5퍼센트까지 절반으로 낮췄다. 이 외에도 격막° 두께와 안전성 간 균형을 찾아야 한다. 단순히 배터리 에너지 용량만 늘리고 격막 두께만 줄일 경우 안전 문제는 반드시 발생한다.

배터리 시스템 측면에서 보면, 단일 배터리의 제품 일관성은 매우 중요하다. 제품 일관성 불량으로 인한 안전 문제는 매우 크다. 단순히 저렴한 제품만 찾지 말고, 배터리 기업의 품질 관리 능력을 봐야 한다. 그

○ 구리를 주 재료로 사용해 동박이라고도 한다. 음극재의 핵심 소재로, 배터리 품질과 에너지 밀도를 좌우한다. 리튬배터리 무게의 약 13퍼센트, 원가의 8퍼센트를 차지해 최대한 얇게 만드는 것이 핵심이다.

렇지 않으면 소탐대실 결과를 가져올 수 있다.

어떤 전문가들은 중국 기업들이 전체 시스템 차원에서 배터리 안전성을 중시하는 방법을 채택하는 것이 과학적일 수 있다고 본다. 배터리 시스템을 통해 하나의 셀에서 발생한 문제가 확산하지 않게만 할 수 있다면, 연기만 나고 화재는 발생하지 않는 안전 효과를 낼 수 있다. 결국 신에너지차의 전반적인 안전성을 보장하는 것이다.

전고체 배터리는 차세대 배터리가 나아갈 방향이다. 전고체 배터리는 지금 보편적으로 쓰이는 액체 전해질 대신 고체 전해질을 사용한다. 하지만 고체 전해질이 어떻게 배터리의 양극·음극과 밀접하게 결합할 수 있을지에 대해서는 아직 더 연구가 필요하다. 전고체 배터리 상용화 시기에 대해서는 의견이 갈린다. 낙관론자는 머지않았다고 보고, 비관론자는 최소 10년은 더 필요하다고 본다. 실력 있는 배터리 기업들은 모두 적극적으로 새 시대 배터리를 연구하고 있고, 종종 긍정적 소식을 발표하고 있다. 하지만 과장된 정보도 많아 신중하고 실용적 태도를 유지해야 하며 완전히 믿어서도 안 된다.

배터리 모듈의 경우, 우선 배터리 연결을 고려해야 한다. 원래 구리를 사용한 커넥터가 가장 좋은 선택지이지만, 안전 관련 특정 문제가 있다. 어떤 재료라도 사용하는 환경과 수명을 고려해야 하기 때문에, 자동차 재료는 10년 이상의 사용 연한을 확보해야 한다. 하지만 구리는 사용 중 산화와 부식을 피할 수 없다. 특히 액체 전해질의 경우 이 문제가 더욱 심각하다. 이 때문에 현재 대다수 배터리는 구리 위에 니켈을 한 겹 도금하는 방식을 취하고 있다. 이렇게 하면 전기 전도성이 좋아질 뿐만 아니라, 부식도 막을 수 있다.

배터리 연결은 또 다른 문제를 갖고 있다. 어떻게 수천 개의 양극·음극을 설계에 따라 함께 연결하느냐의 문제다. 흔히 사용하는 방법은 납땜, 레이저 용접, 기계 연결 등 세 종류다. 전자 제품은 대부분 납땜을 선택한다. 전자 부품을 회로 기판에 꽂고, 파봉 용접 설비를 이용해 모든 납땜 부분을 단번에 연결, 완성한다. 하지만 배터리를 용접할 때 이 방법은 바람직하지 않다. 배터리를 한 평면에 모을 수 있는 회로 기판이 없기 때문이다. 하나하나 용접하는 것은 효율도 낮고 니켈 도금층을 주석으로 재차 도금하기도 어렵다. 전기 제품은 일반적으로 기계 연결 방식을 사용하지만, 오랜 시간이 지나면 접촉 불량이 되기 쉽다. 대부분 전기 제품은 검사를 통해 정상 작동을 보증하는데, 배터리는 일반적으로 선 모듈 후 시스템으로 배터리팩을 구성한다. 한 세트로 배열된 단일 배터리의 밀도는 매우 높기 때문에, 기계적으로 연결하면 부피가 더 방대해지는 것은 물론, 배터리 자체 중량도 늘어날 수 있다. 이는 배터리의 성능을 약화시킨다. 이 때문에 레이저 용접이 거의 유일한 선택지다. 비록 원가가 높다고 해도, 연결의 신뢰성을 보장할 수 있다.

배터리 모듈과 모듈도 연결해야 하는데, 이때는 보통 도선을 사용해 부드럽게 연결한다. 모듈간 전류가 너무 많아 도선의 단면적과 전류의 크기를 고려해야 하기 때문이다. 전류의 특성상 도체 표면을 따라 전도되기 때문에, 도체의 단면적을 늘리는 것보다 표면적을 늘리는 것이 더 중요하다. 통상적으로 도선 속 단일 적동선赤銅線의 직경을 무작정 늘리지 않고 다중 적동선을 사용하는 이유이기도 하다.

배터리의 에너지 밀도는 끊임없이 높아지고 있다. 가능한 한 충전 시간을 단축하기 위해 배터리의 온도 집합 효과도 계속 강해지고 있다.

배터리팩이 과열되는 것을 방지하려면 배터리팩 내부의 냉각 처리가 필요하다. 과거엔 강제로 통풍시켜 열을 식혔는데, 최근 대용량 배터리도 액체 냉각을 시작했다. 에틸렌글리콜 등 부동액으로 파이프를 채우고 액체를 순환시켜 열을 제거하는 방식이다.

중국의 많은 신에너지차 기업은 보통 단일 배터리 사이를 열전도성 접착제로 채우는데, 배터리에서 생산된 열량이 외부 냉각기로 전달되기 때문에 접착체의 열전도성은 공기보다 우수하다. 모든 종류의 냉각 조치는 열감지기와 함께 사용한다. 열감지기는 온도 상승을 신속하게 발견해 관련 정보를 배터리 관리시스템에 전달한다. 이후 배터리 관리시스템은 즉시 효과적인 조치를 시행하고, 열이 폭주하지 않도록 한다.

강제 표준 공포, 실시

2020년 5월, 중국 공업정보화부는 '전기차 안전 요구(GB18384-2020)' '대형 전기차 안전 요구(GV38032-2020)' '전기차용 동력 저장 배터리 안전 요구(GB38031-2020)' 3개의 법적 국가 표준을 제정했다. 이 표준들은 배터리의 단일 배터리, 배터리 모듈, 배터리팩 또는 시스템에 대한 안전 요구와 실험 방법을 규정하고 있는데, 2016년부터 수정을 시작해 약 4년간 여러 번 개정됐다. 이 과정에서 관계자 및 독일, 유럽, 일본의 연구기관, 표준화 기관과 교류 및 토론을 진행했다. 2020년 5월 12일부터 국가시장감독관리총국, 국가표준화관리위원회가 정식 공포했고, 2021년 1월 1일부터 시행됐다.

2015년 발표된 '전기차용 리튬이온 동력저장배터리팩과 시스템

제3부분 : 안전 요구 및 측정방법(GB/T 31467.3-2015)'과 '전기차용 동력 저장 배터리 안전 요구 및 측정 방법(GB/T31485-2015)'을 비교해보면, 과거 권고 수준이었던 것이 강제성을 지닌 국가 표준으로 바뀐 것을 알 수 있다. 신에너지차 안전을 확보하기 위해, 법률 효력을 갖춘 규정을 처음으로 내놓은 것이다. 구체적 변화는 표7-1에 나와 있다.

표7-1 2015년 표준과 비교한 2020년 3개 법적 국가 표준

변화	관련 작업
수정 (17곳)	단일 배터리 과방전 안전 요구 사항 단일 배터리 과충전 시험 방법 단일 배터리 압착 시험 방법 배터리팩 또는 시스템 진동 안전 요구 및 시험 방법 배터리팩 또는 시스템 기계 충격 시험 방법 배터리팩 또는 시스템 모의 충돌 시험 방법 배터리팩 또는 시스템 압착 시험 방법 배터리팩 또는 시스템 습열 순환 시험 방법 배터리팩 또는 시스템 침수 안전 요구 및 시험 방법 배터리팩 또는 시스템 외부 화재 안전 요구 및 시험 방법 배터리팩 또는 시스템 온도 충돌 시험 방법 배터리팩 또는 시스템 염수 분무 안전 요구 및 시험 방법 배터리팩 또는 시스템 고(高)해발 안전 요구 및 시험 방법 배터리팩 또는 시스템 과온 보호 안전 요구 및 시험 방법 배터리팩 또는 시스템 외부 단락 보호 시험 방법 배터리팩 또는 시스템 과충전 보호 시험 방법 배터리팩 또는 시스템 과방전 보호 시험 방법
삭제 (8곳)	단일 배터리 낙하 안전 요구 및 시험 방법 단일 배터리 침술 안전 요구 및 시험 방법 단일 배터리 해수 침포(浸泡) 안전 요구 및 시험 방법 단일 배터리 저기압 안전 요구 및 시험 방법 배터리 모듈 안전 요구 및 시험 방법 배터리팩 또는 시스템 전자 장치 진동 안전 요구 및 시험 방법 배터리팩 또는 시스템 낙하 안전 요구 및 시험 방법 배터리팩 또는 시스템 전복 안전 요구 및 시험 방법
추가 (2곳)	배터리팩 또는 시스템 열 확산 안전 요구 및 시험 방법 배터리팩 또는 시스템 과전류 보호 안전 요구 및 시험 방법

위의 표를 통해 수정된 곳을 보면, 강제적 국가 표준은 신에너지차 배터리 안전성 보장 측면에서 각종 불안전 요소를 충분히 고려했다. 단일 배터리 최적화 측면에서 배터리 모듈 안전을 요구하는 동시에, 배터리 시스템의 열 안전성과 기계·전기·기능 안전 요구도 강화했다. 실험 측정 항목은 시스템 열 확산, 외부 화재, 기계 충격, 모의 충격, 습열 순환, 진동 침수, 외부 합선, 고온·과충전 등이다. 특히 배터리 시스템의 열 확산 시스템을 중점적으로 추가했는데, 이는 단일 배터리가 열 제어에 실패한 후 배터리 시스템이 5분 내 발화하거나 폭발하지 않도록 해 탑승자가 안전하게 탈출할 수 있도록 하기 위함이다. 이러한 조치들은 모두 소비자의 재산과 생명을 안전하게 보호할 수 있도록 법률 효력을 갖췄다. 모든 신에너지차는 반드시 표준의 각 요구에 도달해야만 시장에 진입할 수 있다. 다른 나라와 비교해보면, 전 세계에서 중국의 신에너지차 표준이 가장 엄격하다고 볼 수 있다.

표준을 개정하는 과정에서 발생한 가장 큰 논쟁은 침술 시험°을 없앤 것이다. 이 방법은 과거엔 유일한 시험 방법이었지만, 새로운 시험 방법이 나오면서 두 가지 중 하나를 선택할 수 있게 됐다. 하나는 단일 배터리 침술 시험이 야기하는 열 제어 실패 시험 방식이고, 다른 하나는 열을 가해 열 제어 실패를 촉발하는 시험 방식이다. 어떤 사람들은 침술 시험의 설명이 삭제된 것만 보고 이 방법이 금지된 것이라고 생각하지만, 실제로는 그렇지 않다.

2020년 10월, 닝더스다이CATL는 '영원히 발화하지 않는' NGM811

---

o 배터리에 구멍을 뚫어 온도 변화를 확인하는 방법

중국 전기차가 온다

삼원계 배터리를 개발했다고 발표했다. 이 배터리는 중국 니오차에 장착된 100킬로와트/시 배터리팩 중, 구조상 배터리 모듈을 없애고 단일 배터리에서 배터리팩까지 고효율 그룹화 기술을 실현했다. 안전성 측면에서 보면, 새로운 재료를 사용해 단열, 배터리팩 연기 배출 통로 등을 설계해 열 제어 실패를 통제할 수 있도록 했다. 각각 특색 있는 구조 설계를 갖춘 덕에 두 배터리의 안전성은 국가 표준에 부합할 뿐만 아니라 모두 안전하다.

법적 강제성을 지닌 국가 표준이 나온 이후, 제품 검사와 형식 인증 필요성도 나타났다. 2020년 12월 18일, '국가 자동차용 동력배터리 제품 품질 감독검사센터'가 정식 설립됐다. 이는 중국이 신에너지차 배터리 검사와 측정 부문에서 제3의 플랫폼을 보유하고 있다는 것, 객관적인 법적 국가 표준에 따라 검사를 진행할 수 있다는 것을 뜻한다. 시장에 진입하는 모든 신에너지차 배터리는 모두 국가 표준에 부합하는 제품이라는 것을 보증하는 의미도 있다.

2_____ 충전의 '안전벨트'를 꽉 조여라

신에너지차 충전 인프라의 주요 목적은 전원을 공급하는 것이다. 거의 모든 변압과 교·직류 전환 등은 배터리 관리시스템을 통해 완성차에서 실현된다. 완성차와 충전 인프라 간 연결이 반드시 엄격한 보호 조치를 따라야만 충전 부문의 안전을 보장할 수 있다.

충전 전에 먼저 차량의 충전선 절연 상태가 양호한지 확인해야 한다. 만약 절연 상태가 불량하다면, 충전기는 자동으로 전력 공급을 정지하고, 차주에게 경고 메시지를 보낼 수 있다. 또한 일정 수준, 예를 들어 80퍼센트까지 충전되면 배터리 관리시스템은 자동으로 충전을 멈춘다. 좋은 모델의 경우 80퍼센트보다 적게 충전됐을 때부터 배터리 과열을 막기 위해 전류를 줄인다.

이러한 조치는 모두 과충전을 막기 위한 것이다. 과충전은 화재를 일으키는 흔한 원인으로, 특히 주의해야 한다. 온도가 0도씨를 밑도는 극저온 환경에서는 더 쉽게 과충전 현상이 나타날 수 있다. 일반적인 좋은 차량 모델은 극저온 환경에 놓였을 때 배터리팩에 열이 발생하도록 설계돼 있다. 이러한 효과적인 조치는 과충전을 방지하는 것은 물론, 저온으로 인해 배터리 성능이 약해지는 문제도 피할 수 있다.

고속 충전은 쉽게 사고를 일으키는 또 다른 요인이다. 고속 충전시 배터리 관리시스템은 모든 단일 배터리 충·방전에 따른 전압 크기와 전류량, 온도 상승 상태를 측정해야 한다. 하나의 단일 배터리 충전이 완료되면 배터리 관리시스템은 이 단일 배터리에 대한 충전을 중단한다. 그리고 전류가 이 배터리를 우회하도록 한다. 방전됐을 때는 일단 어떤 단일 배터리의 전압이 지나치게 낮은지 발견하고, 이 배터리의 방전 속도를 낮추거나 아예 정지시킨다. 배터리 모듈 온도가 지나치게 높을 경우엔 단일 배터리의 충·방전을 막아 안전을 확실히 보장한다.

대전류충전은 반드시 충전 인터페이스 접촉이 양호하다는 것을 보증해야 한다. 접촉 불량은 매우 쉽게 불꽃과 과열을 일으켜 화재로 이어지는 주요 원인이기 때문이다. 구조상 인터페이스를 최적화하는 것을 제외하면, 충전기에 온도 감지기를 설치하는 것은 효과적인 조치다. 충전 인프라의 절연과 접지는 모두 반드시 필요한 안전 요구 사항인 만큼 정기적으로 검사해야 한다. 또한 충전 인프라 자체를 위한 검사와 원격 조종을 통해 즉시 문제를 발견하고, 감전 등 안전 문제의 발생을 방지해야 한다.

전기차 이용자는 주행거리 외에 충전 시간에 대해서도 관심이 많다. 특히 장거리 주행이나 택시 운영 등 특수 사용 환경에서 이러한 (고속 충전) 요구는 더욱 강력하다. 가장 이상적인 것은 기름을 넣는 것처럼 수 분만에 충전을 마치는 것이다. 현재 기술 수준으로는 수 분만의 완충은 여전히 어렵다. 충전 시간을 단축하는 것은 업계가 부지런히 연구하며 노력해야 할 방향이다.

직류 고속 충전은 수요에 따라 최근 몇 년간 공공 충전 인프라 분야에서 빠르게 증가했다. 직류 고속 충전의 작동 원리는 이렇다. 380볼트짜리 3P4W° 교류 전원에 연결한 뒤, 낙뢰 보호 장치를 거쳐 전력 계측기에 들어가 사용한 모든 전력량을 계량하는 것이다. 각 차종마다 전압, 충전 용량, 충전 전류가 모두 다르기 때문에, 고속 충전소에는 여러 대의 충전기를 배치해야 한다. 또 차종이 보내는 정보에 따라 어떤 충전기를 몇 개나 써야 하는지도 빠르게 결정해야 한다. 차량을 충전할 때 배터리 관리시스템에도 같이 전력을 공급해야 한다. 충전기 내부에는 국제 표준에 따라 12볼트, 10암페어짜리 전원이 배터리 관리시스템의 공급 전원으로 인식된다. 이 외에도 충전기에는 5볼트와 12볼트 직류 전원을 공급하는 단독 저전압 전원을 갖추고 있다. 충전기 내 마이크로

○ 3상 4선. 주파수가 같고 위상이 다른 3개의 기전력에 의해 흐르는(3상) 교류 전력을 네 줄의 전선(4선)을 이용해 전기를 공급하는 것.

컨트롤러유닛MCU(반도체의 한 종류)과 충전기 모니터, 모듈 보호, 신용카드 결제 모듈, 통신모듈 등에 전력을 공급하기 위한 것이다.

현재 업계는 이미 충전 방식에 대한 공감대를 형성했다. '중국 자동차 동력배터리 산업 혁신 연맹'은 2022년 당시 보급돼 있던 1C° 충전을 2C 고속 충전으로 교체할 것을 제안했다. 2C 충전은 배터리와 충전 시스템 원가에 아무런 영향을 미치지 않으면서도 충전 시간은 절반으로 줄어들기 때문에, 사용자의 경험을 대대적으로 개선하는 동시에 충전 기업의 수익성도 높아질 수 있다.

현재까지 시행된 신에너지차 충전 인프라 관련 국가 표준은 총 5개다.(표 7-2) 이 표준들은 모두 권고 성격의 표준이고 강제성은 없다. 이 외에 발표된 '전기차 비내장 전도식 충전기 및 배터리 관리시스템 간 통신 협약(GB/T 27930-2015)' '전기차 비내장 전도식 충전기 및 배터리 관리시스템 간 통신 협약 일관성 검사·측정(GB/T 34658-2017)' 등 2개 국가 표준은 상호 연결을 보장한다. 충전의 안전성을 보장하기 위해 국가에너지국은 두 개의 산업 표준을 발표했고, 국가전력망기업은 두 개의 기업 표준을 발표했다.

위 표준들은 전기차 발전에 따른 요구를 완전히 충족하지 못한다는 문제가 있다. 에너지 저장 장치ESS°°가 대표적이다. 앞으로 신에너지차가 점점 많아지면 충전소 운영 기업은 ESS를 이용해 매출을 더 올릴

○ 1C는 완충까지 1시간이 소요되고, 2C는 1/2시간, 즉 30분이 소요됨
○○ 에너지가 남아돌 때 저장한 뒤 부족할 때 쓰거나 필요한 곳으로 보내주는 저장장치. ESS를 이용하면 원하는 시간에 전력을 생산하기 어려운 태양광, 풍력 등 재생에너지를 미리 저장했다가 필요한 시간대에 사용할 수 있다.

표7-2 신에너지차 충전 인프라 및 통신 상호 연결 시행의 국가표준 일람표

표준 명칭	용도
전기차 전도 충전 시스템 제1부분 : 일반 요구 (GB/T 18487.1-2015)	충전 인프라
전기차 전도 충전 시스템 제2부분 : 비차량탑재 전도식 전력 공급 장치의 전자파 적합성 요구 (GB/T 18487.2-2017)	충전 인프라
전기차 전도 충전용 연결 장치 제1부분 : 일반 요구 (GB/T 20234.1-2015)	충전 인프라
전기차 전도 충전용 연결 장치 제2부분 : 교류 충전 인터페이스 (GB/T 20234.2-2015)	충전 인프라
전기차 전도 충전용 연결 장치 제3부분 : 직류 충전 인터페이스 (GB/T 20234.3-2015)	충전 인프라
전기차 비내장 전도식 충전기 및 배터리 관리시스템 간 통신 프로토콜 (GB/T 27930-2015)	통신 상호 연결
전기차 비내장 전도식 충전기 및 배터리 관리시스템 간 통신 프로토콜 일관성 시험 (GB/T 34658-2017)	통신 상호 연결

수 있을 것이고, 전력망 기업도 ESS를 쓰면 전력 피크 조절이 가능해 수익성을 높일 수 있다. 즉 ESS는 완전하면서도 거대한 시장으로 발전할수 있지만, 관련 내용은 '차량에서 전력망까지Vehicle to Grid, V2G°' 표준에 빠져 있다.

각 기업이 표준에 대해 다르게 이해하고 있다는 점도 부정적 영향을 미칠 수 있다. 충전기 생산 기업들은 고유한 앱을 보유하고 있는데, 서로 호환되지 않아 사용자 입장에서는 불편할 수밖에 없다. 다른 규격으로 인해 때로는 충전기가 들어가지 않거나 빠지지 않는 당황스러운 상황이 발생하기도 한다. 이 표준들을 빠르게 통일시켜야 한다. 특히 안전 관련 표준은 반드시 즉시 수정하고, 법적 강제성을 지닌 국가 표준으로 격상시켜야 한다. 이 부분에서 유관 부처들은 적지 않은 작업을 해야

○ 양방향 충·방전 기술. 전기차를 전력망과 연결해 배터리의 남은 전력을 이용하는 기술

할 것이다.

2015년 발표된 국가 표준에서는 전자 잠금과 감지기 등 부문에 대한 요구가 증가했고, 이는 안전성을 대폭 끌어올렸다. 전자 잠금은 기계 잠금이 고장났을 때 2차 보호 역할을 한다. 또 기계 잠금 고장으로 인한 충전 플러그 감전 등의 안전 문제가 없어 화재를 방지하고 충전 안전도 보장할 수 있다.

전통적 의미의 안전 외에도, 개인 정보 보안과 데이터 보안 등 갈수록 권고 수준이 높아지고 있는 비전통적 보안 부문에도 사회적 관심이 높아지고 있다. 예를 들어, 일부 충전기는 개인 신분증 없이 간단한 식별번호만 있으면 결제가 가능하다. 만약 누군가 이를 악용해 타인을 사칭한다면 소비자 피해가 발생할 수 있다. 또한 신분 인증 시 어떻게 개인 정보를 보호할지, 어떻게 정보 누출을 방지할지에 대한 방안 역시 필요하다. 이와 관련한 전면적 계획을 세워야 한다.

3_____ 완성차 안전, 손 놓고 있을 수 없다

언론에 소개되는 신에너지차의 화재 등 안전사고 중 절반가량은 7~9월에 발생한다. 이를 통해 온도가 높은 여름철은 화재 발생 가능성이 높은 기간이라는 것을 알 수 있다. 충전 중에는 차내 전원을 차단해야 한다. 특히 에어컨 등 전기 소모량이 비교적 많은 설비는 사용하면 안 되고, 운전자와 탑승자는 충전할 때 차 밖으로 나와야 안전하다. 충전 중 발생하는 사고가 전체 사고의 거의 절반을 차지한다. 사고가 발생하는 것은 단지 배터리 때문만이 아니다. 바깥 온도와 과충전 역시 화재 발생, 연소, 심지어 폭발 사고까지 일으킬 수 있다.

일부 신에너지차 화재는 멈춘 상태에서도 발생한다. 이는 배터리의 고압 부분이 이미 차단돼 있고, 저압 부분만 전기를 공급 중인 상태로, 어디서 열이 발생했는지 제때 발견하지 못해 생기는 것이다. 사고 원인은 조사 결론에 따라 되짚어 보고, 이에 따른 적합한 조치를 취해야 한다. 관련 통계 분석에 따르면, 2022년 신에너지차 승용차 고장 원인 중 그림 7-2에 제시된 대로 동력배터리 고장 비중이 54.4퍼센트에 달한다.

공업정보화부는 2016년 초부터 각종 대·중형 버스에 삼원계 배터리를 사용하는 것을 엄격하게 금지했다. 대·중형 버스는 승객을 태우다 보니 사고가 발생하면 많은 사상자가 발생할 수 있다. 이 때문에 반드시 가장 엄격한 수준의 요구에 맞춰야 한다. 대·중형 버스에 리튬인산철배

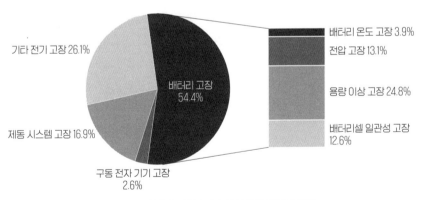

그림 7-2 2022년 신에너지 승용차 고장 원인별 비중
[출처: 신에너지차 국가 모니터링 및 관리 플랫폼]

터리를 쓸 때에도 배터리팩의 설치 위치 관련 안전 보장 요구가 적용된다. 2016년부터 대·중형 버스의 화재 등 사고 발생률은 확연히 하락세를 보이기 시작했다. 이러한 조치가 효과를 낸 것이다.

2021년 1월 1일부터 실시된 '전기차 안전 요구(GB18384-2020)'와 '전기버스 안전 요구(GB38032-2020)'는 전기차의 전력 안전과 기능 안전 요구에 대한 규정이 주로 담겨 있다. 이는 배터리 시스템의 열 관련 경고 신호 요구를 처음으로 강화한 것이다. 열 제어 실패가 발생했을 때 최대한 빠르게 운전자와 탑승자에게 안전 알림을 올려 그들이 적절한 조치를 취할 수 있도록 하는 것이 골자다. 두 개의 표준은 차량이 정상적인 사용 환경에 있을 때의 위험을 낮추기 위해 차량 전체의 절연 저항 및 감독 제어에 대한 요구를 강화했다. 또한 검사와 측정의 정밀도를 높이고, 차량이 고압 상태일 때의 안전을 위한 절연 저항과 용량성 결합 등의 시험 방법을 개선했다. 이러한 요구를 버스에도 똑같이 적용한 것 외에도, 두 개의 표준은 전기버스 배터리 창고 위치의 충돌과 충전 시스템의 검사·측정 조건 및 요구 등에 대해 더욱 엄격한 안전을 요구한다. 고압 부품의 연소 방지 요구와 배터리 시스템 관리 단위의 열 제어 실패 심사 요구를 강화해 전기버스의 화재 사고 위험 대비 능력도 한 단계 높였다. 이는 전 세계 전기차 관련 표준 중 최초에 해당한다.

신에너지차의 배터리 자체 문제 외에 물과 관련한 안전 문제도 있다. 이와 관련해 중국은 줄곧 국제전기기술위원회IEC의 표준을 사용해 왔다. 국가 표준 '케이스 안전 등급(IP코드, GB/T 4208-2017)'은 IEC의 표준을 따른다. 이 코드는 IP와 일련번호로 표기되는데, 신에너지차는 IP67을 이용한다. 첫 번째 일련번호 6은 방진防塵 관련이다. 0에서 6으로 일련번호가 높아질수록 방진 요구 수준도 높아지는데, 신에너지차가 6을 따른다는 것은 그만큼 엄격한 요구에 맞추고 있다는 것이다. 두 번째 일련번호는 방수 표준으로, 0부터 8까지 있다. 7은 두 번째로 높은 요구 기준인 셈이다. IP67에 따르면 정상 온도와 정상 압력 하에서 배터리팩을 수심 1미터 물에 30분 이상 담가도 유해한 영향이 없어야 한다. 배터리팩 외부가 밀봉돼 있어야 가능하며, 전기 기계와 시스템 제어, 배터리 관리시스템 등 배터리팩 외 모든 도선 접점에도 방진 및 방수 처리를 해야 한다. 앞서 서술한 법적 강제성을 갖춘 국가 표준은 이와 관련해 새로운 규정을 담고 있다. 외부에서 단일 배터리에 열을 가해 온도를 130도씨까지 올린 뒤 이 상태를 30분간 유지하고, 1시간 이후에도 파손이 없다는 것을 보증해야 한다는 내용이다.

신에너지차의 전원은 두 부분으로 나뉜다. 저압 부분은 주로 전자 전기 부분에 전력을 공급하며, 안전한 저전압을 사용한다. 차량이 정차해 있을 때도 전기를 공급해 전자 전기 부품들이 전기를 사용할 수 있도록 한다. 고압 부분은 주로 300~400볼트의 전기를 공급하는데, 접전을 방지하기 위한 절연 처리가 필요하다. 고압전력 회로의 대전帶電(전기를 띠는) 부품과 외부 케이스 사이, 고압전력 회로와 차량 섀시 사이, 고압 시스템과 저압 시스템 사이 등은 모두 표준 요구에 따라 절연 처리를 해야 한다. 제품을 설계할 때에도 만전을 기할 수 있도록 충분한 여유를 확보하고, 절연체가 전체 생명 주기 내에 노화하거나 고장나지 않도록 해야 한다. 차량이 충돌했을 때에는 반드시 즉시 절전이 이뤄져야 하는데, 그 방법 중 하나는 에어백과의 연동이고, 다른 방법은 충돌 센서를 이용해 정보를 보내는 것이다. 이는 CAN° 모선을 통해 배터리 관리시스템에 메시지를 보내 전력을 끊는 방식이다.

공업정보화부는 법적 강제성을 지닌 국가 표준을 시행함과 동시에 신에너지차 제품에 대한 일관성 있는 감독·검사를 강화했다. 2020년 11월, 공업정보화부는 승용차, 버스, 특수목적차량 3종의 신에너지차 감독·검사 중 25개사의 27개 모델에 일관성 문제가 있다는 것을 발견했다. 특히 신에너지 승용차는 9개 회사의 9개 모델에서 문제가 나왔는데, 동력배터리 용량과 보호 기능, 트렁크 용적, 타이어 규격, 로고 등 항목이 국가 표준이나 관리 규정에 맞지 않았다. 2020년, 신에너지차는 45번 리콜됐고 리콜 대수는 35만7000대에 달했다. 이 중에서 '3전電(배터리·모터·전자 제어시스템)' 시스템 결함 리콜만 11만2000대로, 신에너지차 전체 리콜의 31.4퍼센트를 차지했다.

신에너지차의 장기적인 안전성과 관련해 업계가 특별히 관심을 기울여야 할 또 다른 문제는 자동차 성능의 내구성이다. 자동차의 사용 기간이 최장 15년에 달하는 만큼, 신에너지차를 10년간 사용했을 때 배터리 내부 전기화학 성능의 안정화, IP67 기준 유지, 각종 고무 부품의 노후화 등에 대한 전향적인 연구가 필요하다.

법적 강제성을 지닌 국가 표준이 시행되면서 신에너지차의 안전성도 대폭 향상됐다. 예를 들어 화재와 연소 등 사고의 발생률이 다소 감소했고, 사상자 수는 더 큰 폭으로 줄었다. 내연기관차의 탱크는 휘발유로 가득 차 있고, 엔진 내부에서 연소되는 휘발유도 있는 데다, 긴 급유선까지 있어 신에너지차 대비 본질적으로 안전 수준이 낮을 수밖에 없

o 자동차 통신 네트워크의 한 종류

다는 것은 의심할 여지없는 객관적인 사실이다. 체계적 사고를 십분 활용해 다차원적이고 포괄적인 안전 리스크 관리·통제와 예방을 전개하고, 지속적으로 신에너지차의 품질과 안전 보장 능력을 향상시킨다면, 신에너지차 미래 안전을 충분히 신뢰할 수 있다.

8장

'대국'이
'강국'이 된
비밀

2015년부터 중국 신에너지차 판매량은 줄곧 세계 1위였고, 매년 세계 전체 판매량의 절반 이상을 차지했다. 2022년 중국은 신에너지차 67만9000대를 수출해 연간 120퍼센트 성장률을 보였다. 이는 중국이 전체 자동차 수출량 300만대를 넘기고 독일을 넘어 세계 2위의 자동차 수출 대국이 되는 데 혁혁한 공을 세웠다. 세관 데이터를 보면 2023년 1분기 국내 자동차(섀시 포함) 수출량은 106만9000대로 전년 동기 대비 58.1퍼센트 늘었고, 처음으로 일본을 제치고 세계 자동차 수출 1위에 올랐다. 수출액은 1474억 7000만 위안(약 29조 4025억 원)으로 96.6퍼센트 증가했다. 신에너지차 수출은 110퍼센트 성장한 24만8000대를 기록했다.

　　신에너지차 발전 과정을 돌아보면, 우리는 100년에 한 번 올 글로벌 자동차 산업 대변혁의 역사적인 기회를 잡아 앞을 내다보고 신에너지차라는 새로운 레인에 뛰어든 것이다. 이로써 중국 자동차 산업이 규모만 '큰 것'에서 '강한 것'으로 변화할 계기를 찾아냈고 전환과 발전을 이뤄냈다. 중국 자동차 업계는 고품질 발전에서 괄목상대할 역사적 성취를 거뒀으며 역사적 변화를 일으켰다. 이 모든 것은 차분히 교훈을 정리할 가치가 있다. 그리하여 이미 결정된 목표를 향해 흔들림 없이 전진해 자동차 강국의 꿈을 조기에 실현해야 한다.

1_____ 역량을 모아라, 큰일을 해내라

중국 사회주의 제도가 역량을 집중해 큰일을 해낼 수 있다는 이 분명한 장점은 장기간의 실천 과정 속에 만들어진 것이다. 글로벌 종합 국력 경쟁이 전례 없이 격렬해진 상황에서 개발도상국인 중국이 역량을 집중하지 않는다면 근본적으로 큰일을 해낼 수 없을 것이다.

　중국은 사회적 자원을 효과적으로 모으고, 사회적 역량을 조직·동원해 중대한 사업을 실행한다. 그렇게 함으로써 생산력과 국제 경쟁력을 빠르게 높였으며 이는 신에너지차 발전 과정에서도 여지없이 나타났다. 역량을 집중해 큰일을 해내고 '골고루 나눠주기撒胡椒面'와 '무질서하게 일벌이기攤大餅' 현상을 계획적으로 방지했다. 또 정책 결정 주기가 길어지고 번잡·산만해지면서 비효율적인 상황이 발생하는 것을 피해 자원 효용을 극대화했다. 이는 새로운 레인에서 추월 발전을 이뤄낸 가장 중요한 경험이다.

당의 지도로 사상과 행동 통일

중국 신에너지차 발전이 성적을 낸 것은 결국 우리에게 당의 집중 통일 지도가 있고 중국 특색의 사회주의 제도라는 분명한 우위가 있기 때문이다. 당의 집중 통일 지도는 중대한 발전 전략 문제에서 전체 국면을 보고 당사자들을 조율하도록 보증해준다. 또 각종 상이한 관점과 의견에 대해 충분히 토론한 뒤 민주적으로 의사 결정할 수 있게 해주고, 전 사회가 통일된 의지를 갖고 통일된 행동을 하게 해준다.

중국공산당은 우리 사업을 이끄는 핵심 역량이다. 당·정부·군대·민간·학계와 동·서·남·북·중 어디서든 당은 모든 것을 이끈다. 신에너지차 발전의 단계마다 '발전을 할 것인가 말 것인가' '어떻게 발전할 것인가'라는 이 두 가지 문제에 관해선 각종 다양한 사고방식과 주장이 존재해왔고, 심지어 일부 관점은 첨예하게 대립한다. 만약 각종 의견과 관점이 끊임없이 논쟁하기만 하고 확정된 결정이 안 나온다면 곧 정당정치의 함정에 빠지고 말 것이고, 종일 논쟁만 하다 죽도 밥도 안 되는 상황이 될 것이다. 우리 당의 역사는 민주를 충분히 발양하는 기초 위에 집중을 진행한 것이다. 사상과 의지, 행동을 통일하는 것은 우리 당이 여러 어려움을 극복하고 도전을 이겨낸 근본적 이유다.

2014년 5월 시진핑 총서기는 상하이자동차를 시찰하면서 "신에너지차 발전은 우리나라가 자동차 대국에서 자동차 강국으로 나아가는 필수적인 길"이라는 중요한 지시를 내렸다. 이는 사상을 통일하고 흔들림 없이 신에너지차 발전을 추진하는 데 명확한 방향을 제시했다. 이후 신에너지차 발전을 지원하는 정책 조치들을 계속할 것인지 등 문제에서 매우 빨리 의견 일치가 이뤄졌고, 신에너지차 발전에 대한 각종 의심, 심지어 반대 논조까지 눈에 띄게 줄었다.

정부의 협동으로 중앙의 결정을 이행한다

중국 사회주의 제도의 분명한 우위는 역량을 집중해 큰일을 해낼 수 있다는 점이다. 국가 전략을 중장기 발전 계획으로 바꾸고 계획을 연간 행동 계획으로 바꿈으로써 매년 배치와 결산을 하고, 성과를 긍정하면서도 문제를 발견한다. 가까운 곳에서 먼 곳까지 이미 정해진 목표를 향해 전진한다. 분업과 협력을 통해 각 임무 목표를 직책에 따라 관련 부문이 나눠 이행하며, 각자 맡은 바 소임과 책임을 다해 임무 목표의 실현을 함께 이끈다. 통일된 배치에 따라 각 사업을 협력해 추진한다.

2012년 국무원은 시범 사업에 기초해 '에너지 절약·신에너지차 산업 발전 규획(2012~2020)'을 발표했다. 계획 이행을 보장하기 위해 국무원의 승인을 거쳐 20개 부처가 참여하는 에너지 절약·신에너지차 산업 발전 부처간 연석회의가 2013년 수립됐다. 공업정보화부가 이끄는 이 제도는 지금까지 이어지고 있다.

제도가 채택한 것은 다른 계획들에서 성공한 모델을 흡수한 부서간 협조 메커니즘이다. 한해 동안 해야 할 일을 나누고 적은 뒤 시간표와 노선도를 명확히 한다. 매년 연말이 되면 사업 결산을 해 국무원에 보고한다. 해가 거듭할수록 전체 계획은 연간 계획이 되고, 계획이 있고 결산을 검사하니 해마다 조금씩 발전해 오래도록 이어진다. 임무를 맡은 국무원 부총리부터 각 부처 지도자까지 시간을 내 실제 조사·연구를 해야 하며, 제때 문제를 발견해 해결 방법을 연구한다. 동시에 기층의 좋은 방식을 제때 결산해 기층의 사업 추진 적극성을 촉진한다. 널리 알릴 가치가 있는 것은 현장 회의나 대회 개최, 간단한 보고 등을 만드는 방식으로 추진한다.

계획의 관철·이행을 철저히 하는 것 외에 부서간 연석회의가 하는 일은 업무의 표준화다. 1998년부터 전국자동차표준기술위원회에는 두 개의 전기차 소위원회가 만들어져 각각 전기자동차와 전기오토바이 기술 표준화 사업을 담당했다. 유엔의 국제자동차규제조화포럼WP29과 ISO/TC22/SC21, IEC/TC69 등 국제 표준화기구가 여기에 대응된다. 전기자동차 기술 표준화 시스템은 완성차와 엔진, 제동 시스템, 동력배터리, 충전 시스템, 전기 인터페이스 등을 아우른다. 전국자동차표준화기술위원회는 이 표준의 제정(수정) 업무를 책임지고, 표준 내용은 기술 조건과 시험 방법 등을 포함한다.

2022년 4월 2일 국가표준화관리위원회가 승인·발표한 자동차(오토바이 포함) 강제 국가 표준은 모두 128개다. 이 가운데는 승용차에 적용되는 강제 국가 표준이 67개, 상용차에 적용되는 강제 국가 표준이 85개, 신에너지차 영역 관련 국가 표준이 81개다(일부 표준은 중복). 안전과 환경보호에 관계된 일부 국가 표준은 강제 실시 표준으로, 모든 제품은 표준의 요구치에 도달해야 시장에 진입할 수 있다. 국제 표준과 비교하면 중국 신에너지차 표준은 결코 낙후되지 않았고 일부는 다른 국가를 선도하기도 한다. 상술한 표준 가운데는 국제 표준에서 직접 따온 것도, 국제 표준을 참고해 제정한 것도, 중국이 완전히 자체적으로 제정한 것도 있다.

이 밖에 부처간 연석회의는 산업 발전을 지원하는 각종 정책을 내났다. 이 중 가장 주목 받은 것은 정부 재정 보조금 정책으로 앞선 장에서는 여러 측면에서 전후 맥락을 설명한 바 있다. 보조금 정책 말고도 감세·면세 정책이 있다. 2009년 이래 신에너지차 발전을 지원하기 위해 구매 단계에 부과되는 차량구입세와 사용 단계에서 부과되는 차량선박세車船稅(차량 및 선박 소유자나 관리자가 내는 세금)는 줄곧 면세였다. 또 가정용 충전기의 전기 요금에는 주민 전기 요금을 적용해야 함을 명확히 했고 공공 충전 인프라의 전기 요금에 대해서도 분명한 요구사항을 내났다.

지방정부의 적극성 끌어내기

신에너지차 보급의 초기 단계에 지방정부(주로 각급 도시 정부)의 적극성을 이끌어내기 위해 우선 '10개 도시, 1000대의 차량'라는 신에너지차 보급 시범 방식을 실행했다. 시범 지역을 신청한 도시는 3년 내 신에너지차 보급 숫자와 응용 영역 등 목표를 설정하고 신청서를 내야 했다. 중앙정부는 신에너지차 구매에 보조금을 지급했다. 일부 지방정부는 목표 달성을 위해 능동적으로 중앙 재정 보조금 한도의 일정 비율에 맞춰 지방 보조금을 동시에 지급했다. 상당수 지방정부는 중앙정부의 방법을 참조해 사업 추진 메커니즘을 만들었고, 일부 지방정부는 주요 지도자가 키를 잡고 신에너지차 보급·응용을 지원하는 정책 조치를 내놨다. 이로써 보급 과정의 어려움과 문제를 해결했고 신에너지차 보급에 중요한 역할을 했다.

정부 구매는 신에너지차 보급 발전의 직접적인 수단이었다. 초기의 신에너지차 사용자는 주로 버스회사나 택시회사, 지방정부가 관리하는 부문, 환경 부문 등으로 지방정부 역시 이런 대형 사용자를 지원하기를 원했다. 신에너지차로 내연기관차를 대체하면 배기가스를 줄여 대기오염 방지에 도움이 되기 때문이다. 새로운 발전 이념 관철을 위해 노력하는 조치인 동시에 중앙 재정 자금의 지원도 받을 수 있는 것이었다. 비록 초기 신에너지차의 가격·품질·항속거리 등은 오늘날의 차량과 비교할 수 없지만 이런 차량은 보통 상대적으로 고정적인 운행 노선을 갖고 있고 유지·보수 능력이 강하며 충전 인프라 문제 또한 해결하기 쉬운 편이었다. 정부 구매는 대규모 구매였기 때문에 많은 차종이 여기에서 출발해 새 국면을 열어갔다. 선전은 전국 최초로 버스와 택시를 내연기관차에서 신에너지차로 대체한 도시였다. 자연스럽게 비야디는 이 조치의 최대 수혜자가 됐다.

개인 구매 국면은 베이징·상하이·광저우·선전 등 몇몇 특대도시부터 시작됐다. 이 도시들은 이전에 승용차 구매 제한 조치를 이미 실시한 곳이다. 상하이는 전국 최초로 번호판 경매 방식을 채택했다. 매년 신규 번호판 수를 확정하고 매월 한 차례 경매를 열어 높은 가격을 제시한 사람이 번호판을 갖게 하고, 번호판을 못 얻은 운전자는 다음 달 경매에 참여하게 했다. 여러 해 동안 번호판 경매 가격은 줄곧 7~9만여 위안(약 1400~1790만 원) 수준이었다. 상하이시는 신에너지차 개인 구매를 장려하기 위해 신에너지 승용차의 번호판 경매를 면제했다. 실질적으로 국가 보조금 외에도 7~9만여 위안의 보조금을 추가 지급한 셈이다. 당연히 처음에는 번호판 경매 방식을 비판하는 사람이 많았지만 시간이 흐르면서 차츰 적응했다. 지금 상하이의 신규 승용차 판매량 중 신에너지차가 차지하는 비중이 40퍼센트 안팎에 이른 것에는 번호판 경매 면제 정책이 매우 큰 역할을 했다고 할 수밖에 없다.

베이징은 상하이에 비해 구매 제한 정책을 늦게 시작했다. 상하이 방식에 대한 비판에 영향을 받은 것인지 번호판 추첨 방법을 채택했다. 매년 승용차 번호판 수가 20만 개를 넘지 않게 확정하고 정기적으로 추첨을 하는 것이다. 2021년 10월 8일 기준 베이징에서 승용차 번호판 추첨을 신청한 사람은 300만 명을 넘어섰다. 베이징은 최근 승용차 번호판 추첨 총량에서 신에너지차 비중을 계속 조정해 2021년에 이미 60퍼센트에 이르렀다. 번호판을 갖고 있는 운전자가 차를 바꿀 때 기존 번호판에 '두 가지 편의'를 제공하는 규정도 시작했다. 새 차량이 신에너지차라면 우선 신에너지차에 쓰는 녹색 번호판을 단 뒤에 내연기관차 번호판으로 돌아갈 수 있게 하는 것이다. 이 방식은 내연기관차의 신에너지차 전환을 촉진했다.

베이징 이후의 다른 구매 제한 도시들은 대부분 베이징과 상하이의 방식을 결합했다. 일부는 번호판 추첨을 하고 남은 번호판은 경매를 하는 것으로, 여러 운전자의 수요를 모두 고려하면서도 균형을 맞추는 방식이다. 그러나 신에너지차 점유율이 계속 높아지면서 이런 정책은 잇따라 더욱 큰 압박에 직면했다. 상하이의 신에너지차 번호판 경매 면제는 유산될 가능성이 있었고, 베이징의 신에너지차 점유율 조정에도 '천장'이 존재했다. 이 모두 앞을 내다본 연구와 조기 대응이 필요하다.

일부 도시는 자동차 운행 제한 제도에서 신에너지차에 편의를 제공했다. 예를 들어 베이징에서 내연기관차는 매주 하루 요일제에 걸리지만 신에너지차는 제한이 없다. 이런 규정이 운전자에 매우 큰 흡인력을 갖는다는 것은 의심할 필요가 없다. 당연히 신에너지차 보유량이 높은 수준에 도달하면 차량 부제 운행에도 조정이 필요하겠지만, 이 조정은 구매 제한 정책을 조정하는 시점보다 훨씬 뒤의 일일 것이다.

충전 인프라의 건설은 현지 정부의 지원이 있어야 실현 가능하다. 신에너지차의 보급 과정에 중앙정부 부문은 이 부분의 전기 가격 부과 기준을 성_省 최상위 물가 관리 부문이 결정한다는 점을 명확히 했다.

공공 충전 인프라의 발전은 지속 가능한 상업화 모델 모색도 필요하다. 정부의 지원과 상업화 모델 모색은 서로 연결돼 있고, 공공 충전 인프라는 최종적으로 손익을 스스로 책임지는 공공화 독립 경영 방식이 돼야만 지속적으로 발전할 수 있다. 사실 이 책에서 앞서 언급한 일부 충전 인프라 건설·운영 기업은 한 지역에 정착한 뒤 다른 지역으로 확장해나가기 시작했다. 우리가 순리에 따르기만 하면 적은 노력으로 많은 효과를 거둘 수 있을 것이다.

충전기가 많아진 뒤에는 최소 전력_{谷電}° 측면에서 역할을 발휘할 수 있다. 현재 많은 지방이 최대 전력과 최소 전력 시점에 서로 다른 전기 가격을 적용하는 정책을 시작했다. 신에너지차는 대부분 최소 전력을 사용해 충전한다. 이 방면에서 역할이 큰 것이다.

중앙정부는 2017년부터 지방정부의 신에너지차 보조금 정책을 취소하는 동시에 지방정부가 충전 인프라 건설과 운영에 보조금을 지급해야 한다는 점을 명확히 하면서 충전 인프라 건설 강도를 한층 높였다.

상술한 조치 외에도 지방정부는 지역별 상황에 따라 기타 지원 조

○ 최대 전력 혹은 '피크 전력'의 반대 개념으로 야간 등 전력 수요가 적은 시점에 사용되는 전력

치를 내놨다. 예컨대 주차 위치나 운행 제한 시간·구간, 외지 차량 진입 허가 확대 등이다. 전반적으로 생각해낼 수 있는 방법은 모두 썼고, 어려움보다 해결 방법이 더 많다는 느낌을 줬다. 중앙정부의 정층설계顶層設計°와 기업의 최종적 노력 외에도 지방정부가 지역 사정에 맞게 추진한 각종 신에너지차 발전 조치는 산업이 '산을 넘는' 핵심적 시기에 매우 중요한 역할을 해냈다. 이는 중국 제도의 경쟁력을 보여준 것이기도 하다.

　　그다지 적절하지 않은 방법도 당연히 있었다. 예를 들어 어떤 지방정부는 지방 보조금을 신청하는 운전자가 반드시 현지 호적을 가진 사람이어야 한다고 규정했다. 현지 호적이 없는 사람은 1년 이상의 사회보험료를 내야만 보조금을 신청할 수 있었다. 또 어떤 지방정부는 플러그인 하이브리드차의 연료탱크 용량이 40리터 이하여야 한다고 규정했는데, 이런 차를 산 운전자가 기름만 쓰고 전기는 쓰지 않을까 우려해서 만든 조치라고 한다. 이는 전형적인 주관주의적 모습이다. 일반적인 상황에서 값싼 전기를 포기하고 비싼 기름을 쓸 운전자는 몇 안 될 것이다. 가령 충전 인프라가 지연된 경우여야 기름을 택하게 된다. 이런 규정은 본말이 전도된 것으로 실제가 아니라 상상에서 출발한 전형적인 모습이다. 하지만 총체적으로 보자면 신에너지차의 발전 초기 단계에 지방정부의 각종 조치는 신에너지차 보급 가속화에서 중요한 역할을 했다.

　　미래를 전망해보면 폐기 동력배터리의 회수·이용과 무해한 처리

ㅇ 최고 수준에서 전체 국면을 총괄적으로 다루는 하향식 정책 설계 방식

가 시급한 일이 됐다. 이 방면에서도 지방정부의 지원은 떼어놓을 수 없다.

사 회 역 량 응 집

신에너지차 발전 과정에 전문 협회와 매체, 싱크탱크 등은 큰 촉진 작용을 했다. 대표적으로 중국자동차공업협회CAAM의 주요 공헌은 정부에 업계 의견을 전달하고 업계 컨센서스를 모으는 두 가지 방면이라고 할 수 있다. 정부 부처가 업계 발전 계획과 정책 문건을 작성할 때 보통 협회를 통해 업계 내 기업 의견을 모아야 하는데, 이렇게 하면 정부 문건이 더욱 실제에 부합할 수 있고 정책 집행 과정에서도 운용성이 더 생긴다.

당연히 동일한 정책 조치라도 기업마다 각자의 입장에서 바라보므로 서로 다른 견해가 생길 수 있다. 예컨대 외자 진입 자동차 업계에선 해외와의 합자기업이 비교적 많은 자동차그룹은 합자기업을 지키는 입장에서 외국 자본의 지분 비율을 너무 일찍 개방하는 것에 반대하는 경우가 많다. 현상 유지만 한다면 중국 자본이 대다수 합자기업 안에서 계속해서 이윤을 얻고 자체 브랜드 발전을 지원할 수 있을 것이라는 인식이다. 그러나 해외 합자기업이 없는 자동차그룹은 조속히 외자 지분 비율과 합자기업 숫자 제한을 풀기를 희망한다. 해외 합자기업을 대상으로 한 정책(일례로 초기의 '2면3감반兩免三減半'● 소득세 징수 정책)은 중국 기업에 대한 불공정한 대우라는 것이다. 심지어 외자기업은 전혀 무섭지 않

● 신규 외자기업의 첫 생산 수입 소득세를 2년 동안 면제하고 기업소득세를 3년 동안 절반만 징수하는 것

은데 외자와 엮인 중국 기업이 무섭다는 이야기도 나왔다.

　이런 유사한 문제에서 의견 일치를 보는 것은 아주 어렵다. 어떤 정책은 자동차 업계만의 것이 아니라 국가적으로 큰 정세와 정책에 관련된 것이기도 하다. 이때 협회는 대체 불가능한 역할을 한다. 일반적인 방식은 상위 10대 기업의 비공개 회의를 통해 아이디어를 통보하고 대기업들의 의견을 듣고 종합한 뒤 주관 정부 부처나 국무원에 직접 보고함으로써 의사결정에 참고할 수 있게 하는 식이다.

　2020년부터 자동차용 칩 공급 부족이 세계적으로 나타나 자동차 기업은 칩 하나도 구하기 힘든 상황이 됐다. 과거 완성차 기업은 기본적으로 칩을 공급망 체계에 넣지 않았고, 통상 부품 기업이 외부에 전자제어장치ECU 개발을 위탁하는 식으로 제3의 개발자를 골라 배치했다. 그런데 칩 부족이 완성차 생산에 직접 영향을 주게 되자 완성차 기업은 크게 관심을 갖기 시작했고 칩을 확보하기 위한 방법을 짜냈다. 이는 또다시 칩 부족 상황을 격화했으며 직접적인 부정적 결과로 칩 가격이 폭등했다. 가격이 폭등했음에도 원가는 낮았기 때문에 일부 자동차 기업은 비이성적 행위를 하기도 했다. 살 수만 있다면 얼마든 지불하는 것이다. 이런 식의 처사는 문제 해결에 어떤 도움도 주지 못했다. 칩 주문생산OEM 기업과 패키징 테스트 기업만 예상 밖의 돈을 벌었을 뿐이다. 냉정하게 생각해보면 이런 방식은 지속하기 어렵다. 문제를 해결하는 방법은 역시 생산을 늘리고 공급을 높이는 것이다. 현재의 자동차 기업 대부분은 아직 어떻게 생산 능력을 높이고 공급을 보장할 것인지를 전망성 있게 고려하지 못하고 있다.

　이 때문에 자동차 및 반도체 업계의 협회가 함께 노력해 자동차용 칩 수급 안정에서 연계해야 하고, 필요하면 자동차 기업과 반도체 기업 간에 장기적인 공급 관계를 만들어야 한다. 이는 중국 자동차 업계와 반도체 업계에 위기이자 거대한 기회다. 잘 연계할 수 있다면 협력과 윈윈을 실현하는 것이 완전히 가능하다. 업계 협회가 역할을 발휘할 중요한 시기다.

메커니즘 측면에서 우리의 두 가지 중장기 발전 계획은 서로 맞물려 있다. 부처간 메커니즘은 보증 역할을 한다. 또 사업 중 만들어진 협력 메커니즘과 이해, 신뢰는 모두 우리가 성과를 낼 수 있도록 보증한다.

2_____ 차선을 바꿔야 추월한다

국민경제를 이끄는 자동차 산업의 역할과 공헌은 어떤 다른 업종과도 비교할 수 없다. 세계를 둘러보면 선진국은 어떤 식으로든 자동차 산업을 포기하지 않으려고 한다. 자동차 산업의 산업망이 길고 포괄·선도 역할이 강해 사회에 제공하는 취업 기회 및 정부에 제공하는 세수 모두 대단하기 때문이다. 자동차 산업의 발전은 기업 간의 기술 제품 경쟁에만 국한되는 것이 아니고 각국의 연구개발 수준과 기술 역량의 각축장인 국가 간 경쟁에서도 충분히 나타난다. 이는 국가가 직면한 미래 경쟁력에 직접 영향을 준다. 설령 자유무역의 깃발을 크게 내세운 나라라 해도 자동차 국제 무역에서만큼은 각종 제한 조치를 채택한다.

중국 자동차 산업은 발전이 늦었고 내연기관차 기술 측면에선 줄곧 열세였다. 1956년 첫 해방군 번호판 트럭 완성을 시작으로 전통적 자동차 발전에서 우리는 '선先상용차 후後승용차'라는, 다른 국가와는 완전히 다른 경로를 걸었다. 여기에는 특수한 시대적 배경이 있다. 상용차와 비교할 때 중국 승용차는 개혁·개방 이후에야 진정한 발전을 이뤘다. 기술과 자금 도입을 통해 외국 자동차 기업과 합자회사를 만드는 방식으로 겨우 40여 년 만에 선진국 100여 년의 과정을 돌파하고, 국제 선진 수준과의 격차를 극적으로 좁힌 것이다. 다만 여전히 추월해낼 수는 없었다. 사실 자동차 강국이 걸었던 발전의 길을 열심히 곧장 따라가면 매우 오랜 시간을 거쳐 격차를 좁히고, 심지어 추월을 해낼 수 있을지도 모른다. 그러나 성공 가능성은 결코 크지 않고, 가장 좋은 방식이 아니라는 점도 분명하다.

중국 자동차 산업을 '큰 것'에서 '강한 것'으로 바뀌게 할 새로운 계기를 찾을 수 있을 것인 가? 이는 중국 자동차 산업 앞에 놓인 절박하고도 중요한 문제다. 우리는 차별화된 발전의 길에서 기회를 찾아야만 앞선 것을 추월할 수 있다.

자동차 산업 발전이 직면한 100년 만의 큰 변화 국면은 우리에게 새로운 기회를 줬다. 우리는 반드시 중요한 역사적 기회를 잘 잡아 신에너지차로 차선을 바꿔 추월해야 한다. 그리하여 자율주행 자동차 단계에서 성과를 늘리고, 자동차 강국의 위대한 목표를 이뤄야 한다.

일찍이 2000년을 전후해 자가용 시장 개방에 맞춰 중국 정부는 자동차 보급이 가져올 일련의 문제를 앞서 인식했고, 신에너지차 연구개발을 앞서 계획했다. 중국은 2009년 미국을 제치고 자동차 생산·판매 1위 국가가 된 뒤 자동차 강국 실현이라는 목표를 위해 남들을 따라 내연기관차 기술을 좇지 않았으며 국내 자동차 시장의 빠른 성장 시기를 이용해 신에너지차라는 새로운 트랙을 택해 과감하게 신에너지차를 국가 전략으로 확정하고 발전을 추진했다. 20여 년의 뚝심 있는 노력으로 중국은 겹겹이 쌓인 어려움을 극복하고 추월을 해내 결과의 꽃을 피웠다. 신에너지차 전반적 기술이 세계 최고 수준에 이른 것이다.

나는 "코너를 돌며 추월한다彎道超車"◦는 표현에 찬성하지 않는다. 차를 몰아본 사람은 모두 알 것이다. 추월을 하려면 반드시 시선이 확보된 때를 골라 전진해야 한다. 설령 내 차가 앞의 차보다 빨리 달린다 해도 보통은 커브를 돌 때 추월하지는 않을 것이다. 직진 차선에서 추월하려면 차선을 바꿔야 한다.

중국 자동차 부품 기업은 개혁·개방 이후 승용차 완성차 기술의 도입과 국산화 필요에 따라 발전하기 시작했다. 그리고 늘 고생스럽게 선진국들을 뒤좇아갔다. 완성차와 달리 자동차 부품 영역은 처음부터 중국 시장에 들어오는 외국 기업에 어떠한 문턱도 만들지 않았다. 달리 말하면 우리는 처음부터 자동차 부품 영역에서 개방 정책을 채택했고, 외국 자동차 부품 기업이 완성차 기업을 따라 대대적으로 중국 시장에 들어와 유럽, 미국, 일본 3강 체계를 만들었다. 강약 대비가 선명한 경쟁 환경에서 중국 자동차 부품 기업은 쓸려나가기도 하고 능동적으로 외국 자동차 부품 기업과의 합작을 택하기도 했다. 전통적인 자동차로 세계 선진 수준을 따라잡는 과정에서 자동차 부품은 늘 중국의 약점이었다.

중국은 세계무역기구에 가입한 뒤 수입 관세를 한층 낮추고 시장

◦ 중국 IT기업 바이두의 창업자 리옌훙이 2009년 미중 경제무역포럼에서 제시한 말로 직선 차도보다 코너에서 상대를 추월하기 쉬운 것처럼 경제 위기 속에 기회를 잘 잡으면 초월적 발전을 이룩할 수 있다는 의미

진입 조건을 완화했다. 중국 자체 브랜드 자동차는 20여 년 이어진 각고의 노력을 거치고서야 국내 자동차 시장의 40퍼센트 안팎의 점유율을 차지해냈다. 자체 브랜드 자동차 부품 기업에는 줄곧 유사한 발전 조건이 없었기 때문에 본토 자동차 부품 기업은 소수만이 완성차 기업의 1급 공급상이 될 수 있었고, 대다수는 2급·3급 공급상에 머물렀다. 시장 점유율 역시 중국 자체 브랜드 승용차의 시장 점유율에 한참 못 미쳤다. 국내 자동차 부품 공급시스템은 기본적으로 외국 자본이 중국에 만든 기업 주도였고 그것이 중국 자동차 산업 발전을 뒷받침했다.

신에너지차의 굴기는 기존의 공급망 시스템을 깨버렸다. 구동 시스템은 내부 조립에서 외부 조립으로 바뀌었고, 배터리와 엔진은 기본적으로 공급 업체를 통해 조달한다. 소프트웨어 프레임의 조정은 업종을 넘어선 융합을 이끌었다. 이런 변화는 자동차 부품 시스템 재구축에 새로운 기회를 가져다줬다. 어제의 열세가 오히려 오늘의 우세로 바뀔 수 있는 것이다. 기존 이익의 속박을 몇 가지 줄이면 재구축이 가져다준 새로운 기회가 그만큼 생긴다. 새로운 부가가치는 자동차 산업의 다운스트림에서 탄생했고, 적지 않은 1급, 2급 공급 업체의 업계 내 발언권이 완성차 기업에 한없이 가까워졌다. CATL 같은 자동차 산업 내 신생 핵심 기업은 자동차 엔진 혁명 이전에는 오늘날의 지위를 얻지 못했을 것이다.

자동차 산업 공급망은 결국에는 전통적 분업·협력 체계와 과거 업계에 있던 삼엄한 장벽을 깨뜨릴 것이다. 자동차 공급망은 크게 확장돼 업종 간 협력 관계를 만들 것이다. 자율주행 자동차는 자동차 부품의 범위를 또다시 크게 넓혀 부품 기업 역시 종속적 지위에서 벗어나 완성차 기업과 협동·혁신 관계를 만들 것이다. 중국 본토 핵심 부품 기업은 추월의 새로운 기회를 맞았다.

핵심 부품 기업과 완성차 기업의 긍정적 상호작용은 중국 신에너지차 산업에 가장 눈부신 성과 중 하나를 가져다줬다. 동력전지 산업에 '하나의 초강력 기업, 여러 개의 강한 기업—超多强' 시장 구도가 나타난 것이다. 2022년 글로벌 동력전지 기업 설치량 순위에서 중국 기업은 상위 10개 기업 중 6개를 차지했다. CATL의 글로벌 점유율은 37퍼센트에 달했고, 비야디와 CALB中創新航, 고션Gotion, 國軒高科, 신왕다Sunwoda, 欣旺達, 파라시스Farasis, 孚能科技 역시 10위 안에 들어 산업 경쟁력이 날로 올라가고 있다.

특히 언급할만한 것은 자동차 산업의 업종 간 융합·발전 과정에서 전자정보 산업 참여자 외에 인터넷 산업과 통신 산업 참여자도 있다는 점이다. 중국은 인터넷 애플리케이션 대국으로, 세계 유명 인터넷 기업이 많다. 수많은 대중, 특히 젊은이들은 인터넷에 빠져 있는 상태인 데다 새로운 사물을 받아들이는 것을 즐긴다. 이는 신에너지차 제품에서 무척 두드러진다. 젊은 집단이 세계 최대 신에너지차 시장을 떠받치고 있고 젊은이들은 운전 보조 기능에 깊은 관심을 갖고 있다. 이것은 매우 드문 일이기도 하지만 우리가 스마트커넥티드카의 대중적 기초를 발전시킨다면 대규모 시장의 빠른 발전은 분명 쉽게 얻을 수 없는 우위가 될 것이다.

3_____ 손끝을 보고 전진하라

중국 신에너지차 시장의 빠른 성장은 중국 정부가 끈기를 갖고 일을 이뤄낸 전형적인 사례다. 또한 쉼 없이 큰일을 해내는 이런 전략적 결단력은 견고한 제도적 메커니즘이 보장해주는 것이기도 하다. 중국 국가 거버넌스의 매우 중요한 한 가지 수단은 사업의 계획성이다. 중장기 계획을 규획規劃이라 하는데, 규획은 일반적으로 5년을 한 단계로 삼고 특별계획專項規劃은 국민경제·사회 발전 5개년 규획과 연결된다. 이보다 더 긴 시간의 규획도 있지만 가까운 시기부터 먼 시기까지 단계를 나눠 목표를 확정해야 한다. 최근의 목표는 시간적으로 보통 국가 5개년 규획에서 가장 마지막 1년과 맞물린다. 예를 들면 앞서 언급한 '에너지 절약과 신에너지차 산업 발전 규획(2012~2020)'은 8년짜리 규획이고, 2015년까지와 2020년까지로 두 단계의 목표를 수립했다. 이런 방식의 장점은 5년마다 중공중앙전체회의가 먼저 향후 5년에 대한 경제·사회 발전 건의를 연구·제출한 뒤 양회°가 국민경제·사회 발전 5개년 규획을 심의해 통과시키는 데 있다. 이런 방식은 중국이 70여 년 동안 발전한 경험이며 당과 사회 전체가 모두 확정된 목표에 따라 함께 노력하는 것이다.

　　나는 일찍이 현장에서 앙겔라 메르켈 전 독일 총리가 감탄한 것을 들은 적 있다. 그는 중국이 5개년 규획을 만들고 모두의 노력으로 분명히 설정된 목표를 이룰 수 있다고 했다. 독일에서 연도별 계획은 우선 야당 부총리와 토론을 해야 하는데, 여기서 매우 긴 시간과 정력이 소모된

○ 매년 3월 열리는 중국 연례 최대 정치행사로 전국인민대표대회와 중국인민정치협상회의를 가리킴

다. 야당은 때론 그저 존재감을 드러내기 위해 반대 의견을 내고 사안 자체의 옳고 그름에 관해서는 발언하지 않는다. 의견 일치를 보기가 너무 힘들고 국회 심의까지 거쳐야 하니 1년의 시간이 일을 하는 것이 아니라 상당 부분 각 당사자의 관계 균형을 맞추는 데 쓰이게 된다. 제3자의 이런 의견 역시 중국이 어떤 부분에선 제도적 우위가 있음을 입증해준다.

발전 규획은 사실상 정층설계의 구체적 표현이다. 규획 기간이 길다면 3년짜리 행동계획을 이어서 만들면 되고, 장기적 목표와 단기 목표를 결합해 시간이 길어지고 일이 많아져 단기 사업 추진을 소홀히 하는 것을 방지할 수 있다. 매년 연간 사업 계획도 있어 해마다 한 가지 조치씩 결산해 끊임없이 사업 전진을 추동한다. 규획을 제정한 뒤에는 구체적인 사업 임무마다 어느 부문이 책임을 지고 어느 부문이 협조할지, 언제 어떤 목표에 도달할지 임무를 분할한다. 주도 부문은 이 업무 분장 방안에 따라 각 부문의 이행을 감독해야 한다. 중요한 상황이나 주요 정책에 부딪치거나 부문 간 의견이 다르면 국무원에 지시를 요청해 국무원이 지도·협조해 결정할 수 있다.

규획의 제정 과정 역시 사실은 널리 의견을 구해 모으는 과정이자 모두의 생각을 통일하는 과정이다. 일단 규획이 확정되면 모두 규획이 설계한 목표에 따라 각자의 임무를 나누어 부담한다(일반적으로 항목별 임무 분업표도 있다). 각자가 자기 책임을 지고 함께 규획의 이행을 추진한다.

미국 전기차 발전사는 우리에게 한 가지 반례를 보여준다. "꼭두새벽에 일어나 저녁 장을 봤다"◦고 할 수 있다. 그 거대한 시장 수요와 현실 이익의 속박 외에도 미국의 에너지 정책이 줄곧 변화 속에 있어 기업의 제품 연구개발은 흔들려왔다. 미국 양당의 정치 이념이 날로 첨예하게 대립하면서 당선된 대통령이 취임한 뒤로는 늘 전임 대통령이 추진한 정책을 부정하는 것을 행동 기풍으로 삼는다. 그 정책이 맞는 것인지 틀린 것인지는 따지지 않는다. '차세대 자동차 협력 파트너 계획'부터 '수소 엔진 시대'까지, 전기차에서 출발해 전통적 자동차로 돌아갔다가 다시 전기차 기치를 크게 들기까지 역대 대통령의 선거 홍보가 이성적 산업 경로 판단을 대체했고 발전의 좋은 기회를 놓치게 만들었다.

미국의 매우 많은 우수한 기업이 대통령의 말이 아니라 경영 원칙을 따랐음에도 불구하고 연방정부 정책이 몇 년에 한 번씩 크게 바뀌니 기업의 전략 방향에 큰 영향을 줄 수밖에 없다. 미국의 전통적인 3대 자동차 기업의 신에너지차 발전은 4년을 주기로 부단히 요동친다. 반면 테슬라라는 신세력은 전통적 기업과는 완전히 다른 발전 경로를 걸었다. 테슬라의 전기차 글로벌 판매량은 2022년 131만대에 달해 비록 1위 자리를 비야디에 넘겨주고 2위를 지켰으나 스마트 자동차 발전만큼은 세계 선두를 달리고 있다. 이런 기업의 성공은 조 바이든 당시 대통령의 자장 안에 있었던 것이 결코 아니다. 실로 보통 사람은 생각할 수 없는 것이다.

2021년 5월 18일 바이든 대통령은 포드자동차 디트로이트 공장을 시찰하고, 포드의 대형 픽업트럭 F150까지 몰아본 뒤 연설을 했다. 그는 자동차 산업의 미래 발전은 전동화로, 이것은 대세이며 돌아갈 길은 이미 없어졌다고 봤다. 진정한 문제는 미래를 향한 경쟁에서 미국이

ㅇ 일찍부터 준비했지만 제때에 맞추지 못해 일을 그르친다는 의미의 중국 속담

이끌고 있는지 아니면 뒤처져 있는지, 혹은 미국이 자기 자신에 의존하고 있는지 아니면 다른 국가가 제조한 전기차와 배터리에 의존하고 있는지다. 현재 중국은 이 경쟁에서 앞서나가고 있다. 중국은 세계 최대의, 성장 속도가 가장 빠른 전기차 시장을 보유하고 있다. 그리고 배터리는 전기차의 핵심 부품이다. 지금 이런 배터리의 80퍼센트가 중국에서 만든 것으로, 이는 중국 배터리 기업이 배터리 공급과 원자재 시장을 독점할 수 있게 했다. 이들 기업은 중국에서 배터리를 생산할 뿐만 아니라 독일과 멕시코에서도 생산한다. 중국 자동차 기업은 현재 전기차를 세계 각지로 수출하고 있다.

바이든 대통령은 이어서 말했다. 미국이 과거 전기차 연구개발에 한 투자가 세계 어느 국가보다도 많은 세계 1위이며 중국은 8위라고 말이다(나중에 9위라고 정정했다). 세월이 흘러 지금 미국은 8위이고 중국이 1위다. 물론 이런 상황이 계속 지속되기는 힘들다. 미국의 국가 실험실과 대학, 자동차 제조업체는 이 기술 개발에서 선두 지위에 있다. 미래는 세계적으로 가장 우수한 인재와 용감히 혁신할 수 있는 이들에 의해 이런 것들이 결정된다. 미국은 중국이 이 싸움에서 이기도록 놔두지 않을 것이다. 반드시 신속히 행동할 것이다!

바이든 대통령은 전기차가 결국 내연기관차를 대체하는 것이 산업의 대세라는 것을 인정한다. 이런 관념이 날로 인류의 컨센서스가 되고 있음을 설명해주는 것이기도 하다. 그는 또 중국이 신에너지차 영역에서 역사적인 진전을 이뤄냈다고 인정했고, 이는 중국 자동차 강국 건설이 단계적 성과를 거뒀음을 간접적으로 설명해준다. 바이든 대통령이 말한 상황은 중국의 신에너지차 발전 전략에 대한 확신을 정확히 반증

중국 전기차가 온다

했다.

모든 국가는 자국 상황에 근거해 상이한 발전 모델을 채택해야 한다. 중국의 신에너지차 발전 역시 중국의 상황에 따라 결정됐다. 처음에 겨냥한 것은 주로 본토 시장이었다. 신에너지차가 일부분, 나아가 대부분의 가솔린차를 대체할 수 있기를 기대했다. 이 방면에선 네가 이기면 내가 진다는 '제로섬' 관념을 반드시 버려야 하고, 협력 상생의 이념을 수립해야 한다. 정부 정책은 연속성을 유지해야 하고, 조변석개를 철저히 금물로 삼아야 한다.

4_____ 선수는 앞으로, 감독은 뒤로

중국 신에너지차 발전은 정부의 시장 주도, 기업을 주체로 산·학·연·용°이 긴밀히 결합한 산업 과학기술 혁신 시스템의 수립과 끊임없는 개선에 힘입은 것이다.

신에너지차는 중국 자동차가 추격에서 선도로 나아간 산업적 돌파구로, 전체 자동차 산업 전환과 업그레이드의 관건이다. 제품으로 말하자면 신에너지차에는 전통적 엔진과 변속기 등 부품이 없고 3전 시스템(배터리·모터·전자제어시스템)을 더했다. 이 때문에 전통적 내연기관차와 달리 각국의 우수한 기업이 기본적으로 다른 출발선상에 서게 됐다.

중국 신에너지차의 핵심 부품 기업은 기회를 잘 잡고 정책적 인

○ 산업계·학계·연구·운용 분야

센티브를 충분히 이용, 용감히 혁신하고 부단히 나아가 기술 진보가 빨랐다. 동력배터리 기술 수준과 산업 규모는 세계 선두권에 진입했고 경쟁 우위가 점차 나타나고 있다. 이렇게 여러 해가 쌓여 2020년 중국 신에너지차 동력배터리 단일 에너지 밀도는 벌써 300Wh/kg에 이르러 최고 수준이 됐다. 중국 구동전기모터는 출력 밀도, 시스템 집적도, 모터 최고 효율 및 회전 속도, 코일 제조공정, 냉각 방열기술 등에서 계속 발전하고 있다. 해외 선진 기술과 함께 발전하면서 구동전기모터 효율 밀도는 4.9kW/kg에 이르게 됐다. 현재 중국은 기초 원자재와 단일 배터리셀, 배터리 시스템, 제조 장비 등 산업망 전체를 모두 커버한다. 일본·한국과 비교하면 에너지 밀도와 사이클 수명 등의 기술 수준이 기본적으로 대등해졌고, 제품의 경제성은 경쟁력을 갖췄다. 다만 선진 첨단 원자재의 개발·응용, 첨단 제조 장비, 품질 관리 수준 및 능력 등에선 해외 동력배터리 선진 기업과 비교할 때 여전히 일정한 격차가 존재한다.

여러 기업은 자체 개발한 차량용 절연 게이트 양극성 트랜지스터 IGBT° 칩과 양면 냉각IGBT 모듈, 고효율 밀도 전기모터 제어기를 이미 내놨다. 중국 기업은 탄화규소 부품과 탄화규소 부품에 기반한 고효율 밀도 전기모터 제어기까지 출시해 유럽 완성차 공장으로 수출한다. 동시에 중국은 다수의 삼위일체 순수 전기구동 파워트레인°°과 플러그인식 기계 결합 파워트레인 제품을 양산했고, 기술 수준은 국제 동종 제품에 상당한다. 그러나 중국은 차량용 구동모터 및 그 제어시스템 스마트화

° 입력 신호에 의해 켜지거나 꺼져 대전력의 고속 전환을 가능하게 하는 접합형 트랜지스터로 철도나 가전제품, 전기차 등에 쓰임

°° 전기 모터와 모터 제어 유닛, 감속기를 합쳐 부르는 말

와 기계가 결합한 심도 있는 집적 고속변속기 등 핵심 부품 설계와 제조에선 국제적 수준과 아직 일정한 격차가 있다.

핵심 부품 기술의 발전이라는 기초 위에 양호한 과학기술 혁신 시스템은 중국 신에너지차의 자주적 브랜드가 격렬한 경쟁을 뚫고 나오도록 했고, 기업의 연구개발 능력과 혁신 관리 능력 건설이 새로운 계단에 올라서게 했다. 또 핵심 기술의 발전과 끊임없는 우수 제품 제조를 가능케 했다. 일군의 중국 기업은 배터리와 MCU 등 신에너지차 핵심 기술에서 강대한 축적을 보유하고 있고, 국제 경쟁력을 갖춰 글로벌 영향력과 시장 점유율이 계속 높아지고 있다.

2016~2020년 중국 신에너지차는 생산·판매 10만대에서 100만대로의 역사적 도약을 이뤄냈다. 중국 신에너지차 완성차 및 부품 기업의 자주 개발과 산업화 능력이 점차 높아지면서 기업 경쟁력이 선진국 수준에 이르렀다. 공정 경쟁은 기업의 끊임없는 진보를 촉진하는 효과적 수단으로서, 기업을 주체로 하는 혁신 생태계 형성은 산업 발전의 새로운 구도를 기본적으로 보장했다.

당연하게도 중국에는 신에너지차 산업 발전 과정에서 결코 따를 만한 성숙한 경험도, 성공 사례도 없었다. 그저 "돌을 더듬어가며 강을 건널"◦ 수 있었을 뿐이다. 시범을 통해 끊임없이 문제를 발견했고, 각양각색의 좌충우돌도 겪으면서 적지 않은 교훈이 있었으며 이는 모두 자세하게 성찰할만한 가치가 있다고 본다. 앞서 발전 역사를 서술할 때 비교적 상세한 분석을 했으니 여기에서 더는 장황하게 이야기하지 않겠다.

◦ 경험을 쌓으며 일을 신중하게 해나간다는 의미의 중국 속담

산업 재출발의 몇 가지 초점

중국 신에너지차 생산·판매량이 8년 연속 세계 1위라는 객관적 사실은 중국이 2009년 이래로 14년 연속 글로벌 자동차 생산·판매 1위의 위치를 점하고 있다는 점과 비교할 때 어떤 특별한 의의를 갖는가? 자랑스러운 성과를 거둔 핵심 요인은 무엇인가? 미래를 바라볼 때, 산업 재출발을 위해선 어떤 단점을 보완하고 어떤 난제를 해결할 필요가 있는가? '전반전'의 휘황찬란함이 경쟁이 한층 뜨거워진 결승전 '후반전'에서 다시 나타날 수 있을 것인가?

역사적인 진전

핑춘: 앞선 글에서 소개한 바에 따르면 중국 신에너지차 산업은 이미 시장이 발전을 이끄는 단계에 진입해 고속 성장세를 보이고 있습니다. 동시에 글로벌 신에너지차 시장 역시 비교적 빠른 속도로 끊임없이 성장하고 있죠. 현재 중국 신에너지차 산업이 국제적으로 어떤 지위에 있는 건가요?

마오웨이: 글로벌 신에너지차 시장 점유율을 보자면 중국은 2015년부터 최대 시장이었고, 8년 연속 글로벌 생산·판매량 1위 자리를 유지하고 있습니다. 2022년 글로벌 신에너지차 판매량은 1082만4000대에 달해 전년 대비 55퍼센트 늘었고, 보급률 13퍼센트에 이르렀습니다. 이 가운데 중국 신에너지차 판매량은 전년 대비 93.4퍼센트포인트 증가한 688만7000대로 글로벌 신에너지차 판매량의 63퍼센트를 차지했죠. 미국(99만2000대·전년 대비 52퍼센트포인트 증가), 독일(83만3000대·21퍼센트포인트 증가), 영국(36만8600대·21퍼센트포

인트 증가), 프랑스(33만대·8.5퍼센트포인트 증가)가 세계 2~5위였습니다. 2023년 1분기 중국 신에너지차는 세계 선두의 좋은 기세를 이어갔고 판매량은 전년 동기 대비 26.2퍼센트포인트 늘어난 158만6000대를 기록했죠. 비록 증가폭이 줄긴 했지만 재정 보조금이 사라진 것을 전제로 한 성과라는 점을 고려하면 확실히 기뻐할만한 일입니다. 이렇게 이야기할 수도 있겠군요. 신에너지차 산업은 중국에서 이미 돌이킬 수 없는 좋은 발전 추세를 만들었습니다.

쩡춘: 내연기관차 시대에 중국은 2009년 이래로 14년 연속 글로벌 자동차 생산·판매량 1위 지위를 유지했습니다. 신에너지차 생산·판매량 8년 연속 세계 1위는 전자와 비교할 때 우리가 신에너지차 대국이라는 점을 보여주는 것 외에 어떤 다른 의의를 갖고 있을까요?

마오웨이: 자동차 생산·판매 대국이자 신에너지차 제조 1위 대국과 최대 시장이라는 면에서 보자면, 이것들은 모두 공통적인 함의가 있습니다. 하지만 글로벌 신에너지차 산업 발전을 더 깊이 분석해보면 중국 신에너지차가 '큰 것'에서 '강한 것'으로 분투하는 과정에서 벌써 파격적이고 단계적인 성과를 거뒀다는 점을 알 수 있습니다.

우선 완성차 기업을 봅시다. 글로벌 판매량 선두에 있는 신에너지차 기업들 가운데 중국 기업의 수가 가장 많습니다. 2022년 판매량 상위 10개 기업 중 6개가 중국 기업이었고, 이 중 비야디가 테슬라를 넘어서면서 글로벌 생산·판매량 1위에 올랐습니다. 격렬한 시장 경쟁 속에 중국 신에너지차 기업은 앞서거니 뒤서거니 하는 모습을 보여주고 있죠. 상하이자동차, 광저우자동차, 창안자동차, 체리자동차가 성공적으로 글로벌 판매량 10위권에 들어갔고, 비야디와 상하이GM우링sGMW°은 여기에서 나아가 3위권에 진입했습니다. 이는 제품이 경쟁 속에 부단히 개선됐다는 것이고 기업의 국제 경쟁력도 끊임없이 높아졌다는 것이죠. 일군의 자동차 기업이 세계 일류 신에너지차 대열에 들어선 것입니다.

수출 측면을 보자면 2022년 중국 신에너지차 수출량은 67만9000대로 전년 대비 120퍼센트포인트 증가했습니다. 이는 자동차 수출 총량의 21.8퍼센트로 한 해 전보다 6.4퍼센트포인트 높아진 것이죠. 게다가 내연기관차 수출이 주로 개발도상국을 겨냥한 것이라면 신에너지차 수출은 선진국 시장을 향한 것입니다. 2022년 주요 수출국은 벨기에, 영국, 필리핀이었습니다. 신에너지차 수출이 늘면서 중국 자동차 기업 또한 해외 현지 충전 인프라와 사후 관리시스템에 투자했죠. 이것이 우연한 단기적 무역 행위가 아니라 장기적 고려라는 것을 보여주는 대목입니다.

핵심 부품 영역에서는 말이죠. 배터리 기업을 예로 들어봅시다. 2022년 글로벌 배터리 장비 설치량을 기가와트시GWh로 계산하면 상위 10대 기업 중 중국 기업은 한 해 전과 마찬가지로 6곳이었습니다. 이 가운데 CATL 한 곳의 글로벌 점유율만 37퍼센트였고, 비야디와 한국 LG에너지솔루션이 각각 13.6퍼센트 점유율로 2위였죠. 기술 진보 측면에서는 에너지 밀도가 계속 높아지고 있다는 점 외에도 일련의 새로운 공법 혁신(예컨대 비야디의 블레이드 배터리와 광저우신에너지차의 매거진 배터리 등)이 적용됐습니다. 배터리 원자재 측면에선 SVOLT가 무코발트 배터리를 개발해내 오라ORA°° 자동차에 탑재했습니다. CATL이 개발한 나트륨 이온 전지는 리튬 자원에 대한 의존에서 철저히 벗어날 수 있고, 리튬 전지의 저온 성능 저하 문제 또한 크게 개선할 수 있죠.

이런 측면에서의 진전은 중국이 기본적으로 신에너지차 핵심 기술을 손에

○ 상하이자동차와 GM, 광시자동차의 합자기업
○○ 창청자동차의 브랜드

중국 전기차가 온다

넣었고 비교적 완전한 산업망과 생태계를 만들어 세계적으로 신에너지차 기술 혁신이 가장 활발한 산업 중심이 됐다는 점을 보여줍니다.

경험과 이념

펑춘: 확실히 중국 신에너지차 산업의 발전 궤적은 최근 수년간 특히 눈부셨고 세계인을 놀라게 했습니다. 과학 연구의 난관 돌파에서 시범 사업으로, 무에서 유로, 작은 것에서 큰 것으로, 생산·판매량 데이터에서 여러 차례 기록을 세웠을 뿐 아니라 충전 인프라 건설과 기술 교체, 비즈니스 모델 혁신, 시장 개척 등 여러 측면에서 모두 질적 성장이 있었죠. 신에너지차는 중국 자동차 산업 발전의 중추적 역량이 됐고, '중국 속도' '중국 창조' '중국 브랜드'의 새로운 표본이 됐습니다. 중국 신에너지차가 천지개벽 변화를 일으킨 핵심 요인은 무엇이라고 보십니까?

마오웨이: 저는 간단히 말해 우리가 중국 특색의 자동차 산업 전환·발전의 길을 걸어갔다고 생각합니다.

글로벌 기후 거버넌스 정책은 탄소 피크 및 탄소 중립 목표를 이행할 것을 요구합니다. 이런 조건과 배경은 전통적 내연기관차 산업의 지속 가능한 발전이 극복하기 어려운 장애물을 만났다는 것을 의미합니다. 중국 자동차 산업은 70년의 각고분투를 거쳐 국제 선진 수준과의 격차를 좁히기는 했지만 '크지만 강하지는 않은' 객관적 상황에는 변함이 없죠. 전통적 경로를 따른 자연적 대체와 전면적 추월 가능성은 상당히 아득합니다. 사실 전통적 내연기관차 영역에서 중국은 추격자 지위를 바꾸기 무척 어렵습니다.

주관적으로 보자면 우리는 차별화된 발전을 통해 기회를 찾아야만 추월을 해낼 가능성이 생깁니다. 자동차 산업에서 100년 만에 한 번 올 대변혁을 맞아 차선을 바꿔 추월하는 것은 중국 자동차 산업이 '큰 것'에서 '강한 것'으로 변화할 새로운 계기와 기회를 만들어줍니다. 부단한 탐색과 실험, 시행착오와 보급을 통해 중국은 마침내 신에너지차 발전의 중국식 길을 걷고 진전을 이뤄내, 글로벌 자동차 경쟁 '전반전'에서 선두 자리에 올랐습니다. 이는 단계적인 '차선을 바꿔 추월하기'를 이뤄낸 것과 같습니다.

나는 많은 곳에서 중국의 신에너지차 발전 경험을 다섯 가지로 정리할 수 있다고 이야기해왔습니다. 첫째는 당의 지도 아래 중국 사회주의의 현저한 제도적 우위를 발휘함으로써 역량을 집중해 큰일을 해낸 것, 둘째는 '차선을 바꿔 추월하기'라는 순수 전기 엔진 발전의 기회를 잡아낸 것, 셋째는 전략적 결단을 유지하면서 한 장의 청사진을 끝까지 고수한 것입니다. 넷째는 기업이 주가 되는 혁신 시스템을 구축한 것, 다섯째는 정부가 정층설계와 기술 혁신, 표준 시스템, 재정 정책 등 각 방면에서 이끈 것입니다. 이는 빈말이나 인사치레가 아닙니다. 내가 수십 년 동안 일하면서 몸소 깨달은 것이자 이 책을 시종일관 관통하는 주제입니다.

펑춘: 기왕 이 책 말씀을 하셨으니까요. 저는 당신이 정협 직무를 이임하면서 집필을 시작해 지금까지 3년여의 시간이 흘렀다고 알고 있습니다. 그렇게 많은 정력과 시간을 들여 이 책을 통해 어떤 생각을 가장 전달하고 싶은지 알고 싶습니다.

마오웨이: 내가 가장 전하고 싶은 것은 우리가 신에너지차를 발전시키는 과정에서 느낀 '네 가지 자신감'입니다.

첫째는 경로의 자신감입니다. 신에너지차 발전은 중국 자동차 산업을 '큰 것'에서 '강한 것'으로 바꿔나가는 것입니다. 방향이 확정된 뒤 우리는 다른 걸

신경 쓰지 않고 흔들림 없이 걸어갔고, 산을 만나면 길을 뚫고 물을 만나면 다리를 놓으면서 어려움을 극복해 결국 추월을 이뤄냈습니다.

둘째는 이념적 자신감입니다. 우리는 국내외 상황 변화를 장기적으로 미리 판단해 자동차 산업의 100년 만의 대변화라는 발전 기회를 잘 잡았고, 자동차 산업의 전기화·스마트화라는 기술적 혁신 논리와 규칙을 충분히 이해했습니다. 이렇게 오랫동안 노력하니 길이 열린 것이죠.

셋째는 제도적 자신감입니다. 우리는 중국 특색의 사회주의 제도가 큰 우월성을 갖고 있고, 사회주의 제도가 신에너지차 산업 인프라 구축과 기업 및 지방정부, 전 사회의 발전 적극성을 동원할 수 있다고 믿습니다.

넷째는 문화적 자신감입니다. 중국 자동차업계 종사자들은 중국 전통 문화와 혁명 문화, 민족이 만들어낸 정신적 정수를 계승했습니다. 그들은 똑똑하고 근면성실하며 혁신 정신을 많이 갖고 있습니다.

단점을 보완하고 난제를 해결한다

펑춘: 끊임없는 난제를 해결하는 과정을 거치면서 만족스러운 성과를 얻었습니다. 현재 우리의 신에너지차 발전에 존재하는 주된 단점 혹은 약점은 무엇이라고 보십니까?

마오웨이: 당연히 몇몇 단점과 약점이 있죠. 일부는 여전히 매우 심각하고, 큰 리스크가 있어 충분한 주의가 필요합니다.

첫째는 배터리 보장 측면입니다. 리튬 자원이든 니켈·코발트 자원이든, 중국의 대외 의존도는 여전히 높습니다. 당연히 이는 각국 자원 부존과 관련되는데, 니켈과 코발트 등은 주로 소수의 국가에 집중돼 있죠. 일찍이 이런 국가의 자원 개발은 큰 초국적기업들이 독점했습니다. 중국 기업 또한 대외 진출을 시작했고, 대부분 이런 자원 개발업체의 지분에 참여하는 방식으로 채굴권을 얻어냈습니다. 동력배터리에서 가장 많이 사용되는 리튬 자원은 주로 남미 몇몇 국가에 집중돼 있습니다. 2021년 이래로 벌크 원자재 가격이 오르면서 이런 원자재 가격 또한 대폭 인상됐습니다. 이 같은 '불상사'는 어떤 의미에선 '좋은 일'이기도 합니다. 한편으로는 염호鹽湖 리튬의 개발과 이용에서 수익성이 생겼고, 다른 한편으론 폐전지 회수·이용을 촉진할 수 있게 됐습니다. 핵심은 변화 국면에 맞춰 우리의 사고방식과 조치를 조정하는 것이며 각종 역량을 잘 통합·계획하고 조직해 신에너지차의 빠른 발전 수요에 맞추는 것이죠.

둘째는 차량용 칩의 공급 보장입니다. 2021년부터 글로벌 자동차업계에는 '칩 부족'이 나타났습니다. 이것은 내연기관차보다 신에너지차에 더 크게 불리한 영향을 줬습니다. 사실 글로벌 차량용 칩은 전체 칩에서 고작 10퍼센트 안팎을 점할 뿐입니다. 차량 규격 칩의 요구사항이 소비용·산업용 칩보다 높을 뿐이죠. 과거 완성차 기업은 기본적으로 칩 선택권을 일급 조립업체에 넘겨줬는데, 우리는 이번 '칩 부족'이 완성차 기업이 직접 나서게 하는 역할을 하기를 희망합니다. 칩의 장기적·안정적 공급 문제를 해결하는 여러 조치를 취하는 것이죠. 중국 자동차 기업 입장에선 미국이 중국 반도체 발전을 겨냥해 끊임없이 억제·탄압 조치를 취하고 있다는 점도 고려해야 합니다. 산업 안보라는 측면에서 공급 보장 문제를 계획해야 한다는 것입니다.

셋째는 풀 스택 소프트웨어, 특히 운영체제 문제입니다. 중국 신에너지차 발전은 중국이라는 대형 시장의 우위와 신형거국체제新型擧國體制●의 우위를 이용해야 합니다. 사상과 행동을 한걸음 더 통일하며 개방적 운영체제를 구축해 자주적으로 통제 가능한 소프트웨어 플랫폼을 만들어야 합니다. 소프트웨어 플랫폼을 이용해 성격이 다른 이종 반도체 간 디커플링을, 기능적 소프트웨어와 응용 소프트웨어의 적응을 실현하면 조기에 신에너지차 산업 발전 생태계가 만들어질 것입니다.

펑춘: 신에너지차 발전 측면에서 저는 서로 다른 관리 부문과 지방정부의 일부 정책에 교차·중복된 규정이 있다는 점을 발견했습니다. 심지어 사용되는 기본 개념조차 일치하지 않았죠. 지금까지도 지방 보호地方保護°° 문제가 여전히 존재하기도 합니다. 이는 전국 통일 대시장을 만든다는 지향에 어긋나는 것인데요. 어떻게 이런 문제를 해결해야 한다고 보십니까?

마오웨이: 매우 옳은 말씀입니다. 우리 국가 체제의 우위는 전국 통일 대시장에 있죠. 하지만 때로는 인위적으로 분할되기도 합니다. 예컨대 각종 지방 보호 문제가 있습니다. 최근 이런 상황이 좋아지기도 했으나 문제는 결코 완전히 해결되지 않았습니다. 원인을 따져보면 역시 지방정부의 GDP 성장, 특히 세수 증가 추구입니다. 우리 GDP 산출 시스템은 생산지 통계를 따르는데요. 재정 수입 측면에서 부가가치세는 판매지가 아니라 기업 소재지에 더 이롭습니다. 한 지방에 기업이 많을수록 생산하는 차도 많아지고, 그곳의 경제 지표가 좋아질수록 세수 몫도 늘어납니다. 이런 상황에서 지방정부는 기업과 자본을 유치해 기업이 현지에 공장 건설 투자를 하는 것은 반가워하지만 자동차의 현지 판매량에는 크게 관심을 두지 않습니다. 이런 문제는 자동차업계

---

o '거국체제'란 국가적 중요 목표를 달성하기 위해 국내 다양한 물적·인적 자원을 동원하는 중국식 국가 운영 방식을 가리킴. 시진핑 시기 들어 새롭게 등장한 '신형거국체제'는 첨단 과학·기술 자립과 주요 산업 등 분야를 특히 강조함

oo 지방정부나 그 구성원이 이익을 위해 당정 중앙의 정책과 법규를 위반해 권력 남용 혹은 권한의 소극적 행사 문제를 보이는 행태

만이 아니라 다른 산업에도 마찬가지로 존재합니다. 바꾸고 싶다면 심도 있는 논증이 필요합니다.

부문 간 협동 강화는 무척 중요한 일입니다. 신에너지차 부문 간 협조 메커니즘의 역할을 한층 잘 발휘해 협력을 만들어내는 것이 중요합니다. 저는 과거 일을 하면서 각 부문이 신에너지차 발전에서 모두 역할하기를 희망한다는 것을 깊이 느꼈습니다. 이런 적극성을 보호해야 합니다. 하지만 각자가 자기주장대로 하는 상황을 피하려면 충분히 소통·협조하고 원칙적이지 않은 문제에선 서로 양해·양보해야 합니다. 원칙적 문제에선 충분히 토론해야 하는데 각자 의견을 고수하는 상황에 맞닥뜨리면 곧장 국무원, 심지어 당 중앙에 보고해 결정을 받아야 하죠. 이보다 더 중요한 것은 부문별 분업을 잘 하는 것입니다. 모든 참여 부문이 책임 항목을 갖고 매년 배치·검사해 성과를 충분히 인정해야 합니다. 각 부문이 자기 역할을 느끼게 하는 것이죠. 이는 부문 간 협조 메커니즘 사무소가 특별히 주의해야 하는 것입니다.

쩡춘: 우리에게는 자동차업계 발전 과정에서 줄곧 기업 과잉이라는 문제가 존재했습니다. 몇몇 기업은 생산량이 매우 적거나 심지어 차 한 대도 만들지 않으면서 한사코 폐업을 거부했죠. 듣기로는 이런 '좀비 기업'이 결국 '껍데기 팔기賣殼'°로 적지 않은 수익을 얻을 수도 있다고 합니다. 이제는 신에너지차 영역에서 생산 자격을 얻는 것이 극히 어렵고, 새로 진입하려는 몇몇 기업은 어쩔 수 없이 이런 유령 기업에 수천만 위안, 심지어 수억 위안을 쓰고 허가를 받아야 한다는 점을 생각해봐야 합니다. 이 현상을 어떻게 보십니까?

마오웨이: 우선 한 가지를 설명해야 합니다. 자동차업계의 특징은 대량 생산

° 상장 회사가 비상장 회사에 명의를 빌려주고 돈을 받는 행위

및 높은 출발점이라는 생산 방식을 채택한다는 점에 있습니다. 규모의 경제 산업이기 때문이죠. 바로 이 특징 때문에 세계 모든 자동차 기업은 일정한 규모를 갖춰야 경쟁 속에 안정적으로 발붙이고 서있을 수 있습니다. 많은 사람이 중국 자동차 시장의 발전을 보고는 앞다퉈 자동차업계에 진입하려고 하는데, 새로운 진입자에게 엄격한 진입 행정 허가를 적용하는 것은 여기에서 연유한 것입니다. 가장 엄격했던 시기에는 승용차 업체를 '3대3소三大三小'°로 제한해 10년 가까이 유지하기도 했습니다. 하지만 시간이 흐르면서 결국 이 제한도 뚫리고 여러 업체가 존재하는 구도가 지금까지 이어진 것이죠.

다음으로 근래에는 다년간 제품을 생산하지 않은 기업을 대상으로 한 정리가 있었습니다. 일부 기업에는 허가 취소 처분을 했죠. 가장 어려운 것은 매년 매우 적은 제품을 만들고 판매하는 기업을 정리하는 것입니다. 그래서 신규 진입 기업으로 하여금 이런 기업을 합병·구조조정하게 하는 생각을 한 것이죠. 적어도 유휴 생산 능력을 이용할 수 있으니까요. 여기에서 당신이 이야기한 '껍데기 사기' 현상이 나타난 것입니다. 사실 신규 진입자가 사는 것은 '껍데기'만은 아닙니다. 대응되는 자산도 있죠. 매우 많은 기업이 여러 해 연이어 손실을 입어 부채 초과 상태에 놓였을 뿐입니다. 이런 자산은 모두 부채의 형태로 존재하는데, 신규 진입자는 일부 부채를 짊어져야 자산을 사용할 수 있습니다. 생산 자격을 얻으려면 신규 진입자는 부득불 적지 않은 자금을 들여 이 '껍데기'를 사야 합니다. 이렇게 만든 출발점은 그래도 자산 손실을 줄이고, 객관적으로도 기업을 늘리지 않는 상태로 양쪽이 모두 좋은 결과를 만듭니다. 다만 이는 껍데기를 사는 사람의 부담은 늘리는데, 껍데기를 사지 않고

° 1980년대 중국 정부의 승용차 산업 전략으로 FAW와 둥펑, SAIC 등 3대 대형 업체와 베이징 지프, 텐진 샤리, 광저우 푸조 등 3대 소형 업체에 집중하는 방식

도 시장 진입권을 얻은 다른 기업들과 비교하면 공평하지 않죠.

마지막으로 이런 관리 방식을 받쳐주는 기초는 과잉 생산의 방지입니다. 사실 정부는 이 지점에서 정확한 판단을 하기 어려울 때가 왕왕 있습니다. 지금 신에너지차 생산 능력이 과잉인지는 실제 상황에 근거해 구체적으로 판단해야 합니다. 최근 두 해 신에너지차 판매량 증가는 전체 자동차 판매량 성장을 크게 웃돌았고, 신에너지차의 내연기관차 대체는 이제 명확한 사실이 됐습니다. 장기적으로 보면 신에너지차 생산 능력이 2000만대 이상에 도달할 때가 돼야 과잉 생산이라고 할 수 있을 것입니다. 이는 사람들의 소득 상승이 가져올 시장 총량의 증가와 신에너지차 수출이 가져올 증가는 아직 고려하지 않은 것입니다. 과잉 생산이 없다면 경쟁도 없습니다. 시장경제는 바로 과잉 경제죠. 한 발 물러서서 이야기해보면 행정적 방법으로 과잉 생산을 통제하는 것은 가능하지도 않고 해서도 안 됩니다. 과잉 생산 문제는 시장 경쟁과 적자생존으로 해결해야 합니다.

펑춘: 중국은 앞으로 신에너지차 기술에서 어떤 사업을 가장 개선·강화해야 한다고 보십니까?

마오웨이: 기술 층위에서 봅시다. 우리는 업계 공통성 있는 기술 발전 문제에 더욱 주목해야 합니다. 저는 핵심 기술의 진전은 자동차 기업 스스로가 해결할 문제지만, 반도체와 운영체제, 동력 전지 등 기술은 업계의 공통 기술에 속한다고 생각합니다. 모든 공통 기술의 진전은 업계 발전에 가장 중요한 역할을 해냅니다.

업계의 상황에 따라, 업계 내 기업 공동 지원이라는 사고에서 출발해 2015년부터 공업정보화부는 제조업 혁신센터 10여 개를 잇달아 설립 승인했습니다. 신에너지차를 위해선 두 곳의 업계 공통 기술혁신센터를 만들었죠.

하나는 국가동력전지혁신센터, 다른 하나는 국가스마트커넥티드카혁신센터로 업계 내 몇몇 핵심 기업이 출자해 주주가 됐습니다. 혁신센터는 사업단위(공공기관—옮긴이)가 아니라 기업 형태를 고수하고, 현대 기업 제도와 전문경영인 제도를 세웠습니다. 경영진은 이사회를 향해 책임을 지고, 자산 가치 보증 및 증가의 책임도 집니다. 저는 당시 상징적인 비유를 하나 했습니다. "종자를 양식 삼아 먹어버려선 안 된다"고요. 자기 노력으로 얻은 소득으로 수입과 지출의 균형을 이뤄내야 한다는 것입니다. 혁신센터는 정부 재정으로 지원된 자금을 모두 연구개발에 써야 합니다. 자동차업계의 양대 혁신센터 중 국가동력전지혁신센터는 일찍 만들어졌는데, 지금 벌써 당초 설정한 목표를 기본적으로 달성했다고 들었습니다. 국가스마트커넥티드카혁신센터 또한 이런 요구에 따라 사업을 추진하고 있습니다. 2023년에는 당해 수입·지출 균형을 이룰 수 있을 것이라고 합니다.

이 책에서 다룬 둥펑전기차 조직 과정에서 이런 부분들이 고수된 걸 볼 수 있었을 것입니다. 그때 이런 요구를 내놨던 것은 과거 성공 경험과 일부 폐단을 충분히 종합했기 때문입니다. 개혁에서 진전을 모색하면서 실제로 우리 역시 스스로 부담을 더하는 것이죠. 목적은 체제 메커니즘 개혁을 통해 내생적 활력과 동력을 자극하는 것입니다. 나머지 몇몇 부처와 지방정부 또한 각종 혁신센터를 만들었는데요. 일부 혁신센터는 여전히 낡은 방법을 쓰고 있어서 내생적 활력과 동력이 현저히 떨어집니다.

기술 발전 면에선 기업과 제품이 표준에 이르러야 하고, 제3자의 강제 합격 검증이 있은 뒤에야 제품 '공고' 자격을 얻을 수 있고, 소비자에게 판매할 수 있게 해야 합니다. 이 방식은 일부 국가에서는 기술 법규라고 불립니다. 우리의 강제 기술 표준은 사실 기술 법규에 해당하며 명칭만 다를 뿐이죠. 다음으로 업종 간 융합에 따라 우리가 직면한 업종은 갈수록 많아질 것이고, 표준 시스템 역시 발전된 수요에 적응해 업종 간 협조를 이뤄야 합니다. 예를 들어 차량용 반도체는 집적회로 업계와 자동차 업계에 관련돼 있죠. 이들은 각자의 우위가 있고 각자의 한계가 있습니다. 우리는 선도 기관의 책임을 명확히 해 이들이 상호 충분한 교류를 하게 한 뒤에 표준을 제정해야 합니다.

펑춘: 당신의 일관된 표현에 따르면 현재 글로벌 자동차 산업 경쟁은 더 격렬한 '후반전'에 들어섰는데요. 중국 자동차업계의 향후 글로벌 시장 지위를 간단히 전망해주시죠.

마오웨이: 제가 이야기한 '후반전'은 스마트커넥티드카ICV를 둘러싸고 전개될 것입니다. '전반전' 휘슬을 불었을 때 중국 신에너지차의 발전 조건과 비교하면 '후반전'의 스마트커넥티드카 발전은 정책의 성숙도와 시장 육성 수준, 기술 대체 능력, 비즈니스 모델 실행가능성, 인프라 건설 수준이 모두 훨씬 뛰어나야 합니다. 중국은 이미 글로벌 자동차 기술 혁신의 중심 지역이 됐고, 개발 능력이 부단히 높아지는 중이죠. 우리에게는 세계 최대 규모이자 가장 경험이 많고 근면하며 지혜가 있는 전문 연구 인력이 있습니다. 우리에게는 신에너지차 산업을 무에서 유로, 작은 것에서 큰 것으로, 큰 것에서 강한 것으로 바꾼 5대 경험이 있습니다. 또 실천 과정에서 4대 자신감을 갖게 됐습니다. 스마트커넥티드카 산업 발전을 계속 지원하려면 '차의 스마트화 + 차량 네트워크의 상호작용 + 도로의 협동'이라는 중국 특색의, 중국 상황에 맞는 기술 경로를 걸어가야 합니다. 저는 우리에게 후반전 승리를 거둬 글로벌 자동차 산업의 전환 및 업그레이드를 성공적으로 이끌 최대의 기회가 있다고 믿습니다. 중국은 결국 명실상부한 글로벌 자동차업계 기관차로 자동차 강국 대열에 들어갈 것입니다.

9장

끊임없이 노력해
후반전을 맞이하다

글로벌 자동차 산업 경쟁을 축구 경기에 비유한다면, 신에너지차 경쟁은 '전반전'에 불과하다. 중국 자동차 산업은 전반전에서 선전해 썩 괜찮은 성적을 거뒀다. 그러나 최종 승부를 결정짓는 것은 결국 '후반전'이 될 것이다. 전반전에서의 기세를 몰아 '쌍탄雙炭'°을 배경으로 한 신에너지차 발전 심화에 박차를 가하고 스마트커넥티드카 발전이라는 흐름에 발맞춰 새로운 도전과 기회를 맞이할 때, 자동차 대국에서 강국으로의 전환을 이룰 수 있다.

유가의 고공행진과 '쌍탄' 목표 설정은 신에너지차 보급과 확산에 긍정적으로 작용하면서 점점 더 많은 소비자가 신에너지차를 받아들이게 됐다. 돌이켜 생각해보면, 지난 20년 동안의 부지런한 노력이 풍부한 결실을 맺은 것으로 이는 자동차 산업 전환 발전에 있어 신뢰와 동기 부여가 될 수 있었다. 중국 자동차 산업은 전동화를 핵심으로 하는 '전반

° 2030년까지 탄소 배출량 정점을 찍고(탄소 피크), 2060년까지 탄소 중립(탄소 제로)을 실현

전'에서 나쁘지 않은 성적을 냈다. 예상컨대 '쌍탄' 아래서의 '후반전'은 신에너지차의 심화 발전이 스마트화, 커넥티드화를 핵심으로 하는 단계에 접어들 것이며 중국이 스스로 강해지기 위해 노력을 멈추지 않고 기존의 강점을 발휘하며 자동차 산업 발전의 큰 흐름에 적응해 산업 발전의 새로운 기회와 도전을 충분히 이해한다면 중국 자동차 강국 목표를 진정으로 실현할 수 있을 것이다.

1_____ 도전 속 '쌍탄'의 새로운 기회를 잡아야

'쌍탄' 정책의 시행은 신에너지차 발전에 있어 중요한 원동력이 됐고 탄소 배출 제로 자동차 제조 및 관련 핵심 기술은 이미 전 세계 산업 경쟁의 경주로가 됐다. 세계 최대 신에너지 생산국이자 소비국인 중국은 자동차 완성차와 부품의 글로벌 경쟁력을 크게 제고해 새로운 경주로에서 유리한 위치를 점하는 한편 국제 탄소 중립과 새로운 정책하에, 기후 무역 장벽 등 새로운 이슈에 대응해야 한다.

도요타 아키오 발언의 '역풍'에서 본다면

도요타의 사장 도요타 아키오는 2020년 말 일본자동차공업협회 연차총회에 참석해 "순수 전기차에 대한 과대광고가 과도하다"며 "일본 정부도 순수 전기차의 실제 이산화탄소 배출량, 전력난에 미치는 영향, 소비자 권익 훼손, 전통 자동차 산업에 미치는 영향을 제대로 고려하지 않고 있다"고 밝혔다. 아키오 사장은 탄소 중립 실현을 위해 내연 기관의 희생이 필요 없고 탄소 중립의 진정한 적은 이산화탄소라고 주장했다. 아키오 사장의 발언은 일본 정부가 내연기관 신차 판매 금지 시간표를 설정한 것을 겨냥한 것이었다.

도요타는 하이브리드 기술 노선을 견지해오며 글로벌 자동차 업계에서 이 분야 선두주자로 꼽힌다. 도요타가 순수 전기차 개발에 보수적인 입장을 보이고 오히려 수소연료전지차에 있어 공격적 전략을 구사하는 것도 이 때문이다.

주관적 요소를 배제하고 아키오의 '흐름을 거스르는' 관점에서 분석해보자면 이는 우리에게도 어느 정도 경각심을 준다. 옛말에 "모든 일은 미리 준비하면 성공하고 그렇지 않으면 실패한다"는 말이 있듯 우리 상황에 맞게 아키오 사장의 발언 중 몇 가지는 고민해보고 연구해볼 법하다고 생각한다.

하나는 에너지 구조로 인한 이산화탄소 배출 문제다. 일본은 화석에너지가 부족한 나라로 1차 에너지 대부분을 수입에 의존하고 있다. 가장 큰 수입 비중을 차지하는 화석에너지는 천연가스로, 일부 발전소와 도시가스는 대부분 수입에 의존하고 있다. 2020년 상반기 일본의 재생에너지 발전량은 전체 발전량의 23퍼센트로 화석에너지 발전량(77퍼센트)이 여전히 높은 비중을 차지하는데, 이는 2020년 중국 화석에너지 발전량인 70.5퍼센트보다 약 6퍼센트포인트 높은 수준이다. 일본과 달리 중국의 청정에너지 발전량 증가는 화석에너지 발전량 증가를 크게 상회한다. 이 때문에 중국이 관련 문제에 대해 논의할 때에는 국가의 에너지 구조를 반드시 함께 봐야 하며 신에너지차의 이산화탄소 배출 문

중국 전기차가 온다

제를 다룸에 있어서는 이 점을 더욱 유의해야 한다.

아키오 사장이 언급했던 일본의 에너지 구조적 문제는 몇 년 전 중국에서도 큰 논란을 불러일으킨 바 있다. 일각에선 신에너지차의 발전이 이산화탄소 배출량을 억제할 수 없고 분산된 탄소 배출을 집중된 발전소 배출로 바꾸는 것에 불과하다는 주장이 제기된 데 따른 것이다. 최근 들어 중국의 청정에너지가 빠르게 발전하면서 이 같은 목소리는 크게 줄었다. 발전된 시각에서 문제를 보는 것은 매우 중요한 방법론인데, 정적이고 단편적인 방법으로 문제를 바라본다면 한쪽에 치우친 결론을 내리기 쉽다.

더 앞으로 나아가면, 모두가 청정에너지 발전의 불안정성에 대해 고민하고 있을 때 청정에너지를 위한 에너지저장장치ESS 구축에 대한 연구를 시작한 사람들도 있다. 일각에서는 과거 양수발전소 건설과 같은 전통적 에너지 저장 방식 외에 동력배터리를 이용한 대규모 에너지 저장시설 건설도 가능하다고 주장한다. 이 관점에서 시작해 중요하게 생각할 가치가 있는 에너지 저장 방식이 존재한다고 생각하는데, 이는 신에너지 차량의 충전과 방전을 이용한 저장, 특히 심야전기를 이용해 차량을 충전하고 피크시간대에는 가정에 에너지를 공급하는 것이다. 어우양밍가오歐陽明高 원사는 이 분야에서 비교적 심층적인 연구를 진행했는데, 신에너지차의 보유량이 일정 비율에 도달하면 불안정한 전원, 특히 리튬배터리의 상시적 충·방전을 걱정하지 않아도 돼 매우 유용한 조치가 된다는 것이다. 이런 방식은 전력 수요가 낮을 때 저장하고 수요가 높을 때 배출함으로써 전력망 안정에 기여할 수 있을 뿐 아니라 대규모 투자도 필요 없다. 중국은 지금부터 분산형 태양광 발전 시스템에 잘 적응할 수 있는 V2G 기술°을 잘 연구해야 한다.

둘째는 전 생애주기로 본 신에너지차의 배출가스 저감 문제다. 2020년 5월 중국자동차공업협회는 2018년 버전을 기반으로 확장·갱신된 '자동차 생애주기 온실가스 및 대기오염물질 배출평가보고서 2019'를 발간했다. 이 보고서는 가솔린차와 순수 전기차의 전 생애주기별 온실가스 및 대기오염물질 배출 실태에 대한 객관적인 평가 외에도 상용차를 평가 대상으로 추가해 전국의 총체적 전력구조 분석을 바탕으로 권역별 에너지 구조와 배출 특성이 평가에 미치는 영향을 분석하고 자동차 원재료 생산, 배터리 생산, 차량 제조 등 생산과정의 배출을 평가 범위에 포함했다. 이는 2022년까지 중국 자동차 산업 발전에 대한 가장 포괄적이고 객관적 평가 보고서다.

보고서에 따르면 순수 전기차의 온실가스 감축 효과는 뚜렷하고 감축 비율은 21~33퍼센트로 작은 순수 전기차일수록 감축 효과가 높은 것으로 나타났다. 순수 전기차는 초미세먼지PM2.5 형성을 유발하는 중요한 물질인 휘발성유기화합물VOC, 질소화산물NOx 배출가스 저감 효과도 뚜렷했는데 이 중 휘발성유기화합물의 배출가스 저감 효과는 75퍼센트, 질소화산물은 차량에 따라 차이를 보였다. 순수 전기차의 초미세먼지와 이산화황SO2 배출가스 저감 효과는 상류의 석탄발전과 배터리 소재 제조과정에서 발생하는 배출가스에 따라 달라진다. 동력배터리 생산 과정은 순수 전기차의 전 생애주기 배출의 중요한 부분으로 소재 분야의 에너지 절약과 배출 감소가 중요하다. 새로운 공정 기술의 사용을 연구하

° V2GVehicle-to-grid. 전기차와 전력망을 연결해 배터리 정보를 전력선 통신으로 확인 후 충전을 관제하는 기술

고 촉진하며 생산 공정에서 탄소 포집 기술 적용을 잘 수행해야 한다.

셋째는 전통적 자동차 산업 및 고용 충격에 미치는 영향이다. 전세계 자동차업계는 이미 이 충격이 불가피하다는 것을 인식하고 있으며 만약 이를 일찍이 준비한다면 충격과 영향을 가장 낮은 수준으로 낮출 수 있겠지만 그 반대의 경우 큰 물결 속에서 방향을 잃고 바닷물에 잠길 것이다. 설사 신에너지차가 주는 충격이 없더라도 전통적 내연기관차는 다른 측면에서 충격을 받을 것이다. 이를테면 산업용 로봇의 대규모 사용으로 생산 과정 중에서의 수작업은 점점 줄어들고 일부 작업은 로봇으로 대체될 것인데, 이는 제조업이 발전하는 과정에서 보편적으로 나타나는 문제다. 이런 변화 속에서 자동차 업체들이 관련 조치를 취해 대응해야 하며 낡은 것을 붙잡고 놓지 못한다면 출구는 없을 것이다.

이외에도 신에너지차의 발전이 사후 서비스 시장에서 고용 유발 효과를 내는 것은 객관적인 사실이다. 조기에 훈련을 진행해 자동차 제조업 종사자 일부를 서비스업 종사자로 전환하는 것은 대세가 됐고, 전환이 빠를수록 자발적일 수 있다. 앞으로는 혁신적 서비스 모델이 나올 텐데, 이를테면 배터리 충전 또는 교환, 배터리 뱅크 등 분야에서 새로운 직업을 창출할 수도 있다. 전통적인 내연기관차는 신에너지차에 비해 진입장벽이 높지만 발전 잠재력이 크지 않아 내권화內卷化° 현상이 심각해진 반면 신에너지차는 진입 장벽이 낮아졌지만 향후 발전 잠재력이 무한하다. 천지개벽 수준의 변화는 신에너지차가 전통적 연료차를 대체하는 것이 돌이킬 수 없는 흐름임을 말해주고 있으며 업계 역시 더 이상

o 과열된 경쟁 속에 후퇴, 정체하는 현상

선택한 방향이 옳은지에 대해 고민하지 않고 신에너지차라는 새로운 트랙에서 경쟁사에 추월당하거나 뒤쳐질까봐 필사적으로 달리고 있다. 중국 여러 자동차 업체도 변화하는 앞날과 희망을 보고 발 벗고 나서 초기 성과를 내고 있다.

이에 따라 신에너지차 산업발전규획(2021~2035)은 신에너지차 전력 소비에 대한 규정을 마련해 2025년까지 순수 전기차의 신차 평균 연비(에너지 효율)를 12kWh/km로 낮춰야 한다고 언급하고 있다. 또한 연료 자동차처럼 차량 크기에 따라 차종별 전력 소비 지표를 차등화 해 '더블 포인트' 방식으로 관리하고 기준을 달성한 것은 보상하고 그렇지 못한 것은 처벌하는 방식으로 기업의 전력 소비 절감을 촉진해야 한다. 현재 소비자가 가장 우려하는 부분은 단연코 신에너지차의 안전 문제와 겨울철 배터리 성능 저하 문제인데, 이는 소비자들이 안심할 수 있는 해결책을 조속히 찾는 노력이 필요하다.

일본의 에너지 공급 기반이 주로 수입에 의존하는 것과 달리 중국은 국가 에너지 안보 측면에서 국내 수요 보장을 기반으로 한다. 현재 중국이 매년 수입하는 석유와 천연가스는 전체 소비량의 70퍼센트를 차지해 유가 상승만으로도 우리 경제와 차주에게 큰 악영향을 미칠 수 있고 국제 지정학적 요인이 석유 수입에 불확실성을 가져왔다는 것은 더 말할 나위도 없다. 중국에서 일부 전통 연료차량을 대체하는 신에너지차가 발전하는 것은 탄소 배출을 줄이는 데 큰 의미가 있을 뿐 아니라 에너지 안보를 보장하는 측면에서도 매우 실질적 의미가 있다.

아키오의 발언은 도요타의 자체 이익을 위한 발언에 불과하다는 것이 중론이며 나 역시 이 같은 판단에 동의한다. 하이브리드 자동차 분

중국 전기차가 온다

야에서 강점을 보이고 있는 또 다른 일본 브랜드인 혼다도 당시 도요타의 시각에 힘을 실었다. 하지만 도요타는 2021년 생각을 바꿔 과감하게 전기차 개발로 방향을 틀었다.

도요타는 2021년 말 회사의 미래 전략을 발표하는 기자간담회를 개최했는데, 이는 '도요타의 전기차 전략 발표회'라는 평가를 받았다. 전기차에 대한 아키오 사장의 입장 역시 180도 바뀌며 수소전지 기술력을 선도하고 있는 도요타가 그동안 여러 차례 '공격'했던 순수 전기차 노선으로 전환을 시작한다고 밝혔다.

지난 2023년 사장직에서 물러난 아키오는 퇴임하면서 "나는 구식이다. 나는 '자동차를 만드는 사람'으로서 디지털화, 전기차, 스마트커넥티드카 등에 있어 한계를 느꼈고 시대를 따라갈 수 없다고 생각했다"고 말했다.

동력배터리 생산 능력의 객관적 관찰

중국자동차동력배터리산업혁신협회 데이터에 따르면 2022년 동력배터리 차량 설치량은 294.6기가와트시로 전년 동기 대비 90.7퍼센트포인트 상승했고, 글로벌 동력배터리 설치량에서 차지하는 비중은 2020년 46.6퍼센트에서 56.9퍼센트로 상승했다. 2022년 중국의 동력배터리 누적 생산량은 545.9기가와트시에 달해 1000만대 수준의 신에너지 차량 탑재 수요를 충족시키기에 충분하다. 그러나 문제는 이들 데이터가 보여주는 것처럼 간단하지 않고, 일련의 구조 등의 문제가 존재한다.

우선 배터리 기업들의 시장 점유율 차이가 크다. 시장의 동력배터리 업체는 50개가 넘는데 선두 업체들은 점유율이 높고 제품 공급이 수요를 따라가지 못하는 반면 하위 기업은 시장 점유율이 낮고 제품 공급이 수요를 넘어선다. 완성차 업체와 배터리 업체 모두 고정적인 협업 관계를 맺고 있어 배터리 공급이 타이트하다고 해서 다른 하위 기업의 배터리를 사들이려고 하지 않는다. 2022년 시장 점유율을 보면 상위 3개 배터리 업체의 설치량이 78.2퍼센트, 상위 10개 배터리 업체의 설치량이 95퍼센트에 달한다.

2021년부터 글로벌 원자재 가격 변동 폭이 확대됐는데, 동력배터리 양극재와 전해액에 사용되는 소재인 탄산리튬의 경우 2022년 말 가격이 2020년 초 대비 10배 상승했고 2023년 4월 가격은 고점의 약 3분의 2 수준으로 떨어졌다. 다른 원자재 가격 역시 각기 다른 수준에서 기복을 나타냈다. 배터리 업체와 완성차 업체 간 가격 협상에 있어 완성차 업체의 입김이 더 세고 시장 점유율이 낮은 기업일수록 입김이 약하며 배터리 업체들이 가격 인상을 통해 공급업체에 원가 압박을 전가하는 것이 쉽지 않은 것임이 분명해졌다. 상위 기업과 광물자원에 투자하는 기업은 원자재 가격 상승을 방어하고 원가를 감당할 수 있는 능력이 있기 때문에 2022년 원자재 가격 상승은 하위권 배터리 기업에 불리하고, 일부 기업은 생산이 늘어날수록 손실이 커지는 딜레마에 직면했다. 탄산리튬 가격을 기준으로 봤을 때 가격이 톤당 20만 위안 선으로 떨어지면 이미 원자재 일부를 확보한 적지 않은 배터리 기업들에 새로운 손실 요인이 발생한다. 이에 따라 배터리 원자재가 소규모에서 대규모로 발전하고 발전 속도가 비교적 빨랐을 때 원자재 가격 변동이 크게 발생할 수 있는 현상을 나올 수 있다는 것을 인식해야 한다. 이 같은 상황은 산업 발전에 불리하고 우리 산업이 직면한 새로운 문제다. 이에 대해 산업계와 정부 모두 충분하게 인식하고 적절하게 대응해야 한다.

다음으로는 삼원계 배터리와 리튬인산철배터리의 부족 정도가 다르다는 점이다. 최근 들어 업계에서는 리튬인산철배터리팩 구조에 대해 여러 고민을 거쳐 블레이드 배터리, 배터리 모듈을 없앤 배터리팩, 4680 원통형 배터리 등을 통해 리튬인산철배터리팩의 에너지 밀도를 상향시켰다. 여기에 리튬인산철배터리 안정성은 기존 삼원계 배터리보다 우수해 시장 점유율을 꾸준히 늘려 2021년과 2022년 2년 연속 배터리 점유율 측면에서 삼원계 배터리를 추월했고 시장의 대세가 됐다.

그러나 동력배터리의 발전은 다음 몇 가지 요인에 의해 결정된다.

우선 탄산리튬 가격과 수산화리튬, 니켈, 코발트 가격의 변화다. 전자(탄산리튬)의 가격 상승 속도가 후자보다 빠르거나, 하락 속도가 후자보다 느리면 리튬인산철 시장 점유율을 높이는 데 불리하고 그 반대의 경우는 삼원계 배터리에 불리하다. 2022년 말 탄산리튬 가격은 톤당 한 때 60만 위안에 달했는데, 생산 능력을 고려했을 때 리튬인산철배터리 생산 이용률이 삼원계 배터리보다 적어 이는 리튬인산철배터리에 유리하다.

다음으로는 동력배터리의 지역적 분포와 배터리 업체와 완성차 업체 간 협력 수준이다. 불완전한 통계에 따르면 푸젠, 광둥, 상하이, 장쑤, 충칭, 후베이, 안후이 등은 상대적으로 동력배터리를 집중적으로 생산하는 지역인데, 동력배터리는 운송에 있어 위험물에 해당하는데다 완성차 업체들의 정시 납품 요구로 인해 배터리업체들이 완성차 업체 주변에 포진해야 하는 것이 일반적 흐름이다.

신에너지 완성차 업체의 생산·판매 증가에 따라 각지의 동력배터리 증설 속도와 계획 건설, 동력배터리 사업 착공 시기도 조정된다. 2021년 상반기 국가발전개혁위원회는 분기별로 각지의 에너지 총량과 에너지 생산 강도를 기준으로 상황 지표를 발표했는데, 이는 에너지 소비가 많고 오염이 심한 동력배터리와 상위 원재료 생산에 부담이 됐다. 에너지 소비 및 오염물질 배출 감축을 위한 새로운 공정 기술 연구가 시급하고 향후 동력배터리 탄소 이력에 대한 검증 심사가 불가피하며 녹색 에너지를 이용한 배터리 생산이 트렌드가 될 것인데, 이는 2022년 쓰촨성 이빈宜賓이 동력배터리 신공장을 대량으로 건설한 이유이기도 하다. 쓰촨성은 중국에서 가장 많은 물과 전기를 생산하는 지역으로 수력이라는 녹색에너지를 사용하면 동력배터리 생산 과정에서 이산화탄소 배출을 줄일 수 있다. 쓰촨성은 녹색에너지로 투자를 유치해 초기 성과를 거뒀다.

비야디 외에도 CATL은 디이자동차, 상하이자동차, 지리자동차 등과 각각 합작 회사를 설립해 동력배터리를 생산하고 있다. 다른 배터리 업체들도 완성차 업체와 다양한 방식의 합작 투자를 통해 양측의 이익을 극대화해 완성차 업체들도 배터리 생산능력 부족을 크게 걱정하지 않게 됐다.

마지막으로 업스트림 원자재 및 설비의 보장 상황이다. 자원의 제약으로 중국의 리튬, 니켈, 코발트는 모두 부족해 해외 공급에 의존할 수밖에 없다. 일부 국내 기업이 이미 해외 기업에 투자해 일부 자원을 확보하긴 했으나 이는 동력 에너지 확산 속도와 비교했을 때 여전히 부족해 병목현상이 불가피하다. 이는 또 가격 상승을 더욱 부추기고 일부

동력배터리 기업들이 해외에 대한 투자를 늘리기 시작했는데, 이 역시 적절한 기회를 찾아야 하는 것이지 쉽게 얻을 수 있는 것이 아니다. 또 동력배터리 생산설비의 경우 그동안 국내에서 기본적으로 자급이 가능했지만 생산 능력 확충이 배터리 업체만큼 더 빠르지 않고 더 긴 주기를 필요로 하는 점도 한계요인이다.

폐배터리의 해체 및 자원 재활용 측면에서 여전히 발굴할 수 있는 잠재력이 있고 이렇게 할 경우엔 환경 보호 외에도 자원 부족 문제를 해결할 수 있어 일거양득이다. 원자재 가격이 전체적으로 높은 상황에선 이러한 사업도 수익성이 개선될 것이고 더 큰 발전 여지가 있다.

중국은 신에너지차 생산·판매 대국이자 동력배터리 생산 대국으로 일본, 한국이 중국에 투자해 설립한 기업에서 생산하는 동력배터리를 포함해 국내 동력배터리 보장률은 100퍼센트에 이른다. 신에너지차 생산·판매가 늘어난 상황에서 동력배터리 공급은 2022년부터 수급이 타이트한 상황을 맞이했고 사실상 생산능력 부족 여부가 변화의 중심에 있다.

이 같은 분석을 통해 '배터리 기근'은 사실상 프리미엄 배터리 생산 능력 부족임을 알 수 있다. 선두업체들이 잇따라 생산 능력을 확충하고 있는 반면 중저가 배터리는 과잉 생산 국면에 있다. 이러한 기업의 경우 조기에 준비하거나 생산 퀄리티를 제고하거나 원자재 상승 부담을 견디거나 우수한 배터리 생산 능력을 높이는 등 재빨리 발전 전략 전환을 모색해야 한다.

언제쯤 내연기관 자동차가 절판될까

또 다른 문제는 사람들이 매우 관심 있는 주제로 중국은 언제 완전하게 내연기관 자동차의 판매를 중단하느냐다.

글로벌적인 관점에서 봤을 때, 노르웨이는 현재 이 부분에 있어 가장 급진적인 국가 중 하나다. 전기차 판매량이 전체 판매량의 50퍼센트를 넘어섰고, 2025년 내연기관차의 판매를 중단하겠다고 분명하게 발표했다. 영국, 독일, 프랑스, 스페인 역시 2030~2040년 사이에 내연기관차의 판매를 중단한다고 했다. 그때 이들 국가가 제시한 목표를 달성했는지 여부에 대해서는 지켜볼 만하다.

중국은 국토 면적이 넓고 인구가 많으며 각 지역별 발전 수준이 다르고 상황이 복잡하기 때문에 일부 국가처럼 획일적인 방법을 채택해 내연기관차 퇴출 시간표를 마련할 수 없다. 이에 중국은 아직까지 구체적인 계획을 내놓고 있지 않은 상태다. 2017년 신궈빈 중국 공업정보화부 부부장(차관)은 중국 자동차산업발전(타이다) 국제포럼에서 관계부처가 내연기관차의 판매 금지 계획에 대해 현재 논의하고 있다고 언급한 바 있다. 해당 발언이 나온 후 거센 반발에 직면했으며 일각에서는 내연기관차가 전부 퇴출될 순 없으며 신에너지차 역시 모든 내연기관차를 대체할 수 없다는 의견이 제시됐다. 이후 공업정보화부 등 관계 부처에선 해당 사안에 대해 심도 있는 연구를 하지 않는 한편 전체 자동차 생산·판매에서 신에너지차가 차지하는 비중, 즉 보급을 확대하는 쪽으로 방향을 선회했다.

하이난성은 2019년 전국 최초로 2023년 하이난섬 내 내연기관차 판매를 중단한다고 발표했다. 지난 2022년 말 기준 하이난성의 신에너지차 보유 규모는 18만대를 돌파해 성장률은 53퍼센트포인트에 달하고 있으며, 신에너지차의 시장 침투율은 이미 40퍼센트를 넘어서며 전국 평균을 크게 웃돌고 있다. 하이난성의 전기차 충전기 보유량은 2019년 5246개에서 2022년 7만5400개로 연평균 성장률은 108퍼센트포인트를 나타냈다. 산업 발전의 흐름에 따라 일부 전동 자동차 업체들은 자체적인 일정을 발표하고 있는데, 창안자동차와 베이징자동차는 오는 2025년까지 내연기관차 판매를 전면 중단하겠다고 발표했고 폭스바겐도 늦어도 2030년까지는 내연기관차 판매를 중단하겠다고 밝혔다. 비야디는 2022년 3월부터 내연기관차 생산을 중단한다고 발표하며 세계 최초로 내연기관차 단종을 공식화하고 즉시 시행에 들어갔다.

2020년 발표된 '신에너지차 산업발전 규획(2021~2035)'에 따르면 2025년 중국의 신에너지차 신차 판매량은 전체 신차의 약 20퍼센트에 달하고 2035년에는 이 비율이 50퍼센트를 넘을 것으로 명시하고 있다. 이처럼 신에너지차와 내연기관차는 한쪽이 흥하면 한쪽이 쇠하면서 점차 발전하는 관계로 사용자에게 일정 기간의 자율선택권을 제공해야 하고, 신에너지 차량의 성능이 지속적으로 개선되고 완전해졌을 때 소비자들의 인정과 주목을 받게 될 것이다. 내연기관차의 점유율이 감소하고 신에너지차의 비중이 높아지는 것은 거스를 수 없는 발전 추세로 산업계와 자동차 기업은 반드시 상황을 정확하게 인식하고 선제적으로 준비하며 제품 구조를 조정해 주도권을 확보해야 한다.

중국 공산당의 제18차 5중전회에서는 처음으로 '혁신, 조화, 녹색, 개방, 공유' 등 다섯 가지 발전 이념이 처음으로 제시됐는데, 여기에는 친환경 발전의 요구가 포함됐다. 중국 정부도 이를 위해 야심찬 계획을 세웠고 사회 각계의 공동 노력과 여러 가지 조치의 시행으로 대기오염 상황은 과거 심각했던 시기 대비 많은 변화가 감지됐다. '아름다운 삶에 대한 열망이야말로 우리가 분투하는 목표'라는 전면적 샤오캉小康° 사회를 추구하면서 더 나은 삶에 대한 사람들의 니즈도 변화했다. 파란 하늘, 맑은 물, 푸른 산은 중국인들의 열망이 됐고 우리와 같은 자동차업계 종사자는 경제 발전과 살기 좋은 환경이 통합된 고품질 자동차 산업 발전 구도를 구축하기 위해 노력해야 한다.

2_____ 스마트카 시대에서

오늘날의 자동차에는 전자, 전기, 통신, 소프트웨어 업계의 기술과 제품이 많이 융합되어 있는데, 이러한 기술이 적용되면서 자동차는 '대형 모바일 스마트 단말기'라고 해도 무방할 정도로 큰 변화를 겪었고 자동차 사용이 점점 더 편리해지면서 결국 운전자라는 사람의 역할에서 해방시키고 생산성을 크게 높였다. 관련 자료를 종합하면 1980~2020년까지 40년간 완성차 비용에서 전자 관련 부품의 원가 비중은 10퍼센트에서 34.32퍼센트로 늘었고, 2030년에는 이 비중이 50퍼센트까지 늘어날 것으로 예상된다. 그만큼 신에너지 자동차 산업 변혁의 '후반전'은 스마트화가 중심이다.

○ 샤오캉은 의식주 걱정하지 않는 물질적으로 안락한 사회, 비교적 잘사는 중산층 사회를 의미한다. 장쩌민 전 국가주석은 2020년까지 샤오캉 사회 건설을 공언했다.

통합제어가 현실로

자동차의 모든 전기 기기와 특정 시스템의 전자 제어는 전자제어장치
ECU에 의해 독립적으로 수행된다.

ECU(그림9-1)는 일반적으로 중앙처리장치CPU, 메모리, I/O,
ADCAnalog-to-digital converter 등 하드웨어와 자체 소프트웨어로 구성된다.
하나의 ECU는 일반적으로 하나의 특정 기능만 담당하는데 이를테면
자동차 문 하나에 전자식 창문 개폐 장치(자동 승강, 위치후 정지, 끼임 방
지 등의 기능 포함), 오토 도어락(원격조종, 오토락, 지문 잠금 등 기능) 등 2개의
ECU가 있어 차 문이 4개일 때는 8개의 ECU가 있다. 자동차의 전자화

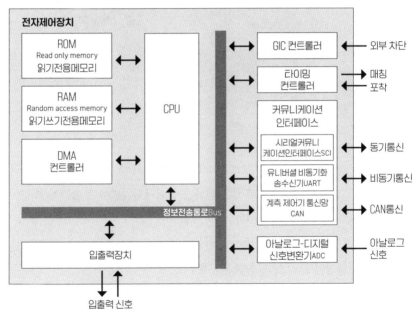

그림 9-1 ECU의 구성요소

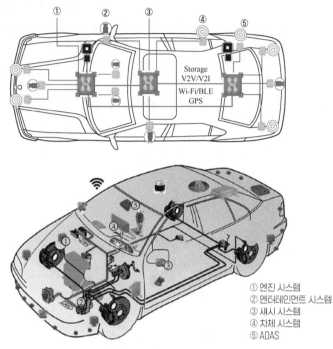

Storage
V2V/V2I
Wi-Fi/BLE
GPS

① 엔진 시스템
② 엔터테인먼트 시스템
③ 섀시 시스템
④ 차체 시스템
⑤ ADAS

그림 9-2 완성차 구성 요소

정도가 높아지면서 완성차의 ECU가 많아지고 매우 복잡한 와이어 하네스 외에도 로직만으로 컨트롤하기가 어려워지면서 통합제어 개념이 현실로 다가오기 시작했다.

현재 완성차는 일반적으로 엔진 시스템, 섀시 시스템, 차체 시스템, 엔터테인먼트 시스템, 첨단운전자보조시스템ADAS 등 5개(그림 9-2)로 구분된다. 각 시스템은 통합제어시스템을 통해 제어된다. 기존의 분산형 ECU 제어시스템과 달리 섀시와 엔진을 하나로 묶어 차량 케어 시스템으로 부르기도 하며 차체 시스템과 엔터테인먼트 시스템을 하나로 묶어 콕핏 시스템으로 부르는 사람도 있어 이때는 5대 시스템이 3대 시스템이 되기도 한다. 이렇게 함으로써 ECU로부터 센서를 분리해 1 대 1 모델을 변화시켰고 하나의 센서 정보를 여러 시스템에서 사용할 수 있게 돼 구조가 간소화되고 관리가 용이해졌다는 장점이 생겼다. 그다음은 하드웨어와 소프트웨어를 분리해 집중적인 제어를 가능하게 하는 완성차의 스마트 플랫폼이다.

기존의 자동차와 달리 신에너지차는 일반적으로 완성차 컨트롤러 VCU로 차량 제어 등 명령을 구현한다. VCU는 하드웨어, 기초 소프트웨어, 응용 소프트웨어를 모아 센서로 가속 페달, 브레이크 페달 등 정보를 수집해 운전자의 의도를 파악하며 센서로 차량 속도와 온도 등을 감지하고 정보를 분석해 판단한 후 배터리 관리시스템, 모터 관리시스템에 제어 명령을 내린다. 동시에 차내의 다른 전자 기기에도 명령을 내려 각종 전자 및 전기 시스템의 작동 상태를 모니터링하고 이상이 있을 경우 적시에 진단하고 경고 메시지를 발송할 수 있도록 한다.

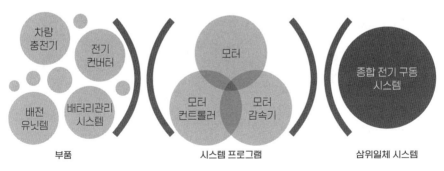

그림 9-3 3개 통합 제어시스템 설명도

새로 개발된 플랫폼은 모터, 모터 컨트롤러, 모터 감속기 등 3개의 컨트롤러를 하나로 합치는 통합제어시스템 프로그램(그림 9-3)이며 여기에 차량충전기, 전기 컨버터, 배전유닛PDU, 배터리관리시스템BMS의 메인 컨트롤러를 통합한 전기 구동 시스템도 있다. 이 역시 통합 컨트롤러의 범주에 속하는데, 완성차의 집중적인 제어를 가능하게 하는 컴퓨팅 플랫폼의 발전은 이제 시작에 불과하다. 다음 단계에선 클라우드와 엣지 컴퓨팅 기술을 활용할 가능성도 있어 스마트카 발전에 더 넓은 길을 열어줄 것이다.

핵심부품으로 부상한 차량용 반도체

현재의 자동차에는 많은 집적회로 반도체를 사용하고 있으며 신에너지차와 스마트커넥티드카의 발전은 반도체 수요를 더욱 자극할 것이다.

반도체는 자동차 산업보다 글로벌화 정도가 심화돼 있고 전문화·세분화돼 기술 장벽이 높은 산업이다. 우리나라 반도체 산업은 새로운 발전 단계에 진입하고 있다. 그러나 전 세계적인 코로나19 사태와 지정학적 영향으로 중국의 반도체 산업은 더 높은 요구에 직면해 있다. 시장은 비록 매우 넓지만 산업망이 완전하지 않고 산업 생태계가 충분히 강하지 않은 것이 현재 가장 두드러진 문제다.

코로나19 영향으로 2020년 하반기부터 2022년 말까지 세계적으로 자동차용 반도체 품귀 현상이 심화됐다. 미국이 첨단 공정(보통 14나노 이하) 반도체의 수출 규제를 실시하면서 시장의 공포감이 확산된 가운데 자동차 업체들은 어려움에 대응하기 위해 안간힘을 쓰고 있다. 코로나19는 구세대 공정(28나노미터 이상) 반도체 공급망에도 영향을 미쳤다. 이로 인해 휴대전화에서 다른 소비용 전자제품으로 확산돼 자동차 업체의 반도체 공급에도 영향을 미치고 있다. 이에 많은 자동차 기업은 반도체 부족으로 인해 감산하거나 심지어는 생산 중단해야 하는 상황에 놓였다.

반도체 부족 현상은 중국 자동차 업체뿐 아니라 다른 나라 자동차 업체들에 더 큰 영향을 미쳤다. 자동차산업 데이터 예측업체 오토포캐스트솔루션AFS에 따르면 2022년 10월 기준 반도체 부족으로 2022년 전 세계 자동차 시장에서 누적 약 390만5000대의 감산이 예상되었다. AFS는 2023년 전 세계 자동차 업계의 감산 규모를 200~300만대로 예상했는데, 이는 '글로벌 반도체 대란'이라고 말할 수 있겠다. 2021년 8월 하순 GM은 다시 픽업트럭 생산공장 몇 곳을 운영 중단(셧다운)했다. 사실 이 공장들은 7월 셧다운 이후 막 조업 재개에 들어간 상태였는데 불과 1주일 만에 다시 문을 닫게 된 것이다. 두 차례의 셧다운 모두 반도체 부족이 원인이었다. 전 세계 거의 모든 자동차 기업들이 반도체 부족의 영향을 받았다.

반도체는 용처에 따라 소비자용, 산업용, 차량용 등 다양한 등급으로 나눌 수 있는데 기술력이 높아질수록 원가와 가격 역시 단계적으로 인상된다. 예를 들어 차량용 반도체는 영하 40도씨에서 125도씨까지 성능을 보장하고 수명, 통신간섭, 충격방지 등 부문에서의 성능은 소비자용이나 산업용 반도체에 대비해 높다.

반도체는 기능별로 시스템 반도체, 전력 반도체, 센서용 반도체 등 크게 세 가지로 나눌 수 있다. 시스템 반도체는 CPU, AI 반도체, 메모리

반도체 등을 포함하는데 차량용 반도체 중 약 20퍼센트를 차지한다. 향후 스마트커넥티드카의 발달로 높은 연산능력을 가진 AI 반도체의 사용량은 비교적 큰 폭으로 증가할 것으로 예상된다. 전력 반도체는 절연 게이트 양극성 트렌지스터IGBT와 MOSFET° 반도체 등이 주를 이루고 있는데 현재 차량용 반도체 중 가장 큰 비중을 차지하는 제품이자 가장 부족한 제품이다.

2020년 글로벌 차량용 반도체 매출은 460억 달러를 기록했는데, 이는 글로벌 자동차 생산·판매 감소의 영향으로 전년 대비 1.1퍼센트 하락한 것이다. 공급 측면에서 봤을 때 유럽, 미국, 일본 업체가 각각 3분의 1의 시장점유율을 기록했다. 우리나라 차량용 반도체 시장 규모는 전 세계 차량용 반도체 시장의 약 30퍼센트로 이는 중국 자동차 생산량이 전 세계 생산량의 3분의 1을 차지한다고 할 수 있다. 그러나 국내에서 생산된 자동차에 들어가는 반도체의 90퍼센트 이상을 수입에 의존하고 있어 국산화된 차량용 반도체의 시장 점유율은 10퍼센트 미만이다.

전 세계 반도체 생산량 중 차량용에 쓰이는 것은 약 10퍼센트 수준이지만 이를 가치로 따졌을 때는 약 12퍼센트 정도다. 자동차의 전자·전기화 수준의 지속적 향상과 신에너지차 생산 및 판매의 급성장으로 향후 차량용 반도체가 더 큰 발전 여력이 있을 것으로 예상된다. 중국은 세계 최대의 자동차 시장이자 신에너지차의 발전이 선두권에 있는 국가로 국내외 모든 반도체 기업이 중국 시장을 낙관하고 있으며, 잇

○ 금속 산화막 반도체 전계효과 트랜지스터

따라 중국에 대한 투자를 확대해 시장을 선점하고 있다. 미국의 대중국 반도체 제품 수출 규제는 중국 기업들에 자립과 자강 발전의 길을 확고하게 걷게 했다. 이 같은 규제로 일시적 어려움에 직면했지만 우리나라 반도체 기업의 발전 기회로 삼고 관련 기업이 전략적으로 역량을 확보하며 큰 시장의 이점을 잘 활용한다면 반드시 눈부신 성과를 거둘 수 있을 것이다.

차량용 반도체는 사람의 안전과 관련해 엄격한 인증을 거쳐야 사용할 수 있는데, 일반적인 인증 과정은 2~3년이 소요되고 인증 기준은 자동차 품질 규격 AEC-Q100, 품질 경영시스템 IATF 16949:2016, 국제 기능 안전 표준 ISO26262 등을 포함한다. 품질 경영시스템의 보급과 시스템 인증이 국내에서 이미 다년간 진행돼 일부 인증기관들이 성장을 시작한 것 외에 나머지 두개의 인증 기준의 보급과 시스템 인증은 국내에서 거의 전무한 실정이다. 많은 제품이 미국과 유럽의 인증기관에서 인증을 받아야 해 비용과 시간이 많이 들고 영업기밀이 유출될 위험도 있다. 품질 규격과 기능 안전을 인증하기 위한 실험실 구축과 실험 장비 측면이 국내 기업에 있어 아직 미흡하고 이에 부합하는 인증사가 상당히 부족한 실정이라 조속히 보완해야 한다. 생산기업이 자체적으로 설립한 실험실 외에도 제3의 시험기관 건설에 관심을 갖고 국내 시험인증시스템 구축에 세심한 주의를 기울여야 한다.

과거에는 글로벌 완성차 업체들이 반도체 선정에 관여하지 않는 것이 일반적이었기 때문에 이 업무는 기본적으로 공급망에 따라 조립업체에 아웃소싱했다. 세트업체는 전체나 부품을 설계할 때 완성차 업체와 접촉해 완성차 업체가 요하는 성능과 기능만 맞추면 된다. 구체적으로 반도체는 일반 완성차 업체가 기능적으로 요청 사항을 주고 완성차 데이터와 상호작용을 할 수 있으면 된다. 반도체 선택은 전적으로 세트 업체의 몫이고 이 업체마다 선택이 다르기 때문에 차량 한 대에 들어가는 반도체는 종종 각양각색이었다. 완성차 제어가 분산형에서 집중으로 변화함에 따라 이 문제도 점점 드러나게 됐다.

다시 말해, 완성차 업체들도 이제 반도체와 소프트웨어 그리고 그들 사이의 상호작용을 고려해야 한다. 일부 신흥 자동차 기업들이 움직였고 대부분의 전통차 업체들도 이 같은 문제점을 인식하기 시작했다. 이를 인식하고 실천하는 과정에서 마침 차량용 반도체 공급 부족 현상에 봉착했는데, 이는 전통차 업체들에 대해 시장 교육을 가속화하는 과정이라 할 수 있겠다. 이 같은 교육을 통해 모두가 감성적 인식에서 이성적 사고로, 이성적 사고에서 구체적인 행동을 보일 것이다.

차량용 반도체 공급 부족을 해결하기 위해서는 자동차 업계 기업과 반도체 업계의 기업이 업종을 넘어 협력해야 한다. 중국 입장에서 말하자면 미국이 우리나라 반도체 발전의 억제 압박이라는 외부 요인을 고려해 자동차 업계의 대외개방 확대와 자동차 거대 시장의 이점을 이용해 다양한 형태의 국제교류와 협력을 진행하고 반도체 설계기업, 파운드리 기업, 패키징 기업 간의 연계를 강화해 장기적인 협력 관계를 형성하도록 해야 한다. 2022년 폴크스바겐이 24억 유로를 출자해 호라이즌 로보틱스°와 두 개 분야에서의 협력을 전개하기로 한 것이 대표적인 예로, 향후 1~2년 동안 폴크스바겐 차량에 호라이즌 반도체가 사용될

ㅇ 호라이즌 로보틱스Horizon Robotics, 地平线机器人. 중국 자동차 인공지능AI 반도체, 소프트웨어 개발 스타트업

예정이다.

또 차량용 반도체 공급 부족 해결을 위해선 국내 자동차 산업 발전 전망과 시스템 반도체의 향후 수요 예측에 따라 계획을 세우고 공정과 제품, 합리적인 배치로 세분화해 차량용 반도체 공급 능력을 강화하고 국산화 정도를 높여야 한다. 국내에 생산 기업을 조직해 기존의 생산 능력을 자동차 산업으로 전환함과 동시에 국내 생산 수요 상황에 따라 신규 생산 능력을 확충해 임시방편을 방지해야 한다. 여기에서의 '국산화'는 광의의 개념이어야 하고, 중국계 기업이든 외자계 기업이든 중국에서 생산된 제품이면 모두 국산화 범주에 포함하고 각종 소유제°의 기업에 대해서도 동일시해야 한다.

전력반도체의 경우 차량용 IGBT는 국산화 기반이 어느 정도 갖춰져 있어 차량용 탄화규소 프로젝트가 진행 중이며 차량용 전력반도체의 고주파, 고전압 수요 충족을 위해 다수의 차량용 탄화규소 프로젝트가 진행 중이다. 이러한 프로젝트는 자체적으로 체계화하고 부문과 업종 간 분할을 통해 업계가 통일된 큰 시장이라는 이점을 상실하는 것을 방지해야 한다.

차 량 용 소 프 트 웨 어 와 업 종 간 융 합

초기의 소프트웨어는 개발자가 어셈블리 언어로 작성해 ECU 내의 메모리에 저장해 CPU와 함께 정보를 수집·처리해 명령에 따라 맡은 기능

° 국유, 민영, 혼합 등 중국식 기업 소유 형태 모두를 가리키는 말

을 수행했다. 지금까지 대부분의 정보 수집과 처리는 센서에 의해 이뤄졌지만 명령은 대부분 운전자가 내렸다. 자동차 제품의 지능화 수준이 높아지면서 이미 센서가 정보를 감지해 자동으로 명령하기 시작했다. 이를테면 앞서 언급한 엔진 연료 분사 시스템과 현재의 자동주차 기능은 사람이 아닌 센서로 감지하고 ECU로 명령을 내린다.

앞으로 자율주행이 실현될 때가 된다면 모든 명령은 사람이 내리는 것이 아니기 때문에 소프트웨어에 대한 더 높은 성능을 필요로 할 것이다. 그때가 돼야 소프트웨어 중심 자동차라고 할 수 있을 것이다. 앞서 언급했듯 자동차의 제어는 분산형에서 집중형으로 나아가고 5대 영역별 통합제어 실행은 소프트웨어 집중을 가져왔다. 소프트웨어의 규모가 커지면서 소프트웨어의 기능도 분류되기 시작했다.

국제적으로 채택된 개방형 자동차 표준 플랫폼인 '개방형 자동차 표준 소프트웨어 구조AUTOSAR'는 여러 자동차 회사와 어셈블리 및 부품 생산업체, 반도체 및 소프트웨어 업체가 공동으로 개발한 개방형 자동차 차량 소프트웨어 표준으로 유럽 자동차 회사들이 주축이 되고 있다. 일본 자동차 업체들은 자신들의 또 다른 표준인 TRON을 선보였다.

중국의 승용차는 초기에 대부분 유럽 기술을 도입했기 때문에 기술 표준 역시 유럽의 기술 표준을 동등하게 채택하거나 벤치마킹하는 경우가 많으며 중국의 거의 모든 전통 자동차 모델과 신에너지차 모델들은 완성차의 전기·전자 플랫폼으로 AUTOSAR을 채택하고 있다. 국내 완성차 업체와 어셈블리, 부품 생산업체 중 소프트웨어를 이해하는 엔지니어는 적고 그중에서도 전기·전자 구조를 아는 엔지니어는 더 드물다. 반면 전자 정보와 인터넷 업체는 이 분야의 인재가 적지 않다는 점에서 산업 간 융합이 보다 현실적인 선택이다.

완성차 업체와 어셈블리, 부품 생산업체들은 많은 소프트웨어 개발 작업을 제3의 회사에 통째로 맡기고 있는 실정이다. 제3의 회사가 사용하는 툴체인(컴퓨터·시스템 프로그램 개발도구 모음)°이 제각각이라 AUTOSAR 표준에 따라 소프트웨어를 개발한다고는 하지만 실제로는 적용되는 시스템의 재사용성이 그리 좋지는 않다. 현재 개발된 툴체인 제품을 제공하는 업체는 여러 곳이고 제품끼리 동일하지 않고 각 제품을 장기간 사용하다보면 익숙해져 다른 제품으로 교체하는 비용이 매우 높다. 툴체인 산업은 계속 고도화되고 있고 자동차 업체들은 매년 이에 대해 높은 비용을 지불해야 한다. 완성차 업체와 어셈블리, 부품 생산업체는 제3의 회사의 툴체인이 간단한 절차를 걸쳐 다른 차종의 같은 기능에 쓰일 수 있는지 제대로 검증할 수 없기 때문에 AUTOSAR의 광고 효과는 실제 효과보다도 높다. 다시 말해, 완성차 업체와 어셈블리 및 부품 생산업체는 이 부분에서 실제로 적지 않은 헛돈을 썼다는 얘기다.

2020년 7월 중국자동차공업협회가 20개 기업과 공동으로 중국 자동차 기반 소프트웨어 생태위원회AUTOSEMO를 설립하고 서비스지향아키텍처SOA 기반 서비스 표준 설계 및 인터페이스 정의 표준, ASFAUTOSEMO Service Framework, 차량 클라우드 일체형 기술 사양 등 SOA를 발표하고 통합제어 미들웨어 및 응용 소프트웨어를 위한 표준 사양 기준, '중국 자동차 기반 소프트웨어 개발 백서' 등 중국 자동차 소프트웨어 플랫폼의 연구와 적용을 시작했다. 자동차 업계의 공감대 형성이

° 컴퓨터·시스템 프로그램 개발 도구 모음

조속하게 이뤄져 국내 툴체인 제품업체들의 성장이 탄력을 받을 것으로
예상된다.

과거와 달라진 점은 이런 문제들이 어셈블리나 부품 생산업체만
이 고민할 것이 아니라 완성차 업체들의 종합적인 전략이 필요하다는 것
이다. 특히 우리 기업 입장에서는 기초 소프트웨어가 취약해 업무가 정
체되는 일이 반복되지 않도록 더 많이 고민하고 전략을 수립해야 한다.

차량 네트워크 건설 촉진하는 5G

과거 자동차에서의 통신은 센서로 측정한 차의 속도가 자동차 계기판
에 표시되면 운전자가 계기판에 표시된 차 속도에 따라 가속 페달과 위
치를 제어하는 매우 간단한 기기 간 통신P2P 이었다. 자동차에 사용되는
ECU가 늘어나면서 센서로 측정된 차속은 계기판 뿐 아니라 엔진 통합
제어 연료분사 시스템, 안티-세이프 브레이크 시스템 등으로 전달된다.
포인트 투 멀티포인트MP2P 통신 접속은 비정상적으로 복잡한데, 스마트
센서칩의 등장 이후 멀티포인트 투 멀티포인트M2M 통신 수요까지 등장
하면서 간편하고 쉬운 현장 통신 표준을 고안해내는 것이 업계 공통의
염원이 됐다.

보쉬Robert Bosch GmbH는 1986년 수년간의 연구 끝에 CAN버스° 통
신 표준 규격을 선보였다. CAN버스는 트랜시버 인터페이스를 통해
CANH와 CANL의 신호를 만들어내 물리적 버스와 연결된다. CANH

° CAN버스Controller Area Network는 차량 내에서 호스트 컴퓨터 없이 마이크로 컨트롤러나 장치들이 서
　로 통신하기 위해 설계된 표준 통신 규격이다.

단자의 상태는 고전압 또는 서스펜드 모드를, CANL은 저전압 또는 서스펜드 모드다. 이에 따라 시스템에 오류가 발생하는 경우 멀티 노드가 동시에 버스로 데이터를 전송해 쇼트서킷 현상을 초래하고 이로 인해 일부 노드가 손상되는 것을 막는다.

CAN버스 통신 표준은 자동차 산업에서 널리 사용되고 있고 신에너지 차는 여전히 차량 내 통신에 CAN버스 통신 표준을 광범위하게 채택하고 있는데 충전 인프라에서 차량을 충전할 때 상호 간 통신에 이 규격을 많이 채택하고 있다. 이 규격은 자동차 산업 외에도 철도 교통, 선박, 의료설비, 항공우주, 컴퓨터수치제어CNC 공작 기계 등 분야에서 광범위하게 적용되고 있다.

전통적 자동차는 상대적으로 폐쇄적인 이동 수단으로 주행 중 외부와의 통신이 거의 없었고 최초로 응용된 게 카폰이다. 기술이 끊임없이 발전하고 진보함에 따라 사람들은 차를 타는 동안 외부와 연락할 필요성이 생겼다. 그러나 이동통신이 빠르게 발전하면서 우리나라는 카폰을 설치하는 단계를 넘어서 이동통신 시대로 한 발짝 다가섰고, 휴대전화 하나로 차량 내·외부 통신 문제를 모두 해결할 수 있게 됐다.

이후 인터넷의 발달은 디지털 지도, 음악 스트리밍, 위성 위치 추적 등 자동차에서의 응용으로 이어졌다. 여기에서 연결된 노드는 앞에서 언급한 콕핏 시스템, 단말기는 차량용 태블릿 디스플레이로 이때 반드시 무선통신을 이용해야만 원하는 정보를 얻을 수 있다. 미래를 전망해보자면 스마트커넥티드카의 발전으로 이 분야의 수요를 더욱 더 확대하고, 차와 차, 차와 도로, 차와 교통 시설 및 에너지 보급시설 간의 연계가 증가할 것이며 일부 안전과 관련되지 않은 정도는 클라우드에서

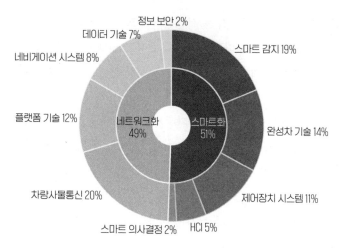

그림 9-4 2022년 스마트커넥티드카 특허 구성

처리돼 이 부분의 통신도 무선 통신으로 완성될 것이다.

스마트커넥티드카 특허 구성에서 알 수 있듯 차량 사물통신은 그림 9-4와 같이 스마트커넥티드카 기술에서 중요한 위치를 차지하고 있다.

미래의 자동차의 모습을 상상해봤을 때 차량 내 통신은 여전히 버스$_{Bus}$ 방식을 사용함으로써 외부의 다양한 간섭으로부터 정보 처리를 보호해 자동차의 안전을 확보할 수 있다. 하지만 디지털의 형태로 표현되는 정보가 기하급수적으로 늘어나 차량 내 버스만으로는 방대한 양의 정보를 처리하는 것은 불가능하고 연산 처리 능력은 고사하고 전력 소비량만 놓고 봤을 때도 감당하기 힘들다. 일부 정보 처리는 무선통신 방식에 의해 차량 외부에서 이뤄져야 하며 다양하게 급변하는 정보를 공동으로 처리하기 위해서는 둘 사이에 심리스 커넥션이 구현되어야만 한다.

중국 이동통신의 발전은 전 세계의 주목을 받았다. 우리는 1G(아날로그 통신)와 2G(디지털 통신) 시절 기술적으로 거의 백지상태였고 기지국은 일반적으로 외국의 GMS와 CDMA 두 가지 표준을 모두 사용하는 제품이었으며 기업들은 매년 외국의 회사에 높은 로열티를 지급해야만 했다. 3G 시대에 진입하면서 우리나라가 주도한 TD-SCDMA가 처음으로 국제 표준으로 채택돼 WCDMA, CDMA-2000과 함께 3대 국제표준으로 자리 잡았다. 그러나 중국이 3G 사업자 면허를 발급했던 2009년은 이미 유럽과 미주의 선진국보다 6~7년 늦은 시점이었다.

4G 시대가 열리면서 TD-LTE와 LTEFDD가 양대 국제 표준이 됐고 대역폭의 증가와 속도 향상으로 인해 모바일 네트워크가 빠르게 보급됐다. 가장 뚜렷한 차이점은 피처폰이 스마트폰 단말기로 바뀌었고 4G폰은 3G폰의 기능을 이어받았다는 것이고 가장 큰 차이점은 4G폰은 끊김 없이 웹서핑을 할 수 있다는 점이다. 이 과정에서 한국의 삼성이 훌륭한 성적으로 생존한 것을 제외하면 모토로라, 에릭슨, 노키아, 블랙베리 등 휴대폰 업체들이 퇴출될 위기에 처했고 애플, 화웨이, 샤오미, 오포, 비보 등 신진 휴대폰 기업들이 주목받았다. 중국의 화웨이, ZTE의 기지국 장비는 해외 시장에도 진출했다. 2013년 말 공업정보화부는 차이나모바일, 차이나텔레콤, 차이나유니콤 등 3개 사업자에 TD-LTE 면허를 발급했는데, 이는 유럽, 미국 등 선진국보다 2~3년이 늦었을 뿐이다.

기세를 몰아 5G 연구개발과 표준을 제정하는 과정에서 중앙의 배치에 따라 2015년 나는 공업정보화부를 대표해 유럽연합 집행위원회와 통신망·콘텐츠·기술총국과 양해각서를 체결하고 글로벌 통합 무선통신 표준 수립을 위해 함께 노력했다. 전체적인 추진과정에서 우리는 전면적 대외 개방을 견지했는데, 베이징 화이러우의 실험장에서 각국 기업들이 한 무대에서 경쟁하며 글로벌 통일 표준을 마련하기 위해 각자의 힘을 모았다.

지난 2019년 3세대 파트너십 프로젝트3GPP는 5G 표준이 기본적으로 성숙됐음을 알리는 5G R15 표준 승인을 발포했다. 이 표준이 제정되는 과정에서 국가별로 중국, EU, 미국, 한국, 일본 등이 기여했으며 구체적으로는 표준에 필요한 특허기술이 전체 특허기술에서 차지하는 비중을 나타낸다.

2020년 7월 R16 표준이 승인됐는데, 이는 5G의 첫 번째 진화 버전이자 기능, 비용, 효율성, 신뢰성 등의 요소를 강화한 것이다. 현재의 5G 표준 대역폭은 1기가헤르츠GHz, 전송지연은 0.5~1ms, 신뢰성은 99.9999퍼센트(6개의 숫자 9), 전송 속도는 20Gbit/S, 1제곱킬로미터당 최대 100만 개의 기기를 동시에 연결할 수 있다. 2022년 6월 R17 표준이 승인받았고, 앞으로 더 진화한 R18과 같은 버전이 나올 것이다. 나는 이 표준이 각국의 공동 추진으로 점점 더 성숙해질 것으로 믿는다.

공업정보화부는 2019년 6월 차이나모바일, 차이나텔레콤, 차이나유니콤, 중국광전네트워크 등 4개 사업자에 5G 면허를 발급했는데, 이는 기본적으로 국제적인 구축 시기와 일치한다. 소비자용 인터넷을 보면, 일반 사용자는 4G망을 사용하는 것으로 만족할 수 있다. 나는 5G의 적용은 대체로 20퍼센트는 사람 간 통신에, 80퍼센트는 사물인터넷

중국 전기차가 온다

표 9-1 1G~5G 기본 현황 및 비교

이동통신 기술	전송 속도	기술 특징	시스템 응용
1G	데이트 전송 서비스 없음	아날로그 통신. 통신 거리가 짧고 전송 내용이 적으며 간섭 방지 능력이 약함	휴대전화
2G	150kbit/s	디지털 통신. 통신 주파수가 높음	문자 및 멀티미디어 메시지 MMS
3G	1~6Mbit/s	고속 업무 지원 및 우수한 안정성	사진, 음성, 소셜네트워크서비스(눈)
4G	10~100Mbit/s	고해상도 비디오 이미지 전송 가능	영상, 생중계
5G	업로드 600Mbit/s, 다운로드 1Gbit/s	짧은 지연 시간과 높은 신뢰도, 저소비전력	사물인터넷IoE

에서 사람과 사물, 사물과 사물 간 통신에 적용되는 '2 대 8의 법칙'에 부합한다고 여러 차례 언급한 바 있다. 가장 먼저 적용되는 분야는 산업용 인터넷, 그중에서도 차량용 인터넷일 것이다. 이를 데이터 트래픽으로 본다면 차량용 인터넷의 데이터 트래픽은 사람과 사람 사이의 통신 데이터 트래픽의 몇 배에서 수십, 수백 배에 달할 수 있다.

표 9-1은 1G~5G의 기본 상황을 비교한 것이다.

4G 시절 롱텀에볼루션LTE을 활용한 LTE-V2X°를 통해 차량용 무선통신의 문제점 일부를 해결했고 현재는 4G~5G까지의 C-V2X 표준체계를 국제무선통신 표준화기구인 3GPP에서 인정받아 향후 차량용 클

---

o Vehicle to X. 이동통신망을 이용해 차량과 인프라스트럭처, 보행자 등과 방대한 양의 데이터를 실시간으로 공유하고, 이를 통해 한층 수준 높은 자율주행을 구현하는 기술. 지능형 교통시스템ITS과 스마트커넥티드카에 적용하기 위해 개발됨

라우드 상호 작용에 중요한 역할을 할 것이다. 중국은 인터넷 대국이자 자동차 생산·판매량이 가장 많은 나라로 우리의 큰 시장은 차량용 네트워크를 선도하기에 충분하다. 스마트커넥티드카와 차량 사물통신이 연결되면 지능형 차량 인프라 협력이 가능해져 완전 자율주행까지 가지 않더라도 L2° 이하 수준의 보조주행 기술을 신모델에 적용하는 것 만으로도 경제적·사회적 이익을 얻을 수 있다. 이와 관련 중국의 이점을 살려 사고방식과 행동을 통일해 산업 간 협력을 실현하고 중국의 지혜와 중국의 방안으로 세계 자동차 산업의 발전에 기여해야 한다.

스마트폰 운영체제가 주는 시사점

끊임없는 노력으로 중국은 신에너지차 산업의 배터리, 모터, 모터 컨트롤러 등 핵심 부품의 완전한 산업 공급망 시스템을 구축했다. 그러나 자체 차량 운영체제가 없으면 아무리 자동차를 잘 만들어도 모래 위에 높은 건물을 짓는 것에 불과하다.

많은 사람이 애플 아이폰의 하드웨어와 제품이 우수하다고 생각하는 것처럼 애플은 스마트폰 분야에서 잘하고 있다. 하지만 많은 사람은 아이폰의 백그라운드에 강력한 iOS가 하나 더 있다는 사실을 인식하지 못하고 있다. 이 강력한 운영체제는 기초 소프트웨어와 응용 소프트웨어 간 분리를 실현해 많은 애플리케이션 개발자를 육성했다. 애플은 앱스토어를 만들어 iOS에 적합한 모든 앱을 애플 인증을 받아야 앱

ㅇ 일정 수준의 보조 기능을 갖춘 자율주행 단계

스토어 내에서 판매할 수 있도록 했고 앱스토어에선 30퍼센트의 판매 수수료, 이른바 '애플세'를 반드시 내야 한다. 앱스토어에 올라온 앱은 수백만 개에 달하며 여기에는 사람들의 의식주, 소비, 엔터테인먼트까지 아우르며 그야말로 없는 게 없을 정도다. 아이폰 사용자는 언제든지 다양한 앱을 내려받을 수 있어 휴대폰 기능을 더욱 풍부하게 한다. 당시 거의 모든 소프트웨어 개발자들은 앱스토어에 들어간 것을 자랑스럽게 여기고 애플이 플랫폼 수수료를 부과하는 것을 기꺼이 받아들였다.

아이폰의 iOS는 오픈소스 시스템으로 애플 앱의 개발자가 되려면 개발자 계정을 만들어야 하고 연간 99달러의 등록비를 내야 한다. 후반기에 개발된 앱은 여러 차례의 테스트를 거치고 이를 통과해야만 앱스토어에 올릴 수 있다.

아이폰은 전 세계 가입자만 10억 명이 넘는 거대한 시장이다. 10억 명의 사용자를 보유한 시장이 1억 명의 사용자가 있는 시장과 확연히 다른 점은 산업 발전 생태계다. 수많은 소프트웨어 개발자들이 앱스토어에 진입하기 위해 온갖 방법을 동원하는 이유는 여기에 진입했을 때 기회가 있기 때문이다. 애플 휴대폰 사용자 대부분은 앱스토어를 통해 앱을 내려받는다.

당시 노키아 휴대폰도 자신만의 강력한 운영체계인 심비안을 보유하고 있었고 노키아 이외에 세계의 주요 휴대전화 제조업체에 오픈소스로 개방했다. 어떤 휴대폰 업체든 심비안 얼라이언스에 가입해 노키아로부터 허가를 받고 비용을 지불하면 심비안 운영체제를 사용할 수 있었다. 심비안은 한때 글로벌 휴대폰 시장의 60퍼센트를 차지했다.

이때 구글은 애플 iOS와 심비안 운영체제가 거둔 성공을 통해 각각의 문제점을 발견했다. 이에 구글은 오픈소스로 휴대전화 제조업체들이 무료로 사용할 수 있는 운영체제를 만들기로 결심했다. 한순간에 구글은 천하무적이 됐고, 애플을 제외한 거의 모든 휴대폰 업체들은 구글의 안드로이드를 선택했다. 모바일은 특히 전력 소모에 대한 높은 성능을 요구하는데, 반도체 아키텍처 측면에서 암ARM이 컴퓨터시대의 X86 아키텍처 대비 확실한 우위를 점하면서 세계적으로 안드로이드+ARM 구도가 형성됐다.

안드로이드 운영체제를 사용하고자 하는 휴대폰 업체는 구글과 계약을 맺어야 하는데, 이 계약에 따라 안드로이드 OS에서 구글 서비스를 삭제할 수 없는 일부 제한 조항이 포함됐다. 그러나 인터넷 시대에 트래픽의 중요성이 커지고 구글은 여전히 광고 수입을 통해 이윤을 취한다. 현재의 광고는 이용자 트래픽에 대한 빅데이터 분석 후 정교하게 적용되는데 이는 과거의 '물량 공세' 방식의 광고 대비 훨씬 효과적이고 기업들 사이에서도 인기를 끌고 있다. 안드로이드를 사용하는 휴대폰 업체들은 모두 구글 모바일 플랫폼 프레임워크를 설치해야 하고 구글은 이를 통해 광고를 송출하고 수익을 낸다.

2018년 중미 간 무역 마찰이 불거지면서 미국은 무역 분야에서의 일부 조치를 취하는 것 이외에 우리나라의 많은 하이테크 기업에도 압박을 가했고 화웨이는 그중에서도 가장 먼저 타격을 받았다. 모두가 알고 있는 것처럼 화웨이가 설계한 7나노칩은 미국의 제재 때문에 파운드리 공장을 보유하지 못하고 있다. 이와 함께 구글은 구글 모바일 서비스를 통해 화웨이 휴대폰 이용자들이 구글의 일련의 앱과 서비스를 이용하는 것을 차단하고 있다. 국내 화웨이 휴대폰 사용자들은 대부분 구글

앱을 선택하지 않아 안드로이드 운영체계OS 지원 중단에 따른 불편함을 느끼지 못하지만, 해외의 화웨이 휴대폰 이용자들에게는 받아들이기 어려운 상황이다.

다행인 것은 화웨이가 몇 년 전 하모니 OS를 개발한 것으로 원래 이 운영체제는 산업용 인터넷 애플리케이션을 위해 설계됐으나 중요한 순간에 어쩔 수 없이 디자인을 수정하고 화웨이 휴대폰에 선제적으로 적용함으로서 구글의 지원 차단으로 인한 부정적인 영향에서 완전히 벗어나 화훼이 이용자들이 사용할 수 있는 환경을 지켜냈다. 화웨이도 하모니 OS를 오픈소스로 개방해 더 많은 기업이 이를 선택할 수 있도록 하는 등 점차 산업 발전의 생태계를 복원하고 구축한 결과 2022년에는 하모니 이용자 수가 3억 명을 넘어섰다.

다시 자동차로 돌아가서 전통적인 내연기관차는 대부분 AUTOSAR 소프트웨어 아키텍처를 기반으로 한 운영체제인 QNX를 사용한다. 이 시스템은 보안성이 좋고 구동이 안정적이며 시간 지연이 적고 개발자에 대한 지원이 좋은 점이 특징이지만 가장 큰 문제점은 오픈소스가 개방이 아니기 때문에 산업 생태계에는 좋지 않다. 이 시스템은 주로 동력계와 섀시 제어시스템을 포함한 완성차 제어에 사용되며 현재도 차량탑재 시스템에 침투하고 있다.

안드로이드가 모바일에서의 성공을 등에 업고 신에너지차 제품에 대거 진출해 콕핏 오퍼레이팅 시스템에 처음 진입하면서 43퍼센트의 시장 점유율을 기록했다. 다음 단계에서 안드로이드는 섀시 제어시스템에도 침투해 궁극적으로 완성차에 풀스택 방식의 소프트웨어 제어가 이뤄지도록 할 것이다.

그리고 일부 자동차 기업들은 제3자 기반 소프트웨어에 대한 의존에서 벗어나기 위해 리눅스를 기반으로 자체적으로 독자적 운영체제를 개발했는데 테슬라는 이미 이를 도입했고 폴크스바겐과 도요타도 (리눅스 기반의 자체 운영체제를) 추진하고 있다. 리눅스 시스템은 오픈소스와 쉬운 코드를 자유롭게 사용하거나 필요에 따라 수정할 수 있으며 안정적인 성능을 갖췄으나 개발자에 대한 지원이 부족하고 주기가 길며 산업 생태계가 열악하다는 단점이 있어 콕핏 오퍼레이팅 시스템 분야에서의 시장점유율은 30퍼센트 수준에 불과하다.

중국 자동차기업 입장에서는 자주적으로 통제할 수 있는 산업 발전 생태계 조성에 주목해야 한다. 현재 차량용 운영체제의 구도가 정해지지 않은 틈을 타 연간 생산량 2700만 대라는 시장 우위를 잘 활용하여 반도체 기업, 소프트웨어 기업, 인터넷 기업, 자동차 기업 간 융합을 실시하는 것이 그 방안이 될 수 있다. 이로써 장점을 극대화하고 단점을 보완하는 것인데, 3년 남짓의 전환기를 이용해 개방된 오픈소스의 풀스택 운영체제를 만들고, 이종집적·소프트웨어·하드웨어 협력을 실현하여 차량용 스마트 컴퓨팅 기반 플랫폼을 구축하고, 신에너지차 산업 발전을 위한 생태계를 조성하고 스마트커넥티드카의 발전을 위한 견고한 기초를 다져야 한다.

3_____ 날아라 신에너지차

2021년 11월 8일 『이코노미스트』는 홈페이지를 통해 '다음은 무엇인가? 2022년 주목해야 할 22가지 신기술'을 발표했는데 그 하나가 하늘을 나는 전기택시(플라잉 전기 택시)다. 업계에선 수직 이착륙 전기 비행물체라 불리는 플라잉 전기 택시를 오랫동안 허황되고 터무니없는 이야기로 여겼지만 갈수록 현실이 되고 있다. 전 세계 다수의 기업이 2022년 시험비행을 확대하면서 향후 1~2년 안에 상업용 인증을 받기를 희망하고 있다. 미국 조비항공은 항속거리 150마일(약 242킬로미터)의 5인승 항공기 10여 대를 제작할 계획이고 독일의 볼로콥터는 2024년 올림픽을 위한 에어택시 서비스 출시를 기대하고 있다.

하늘을 나는 전기택시는 중국에서 지리차로 대표되는 '플라잉카' 기술 노선 중 하나이며 또 다른 노선은 진정한 의미의 '항공기+자동차'를 지칭한다. 육공 일체형으로 설계된 것인데 '달릴 수 있으면서 날 수도 있는 플라잉카'로 수직이착륙에 국한되지 않는다. 샤오펑이 이 노선의 대표주자다.

자동차의 보급에 따라 도시에서의 도로 정체는 자동차 운행에 있어 '길을 막는 호랑이攔路虎', 즉 장애물이 되었다. 일부 신에너지차 기업들은 교통 체증 문제를 해결하기 위해 공중으로 눈을 돌릴 예정이다. 전 세계 자동차의 전동화, 스마트화의 발전 추세 속에서 자동차와 항공 기술이 점점 침투·융합되고 있다. 플라잉카는 도심항공교통UAM과 미래 모빌리티를 위한 새로운 교통수단으로 글로벌 혁신가들의 관심이 높아지고 있다.

그림 9-5 타이리페이처 TF-1

지난 2017년 국내 자동차 업체인 지리는 2006년 설립해 2세대 플라잉카를 출시한 미국 플라잉카 업체 테라푸지아를 인수한 바 있다. 인수 후 회사의 중국명은 '타이리페이처太力飛車'로, 지리는 후베이성 우한에 후베이지리타이리페이처유한공사를 설립했다. 2020년 9월 쓰촨아오스傲勢과기유한공사와 후베이지리타이리페이처유한공사가 합작한 쓰촨 워페이창궁沃飛長空과기유한공사가 설립됐다. 쓰촨아오스는 2016년 설립된 산업용 드론 및 R&D 회사다. 2021년엔 워페이창궁이 독일 볼로콥터와 합작회사를 설립했는데, 워페이창궁이 이 회사의 지배주주다. 같은 해 1월엔 워페이창궁이 타이리페이처가 만든 트랜지션Transition, TF-1이 미국 연방항공국으로부터 인증을 획득했는데 같은 유형의 기종 중에선 처음으로 획득한 것이다. 중국에서 생산될 예정인 이 제품은 세계 최초의 하이브리드 2인승으로 수직 이착륙이 가능하다. 육상 주행 중에

중국 전기차가 온다

는 날개를 접을 수 있고 완성차의 폭은 그림 9-5처럼 기존 자동차와 비슷하다. TF-1 기체는 복합소재를 위주로 설계돼 최대 적재 중량은 약 850킬로그램, 최고 속력은 시속 167킬로미터, 순항고도는 3000미터로 약 670킬로미터까지 운항이 가능한데, 연비는 배기량 2.0리터 차량 수준이다.

2021년 11월, 샤오펑자동차의 허샤오펑 회장은 한 포럼에 참석해 "2024년 이후 자동차 중 일부가 공중을 날겠지만 2030년에는 더 넓은 범위에서 하늘을 점령할 것"이라고 말했다. 샤오펑은 이를 위해 별도로 샤오펑후이톈(HT에어로)을 설립하고 5억 달러가 넘는 시리즈A 자금 유치를 완료했으며, 이 기업의 평가액은 10억 달러에 육박한다. 샤오펑은 이르면 2023년 로보택시 운영을 시작할 것으로 기대하고 있다. 허샤오펑은 샤오펑후이톈이 플라잉카 개발 분야에서 여전히 노력하고 있고 보이저X2를 출시한 이후 공륙 양용의 플라잉카를 개발 중이며 이 차의

그림 9-6 샤오펑후이톈 플라잉카 콘셉트카

그림 9-7 이항의 첫 번째 2인승 플라잉카 VT-30

판매가격은 100만 위안 이내가 될 것이라고 언급한 바 있다.

샤오펑후이텐은 2021년 유럽의 에어쇼에서 비행물체와 자동차의 융합을 구현한 6세대 플라잉카 콘셉트 모델을 선보였으며 이는 2024년 정식 공개될 전망이다. 기체 전체가 탄소섬유 구조로 돼 있고 배터리를 포함한 기체 무게는 560킬로그램으로 2명이 탑승할 수 있으며 최대 하중은 200킬로그램에 이른다. 순수 전기차로 설계된 이 플라잉카의 항속 시간은 35분, 비행 고도는 1킬로미터 이내, 최대 시속은 130킬로미터다. 수동과 자동 조작이 가능한 두 가지 모드를 탑재해 사용자가 자동 조작 모드에서 설정한 프로그램과 경로에 따라 자율주행을 구현할 수 있다.

제13회 중국국제항공우주박람회에서 이항지능은 그림 9-7과 같이 2인승 플라잉카 VT-30을 선보였다. 이항은 스마트 자율주행 플라잉카 개발에 주력하는 첨단 민간 기업으로 2014년 창업해 2019년 미국 나스닥에 상장했다. VT-30의 동체는 복합 날개 구조를 적용해 양력과 추력을 동시에 담당해 균형을 맞췄고 항공기 또한 안전 스마트 자율비행, 클러스터 관리, 저소음 등의 장점을 갖고 있다. 2인승인 VT-30의 최대 항속은 300킬로미터, 주행 시간은 100분이다. 이항의 이항216 모델은 2021년 11월 말 인도네시아 발리에서 시험 비행을 마쳤는데 8개 축의 18개 프로펠러가 달려 있으며 에어택시 서비스가 가능한 2인승 플라잉카다.

외국의 도요타, 다임러, 현대자동차 등 여러 자동차 업체와 보잉, 에어버스 등 항공업체들도 플라잉카의 타당성을 적극 검토하고 있고, 많은 벤처 투자자는 이 같은 바람을 긍정적으로 보고 이 분야에 투자하고 있다. 불완전한 통계에 따르면 2021년 현재 전 세계적으로 200개 이상의 기업 또는 기관이 플라잉카 제품을 개발하고 있으며 총 420개 이상의 모델을 보유하고 있다.

플라잉카의 미래를 낙관하는 시각이 적지 않지만, 배터리 제한으로 인해 비행시간과 항속거리가 짧아 기술적 병목 현상이 있다. 게다가 플라잉카는 배터리를 추가로 장착해 주행거리를 늘릴 수 있는 육상용 신에너지차와 달리 절대 무게를 늘려 주행거리를 늘릴 수 없다. 플라잉카는 자체 중량에 대한 요구가 높아 중량을 늘리면 수직 이륙이 어렵고 기존의 동력배터리로는 플라잉카가 원하는 수준의 에너지 밀도와 출력 밀도를 충족하지 못한다. 장기적으로 보면 LPG에 연료전지를 더하는 것도 하나의 방향이 될 것이며 최근 일부 업체가 하이브리드 방안을 어쩔 수 없이 채택하는 것도 이륙 시 무게를 낮추기 위한 목적이다.

플라잉카 발전의 가장 큰 걸림돌은 비행 과정에서의 관리다. 플라잉카는 항공 경로에 따라 비행해야 하는데 공중은 다시 저공과 고공으로 분류돼 비행 과정에서 반드시 관련 법규를 준수해야 한다. 어떻게 공중에서 효율적인 관리체계를 구축할 것인지, 어느 부서에서 관리할 것인지, 어떻게 공중과 지상의 교통관리를 효과적으로 연계할 것인지 등 많은 난제에 대해 전 세계적으로 손을 대기 어려운 상황이며 중국 역시 예외는 아니다.

그러나 자유에 대한 인간의 동경과 추구는 끝이 없으므로 우리는 자신의 상상력을 속박해선 안 된다. 길에서 도로로, 도로에서 고속도로로, 2차선에서 8차선으로, 평면교통에서 입체교통을 만들었고 인간은 산을 만나면 길을 내고 물을 만나면 다리를 놓았으므로 이제는 육상교통에서 육공陸空교통으로 향하는 것도 순리가 아니겠는가. 저공·저속 일반 항공은 자동차 동력과 융합화 전동화와 스마트화 방향으로 돌파했고, 결국 비행기와 자동차가 하나로 합쳐지는 것이 적어도 기술적으로는 성숙해졌다.

특별히 신에너지 플라잉카의 내용을 이번 장 말미에 배치한 이유는 단순히 신에너지차에 하늘을 나는 '날개'를 더한 것이기 때문만이 아니라 자동차와 항공산업의 융합을 대표하며 무한한 발전의 여지가 있는 신에너지차의 상상이라 할 수 있으며 상상력 넘치는 여러 가능성 중 지극히 낭만적이기 때문이다.

중국의 신에너지차 발전은 한창이다. 우리는 '전반전'에서의 우위를 토대로 맞이하게 될 '후반전'에서 각종 도전에 직면하고 기업의 주체적이고 창조적 역할을 충분히 발휘하며 과학적인 정책을 펼쳐 새로운 기회를 포착한다면 더욱 빛나는 미래를 창조할 수 있을 것으로 굳게 믿는다.

후기

책을 쓰기로 마음먹은 이후 3년 넘게 지난 후에야 이 책이 나왔다.

2020년 7월 공업정보화부장 직에서 물러난 이후, 다시 자리를 잡기 위해 공업과 통신업, 정보화 발전의 중대 문제에 대한 심층 조사 및 연구에 착수했다.

대학에서 내연기관을 전공했고, 40년에 달하는 경력도 자동차 산업과 맞닿아 있다. 자연스럽게 자동차 산업에 애정과 관심이 많은 것은 물론 내게 가장 익숙한 분야가 됐다.

신에너지차는 중국 자동차 산업의 전환 및 고도화, 고품질 발전을 실현할 수 있는 핵심 수단이다. 중국은 100년에 한 번도 만나기 어려운, 전 세계 자동차 산업 대변혁이라는 역사적 순간에서 좋은 기회를 얻었다. 게다가 신에너지차라는 '뉴 레인'에서 큰 돌파구를 마련했다. 자동차인으로서 우리는 중국 자동차 산업의 발전 경험을 세밀하게 되짚어보고, 중국과 중국 자동차에 대한 이야기를 분명하게 해둘 책임이 있다. 그렇게 연구의 첫 번째 주제인 신에너지차에 대한 책을 이렇게 독자들 앞

중국 전기차가 온다

에 선보이게 됐다.

본문 내 다양한 관점을 반복하기보다는 한 가지만 강조하겠다. 중국은 신에너지차 분야에서 기업 중심의 기술 혁신 체계를 구축했다. 이 덕분에 중국의 핵심 부품 기술이 약진할 수 있었고, 신에너지차 토종 브랜드도 치열한 경쟁 속에서 두각을 나타낼 수 있었다. 이 책은 기업 발전성과를 자세히 서술했고, 산업에 긍정적 영향을 미친 기업 기술의 진보를 기리고 있다.

하지만 기업 운영 중 나타나는 구체적 문제에 대해 많은 부분을 할애하지는 않았다. 기업 관련 부분은 총체적으로 보는 것이 바람직하기 때문이다. 책에서 언급된 중국 신에너지차 발전에 공헌한 기업들에게 부정적 요소가 없다는 의미는 아니다. 이 부분은 각 독자들이 직접 관찰해보길 바란다.

공업정보화부 산하 싸이디賽迪연구원 쩡춘曾純의 도움이 컸다. 덕분에 책의 개요를 짜고, 자료를 정리하고, 관점을 다듬고, 심혈을 기울일 수 있었다. 이 책에 수록된 쩡춘과의 세 차례 대담 덕에 내용도 더욱 풍부해졌다. 출판사에 원고를 제출한 후 공업정보화부 장비공업발전센터의 류천푸劉辰璞와 자동차 산업 전문가 둥양董場, 쉬옌화許艶華, 신화사 천팡陳芳, 런민일보 왕정王政, 런민우전출판사의 장리커張立科와 왕웨이王威, 왕야밍王亞明, 웨이이韋毅, 류위인劉禹吟, 왕시王茜를 비롯해 많은 분이 편집·교정·품질 검수 과정에서 큰 공헌을 했다는 점을 알게 됐다. 깊은 감사의 뜻을 표한다.

중국 신에너지차는 자동차 산업 경쟁의 '전반전'에서 잠시 선두에 서 있을 뿐이다. 중국은 '후반전'인 스마트카 산업의 경쟁을 위한 기초를 다졌다. 후반전에서 어떻게 중국 스마트 커넥티드카를 발전시킬지에 대한 고민이 다음 책의 주제다.

2023년 12월 6일

먀오웨이苗圩

중국 전기차가 온다. 2025년 1월 선봉을 자처한 비야디에 이어 상하이자동차, 샤오펑 등도 '한국 상륙작전'에 시동을 걸었다. 비야디가 국내에 출시한 '아토3'가 가성비를 앞세웠다면, 지리자동차의 프리미엄 전기차 브랜드 '지커Zeekr'는 품질로 승부를 내겠단 전략이다.

세계 전기차 시장의 판도는 한발 먼저 요동쳤다. 2024년 비야디는 전기차 176만 대를 팔아 179만 대를 기록한 미국 테슬라의 왕좌를 넘보고 있다. 하이브리드차까지 포함하면 427만 대로 테슬라의 2.5배에 달한다. 지리(138만 대)와 상하이자동차(101만 대)의 추격도 매섭다. 전기차 판매량 글로벌 Top 10에 중국 기업만 다섯 곳이다.

중국 전기차의 공습은 기술력으로 무장했다. 광둥성 선전의 비야디 본사 전시관 벽면엔 4만2000건에 달하는 특허증서가 빼곡히 걸렸다. '기술은 왕, 혁신은 근본技術爲王, 創新爲本'이란 문구도 큼지막하게 붙었다. 연구소 11곳에 연구 인력 10만 명이 포진한 비야디는 '세계 1위'의 경쟁력이 어디서 나오는지를 잘 보여준다.

가성비 중국차도 옛말이다. 2025년 2월 27일 출시한 샤오미의 'SU7 울트라'는 슈퍼카급 성능을 자랑한다. 정지 상태에서 시속 100킬로미터에 도달하는 데 걸리는 시간은 1.98초에 불과하다. 설계상 최고 속도는 시속 350킬로미터에 이른다. 레이쥔 회장이 "포르쉐 타이칸 터보를 능가한다"며 자신만만하게 웃은 이유다. 판매 개시 2시간 만에 한 해 목표치인 1만 대가 팔릴 만큼 시장의 반응도 뜨거웠다.

혁신은 전기차 공급망 전반으로도 퍼져나가고 있다. 세계 1위 CATL이 제패한 배터리는 물론 수소차 시장도 중국의 깃발로 붉게 물들어 간다. 14억 인구의 애국 소비와 정부 보조금 덕분이란 시각도 있다. 하지만 절반의 진실일 뿐이다. 굴지의 글로벌 기업들까지 포진해 피 튀기는 경쟁을 벌이고 있는 곳이 바로 중국 시장이다. 정글에서 살아남은 '무림 고수'들은 이제 넘치는 내공을 해외로 발산하고 있다.

전기차 굴기의 판을 깔아준 건 중국 당국과 관료들이다. 그 대표적인 인물이 이 책의 저자인 먀오웨이苗圩다. 내연기관 전문가 출신으로 2010년부터 10년 동안 국가산업·기술의 주무 부처인 공업정보화부 장관을 역임하며 신에너지차 정책을 진두지휘했다. 시행착오를 거듭하며 깨달은 모든 걸 이 책에 고스란히 담았다.

"길이 차를 기다릴지언정 차가 길을 기다리게 해선 안 된다." 먀오웨이가 말하는 전기차 기술 혁신의 핵심 철학이다. 중국의 스마트 도로와 충전소로 대표되는 인프라가 지금의 전기차 전성시대를 이끌었다. 뒤처진 내연기관 자동차 대신 전기차로 건너뛰어 새로운 경주로를 열었다. 민간 업체들은 당국이 터준 길로 하나둘 옮겨와 거침없이 질주했다.

'자전거 왕국'이었던 중국은 어떻게 '전기차 강국'이 됐을까? '시진핑 사상'을 운운하는 중국 관료의 문법이 낯설지만, 객관적 진술을 따라 읽으면 답이 보인다. 중국의 기술 역전을 외면해선 안 된다. 베이징 특파원 9명이 이 책을 함께 읽고 번역 작업에 나선 이유다.

2025년 5월
옮긴이 일동

중국 전기차가 온다

중국 전기차가 온다

초판인쇄 2025년 5월 19일
초판발행 2025년 5월 28일

지은이 마오웨이
옮긴이 강정규 김광수 김민정 배인선 이도성 이벌찬 이윤정 정성조 정은지
펴낸이 강성민
편집장 이은혜
마케팅 정민호 박치우 한민아 이민경 박진희 황승현 김경언
브랜딩 함유지 박민재 이송이 김희숙 박다솔 조다현 김하연 이준희
제작 강신은 김동욱 이순호

펴낸곳 ㈜글항아리 | **출판등록** 2009년 1월 19일 제406-2009-000002호
주소 10881 경기도 파주시 문발로 214-12, 4층
전자우편 bookpot@hanmail.net
전화번호 031-955-2689(마케팅) 031-941-5161(편집부)
팩스 031-941-5163

ISBN 979-11-6909-390-3 03500

www.geulhangari.com